机电设备电气控制技术

主编 王 浔
参编 叶珠芳

北京理工大学出版社
BEIJING INSTITUTE OF TECHNOLOGY PRESS

版权专有　侵权必究

图书在版编目(CIP)数据

机电设备电气控制技术 / 王浔主编. -- 北京:北京理工大学出版社,2018.8(2024.1重印)
ISBN 978-7-5682-6311-5

Ⅰ.①机… Ⅱ.①王… Ⅲ.①机电设备-电气控制-高等学校-教材 Ⅳ.①TM921.5

中国版本图书馆 CIP 数据核字(2018)第 208496 号

责任编辑：封　雪　　　**文案编辑**：封　雪
责任校对：周瑞红　　　**责任印制**：李志强

出版发行 / 北京理工大学出版社有限责任公司
社　　址 / 北京市丰台区四合庄路6号
邮　　编 / 100070
电　　话 / (010)68914026（教材售后服务热线）
　　　　　(010)68944437（课件资源服务热线）
网　　址 / http://www.bitpress.com.cn
版 印 次 / 2024年1月第1版第8次印刷
印　　刷 / 北京国马印刷厂
开　　本 / 787 mm×1092 mm　1/16
印　　张 / 16
字　　数 / 370千字
定　　价 / 49.80元

图书出现印装质量问题，请拨打售后服务热线，负责调换

前言

本书是高等职业学校机电类专业的理想用书，也可以作为职工培训教材，是笔者根据"机电设备电气控制技术"课程标准，精心合理组织教学内容，循序渐进，把理论知识和操作技能有机结合编写而成的。全书以电气设备控制对象及控制技术为主线，先介绍直流电动机、交流电动机及应用的基本知识，接着重点进行三相异步电动机基本控制线路的组成和工作原理分析、直流电动机的控制线路原理以及典型生产机械设备的电气控制线路工作原理分析。让学习者通过对本书内容的学习，掌握电动机的基本知识以及电动机电气控制线路工作原理的分析方法和常见电气故障诊断及维修方法。

本书的内容设计为任务引领式课程体系，紧紧围绕工作任务的需要来选择项目内容，将知识本位转换为能力本位，以项目任务和职业能力分析为依据，将学科知识与职业能力进行有机整合，设定职业能力培养目标，以机电设备为载体，创设工作情境，培养学习者的实践操作技能。

本书以就业为导向，能力为本位，通过对机电一体化技术专业所涵盖的岗位群的职业能力分析，以电动机的使用维护，机电设备电气控制系统安装维护及故障分析、故障排除技术为主线，重视本专业学习者必须具备的岗位职业能力，采用理论知识与技能训练一体化的模式，把课程教学内容分解成若干项目和任务，以项目为单位组织教学，以机电设备为载体引出相关专业理论，使学习者在完成各项目任务学习的训练过程中，一步步加深对专业知识技能的理解和应用，培养学习者的综合职业能力，树立正确的职业道德观，锻炼团队协作精神和创业精神。

本书由江苏省惠山中等专业学校王浔主编并统稿，叶珠芳编写了项目一、项目二，王浔编写了项目三、项目四、项目五。本书由江苏省惠山中等专业学校徐益清主审。在本书编写过程中，得到了无锡技师学院景魏老师和无锡机电高等职业学校周江涛老师的关心、帮助和大力支持，并得到单位领导的关心和支持，在此表示衷心感谢。编写过程中阅研了许多文献和资料，难以一一列举，在此谨致以衷心感谢。

由于编者水平有限，书中疏漏之处恳请广大读者不吝指正。

编　者

目 录

项目一　常用直流电机及应用 ·· 001

任务一　认识直流电机 ··· 001
实训1-1　直流电动机的简单操作 ··· 010
任务二　直流电动机的调速 ·· 014
实训1-2　直流电动机机械特性的测试及调速方法的操作 ····················· 022
任务三　直流电动机的启动、反转和制动 ··· 025
实训1-3　直流电动机启动、反转和制动方法的操作 ···························· 029
任务四　直流电动机的选用和维护 ·· 032
思考与练习 ··· 037

项目二　常用交流电机及应用 ·· 038

任务一　认识三相异步电动机 ·· 038
任务二　三相异步电动机的运行 ··· 046
任务三　三相异步电动机的调速 ··· 052
任务四　三相异步电动机的启动、反转和制动 ····································· 055
任务五　单相异步电动机的应用 ··· 059
任务六　实践操作 ·· 064
实训2-1　单相异步电动机正反转控制电路的安装与调试 ····················· 064
实训2-2　单相异步电动机常用调速控制方式的实现 ···························· 065
思考与练习 ··· 066

项目三　三相异步电动机的基本控制线路 ·· 068

任务一　电气控制线路图、接线图和布置图的识读 ······························ 068
任务二　电动机单向旋转和正、反转控制线路 ····································· 076
实训3-1　电动机单向旋转接触器控制电路的安装 ······························· 099
实训3-2　三相异步电动机的正反转控制线路的安装 ···························· 104
任务三　电动机的位置控制、自动循环往返控制、顺序控制和多地控制线路 ·· 108
实训3-3　工作台自动循环往返控制线路的安装 ·································· 115
实训3-4　两台电动机顺序启动逆序停止控制线路的安装 ····················· 119

目录

任务四　三相异步电动机的降压启动控制线路 ·············· 124
　实训 3-5　按钮切换 Y-△降压启动控制线路的安装与检修 ·········· 140
任务五　三相异步电动机的制动控制线路 ·············· 144
　实训 3-6　单向旋转反接制动控制线路的安装与检修 ·········· 152
任务六　多速异步电动机控制线路 ·············· 156
思考与练习 ·············· 160

项目四　直流电动机的基本控制线路 ·············· 166

任务一　并励直流电动机的基本控制线路 ·············· 166
　实训 4-1　安装与调试并励直流电动机启动控制线路 ·········· 176
　实训 4-2　并励直流电动机正反转及能耗制动控制线路安装、调试与检修 ·········· 178
任务二　串励直流电动机的基本控制线路 ·············· 181
　实训 4-3　串励直流电动机启动、调速控制线路的安装与检修 ·········· 188
思考与练习 ·············· 190

项目五　典型生产机械的电气控制线路 ·············· 194

任务一　普通车床的电气控制线路 ·············· 199
　实训 5-1　CA6140 型卧式车床电气控制线路的检修 ·········· 208
任务二　磨床的电气控制线路 ·············· 209
　实训 5-2　M7130 型卧轴矩台平面磨床电气线路的检修 ·········· 218
任务三　铣床的电气控制线路 ·············· 220
　实训 5-3　X62W 型万能铣床电气线路的检修 ·········· 231
任务四　镗床的电气控制线路 ·············· 233
　实训 5-4　T68 型卧式镗床电气线路的检修 ·········· 243
思考与练习 ·············· 244

参考文献 ·············· 246

项目一　常用直流电机及应用

本项目主要介绍直流电机的特点、用途、分类和结构原理，掌握直流电动机的运行特性和基本控制方法，通过学习达到以下目标。

教学目标：

了解直流电机的特点、用途、分类和结构，熟悉直流电机的基本原理；了解直流电机铭牌数据的含义；熟悉直流电机的工作特性；掌握直流电机的启动、制动、反转和调速方法；熟悉直流电机的使用和检修方法。

技能目标：

能够进行直流电机的检测和接线操作；会进行直流电机的常用启动、反转、制动和调速方法的操作。

任务一　认识直流电机

学习目标：

（1）了解直流电机的特点、用途和分类；熟悉直流电机的基本工作原理。

（2）认识直流电机的外形和内部结构，熟悉各部件的作用。

（3）了解直流电机铭牌中型号和额定值的含义，掌握额定值的简单计算。

技能要点：

会进行直流电动机的检测、接线和简单操作。

一、直流电机的概述

直流电机是实现直流电能与机械能之间相互转换的电力机械，按照用途可以分为直流电动机和直流发电机两类。其中将机械能转换成直流电能的电机称为直流发电机，如图 1-1 所示；将直流电能转换成机械能的电机称为直流电动机，如图 1-2 所示。直流电机是工矿、交通、建筑等行业中的常见动力机械，是机电行业人员的重要工作对象之一。作为一名电气控制技术人员必须熟悉直流电机的结构、工作原理和性能特点，掌握主要参数的分析计算，并能正确熟练地操作使用直流电机。

1. 直流电机的特点

直流电动机与交流电动机相比，具有优良的调速性能和启动性能。直流电动机具有宽广的调速范围，平滑的无级调速特性，可实现频繁的无级快速启动、制动和反转；过载能力大，能承受频繁的冲击负载；能满足自动化生产系统中各种特殊运行的要求。而直流发电机则能提供无脉动的大功率直流电源，且输出电压可以精确地调节和控制。

图1-1 直流发电机

图1-2 直流电动机

但直流电机也有它显著的缺点：一是制造工艺复杂，消耗有色金属较多，生产成本高；二是运行时电刷与换向器之间容易产生火花，因此可靠性较差，维护比较困难。所以在一些对调速性能要求不高的领域中它已被交流变频调速系统所取代。但是在某些要求调速范围大、快速性好、精密度高、控制性能优异的场合，直流电机的应用目前仍占有较大的比重。

2. 直流电机的用途

由于直流电机具有良好的启动和调速性能，常应用于对启动和调速有较高要求的场合，如大型可逆式轧钢机、矿井卷扬机、宾馆高速电梯、龙门刨床、电力机车、内燃机车、城市电车、地铁列车、电动自行车、造纸和印刷机械、船舶机械、大型精密机床和大型起重机等机械生产中，图1-3所示为其应用的几种实例。

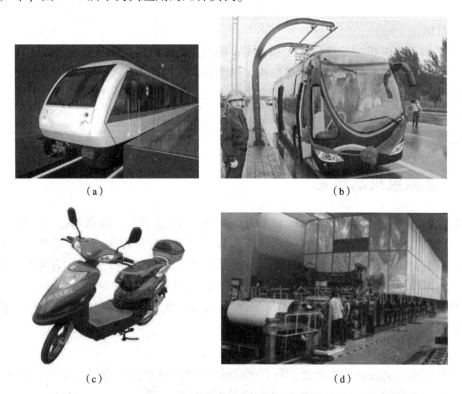

图1-3 直流电机应用的几种实例
(a) 地铁列车；(b) 城市电车；(c) 电动自行车；(d) 造纸机

二、直流电机的基本结构

直流电动机和直流发电机的结构基本一样。直流电机由静止的定子和转动的转子两大部分组成，在定子和转子之间存在一个间隙，称作气隙。定子的作用是产生磁场和支撑电机，它主要包括主磁极、换向磁极、机座、电刷装置、端盖等。转子的作用是产生感应电动势和电磁转矩，实现机电能量的转换，通常也被称作电枢。它主要包括电枢铁芯、电枢绕组以及换向器、转轴、风扇等。直流电机的结构如图1-4和图1-5所示。

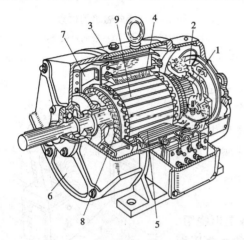

图1-4 直流电机装配结构图
1—换向器；2—电刷装置；3—机座；4—主磁极；
5—换向极；6—端盖；7—风扇；8—电枢绕组；
9—电枢铁芯

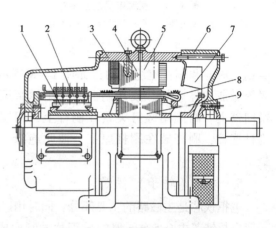

图1-5 直流电机纵向剖视图
1—换向器；2—电刷装置；3—机座；4—主磁极；
5—换向极；6—端盖；7—风扇；8—电枢绕组；
9—电枢铁芯

1. 主磁极

主磁极的作用是产生主磁通，它由主极铁芯和励磁绕组组成，如图1-6所示。铁芯一般用1~1.5 mm的低碳钢片叠压而成，小电机也有用整块铸钢磁极的。主磁极上的励磁绕组是用绝缘铜线绕制而成的集中绕组，与铁芯绝缘，各主磁极上的线圈一般都是串联起来的。主磁极总是成对的，并按N极和S极交替排列。

2. 换向磁极

换向磁极的作用是产生附加磁场，用以改善电机的换向性能。通常铁芯由整块钢做成，换向磁极的绕组应与电枢绕组串联。换向磁极装在两个主磁极之间，如图1-7所示。其极性在作为发电机运行时，应与电枢导体将要进入的主磁极极性相同；在作为电动机运行时，则应与电枢导体刚离开的主磁极极性相同。

3. 机座

机座一方面用来固定主磁极、换向磁极和端盖等，另一方面作为电机磁路的一部分，称为磁轭。机座一般用铸钢或钢板焊接制成。

4. 电刷装置

在直流电机中，为了使电枢绕组和外电路连接起来，必须装设固定的电刷装置，它是由

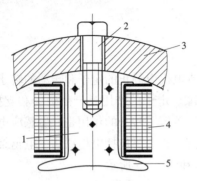
图 1-6 直流电机的主磁极
1—主极铁芯；2—固定螺钉；3—机座；
4—励磁绕组；5—极靴

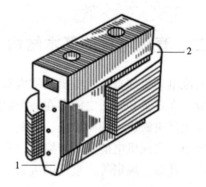
图 1-7 换向磁极的位置
1—换向磁极铁芯；2—换向磁极绕组

电刷、刷握和刷杆座组成的，如图 1-8 所示。电刷是用石墨等做成的导电块，放在刷握内，用弹簧压指将它压触在换向器上。刷握用螺钉夹紧在刷杆上，用铜绞线将电刷和刷杆连接，刷杆装在刷杆座上，彼此绝缘，刷杆座装在端盖上。

5. 电枢（转子）铁芯

电枢铁芯是主磁路的主要部分，同时用以嵌放电枢绕组。一般电枢铁芯由 0.5 mm 厚的硅钢片冲制而成的冲片叠压而成［冲片的形状如图 1-9（a）所示］，以降低电机运行时电枢铁芯中产生的涡流损耗和磁滞损耗。叠成的铁芯固定在转轴或转子支架上。铁芯的外圆开有电枢槽，槽内嵌放电枢绕组，如图 1-9（b）所示。

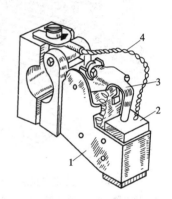
图 1-8 电刷与刷握
1—刷握；2—电刷；
3—压紧弹簧；4—钢丝瓣

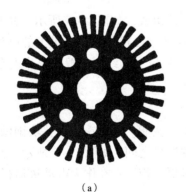
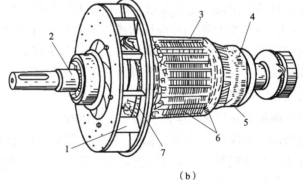

（a）　　　　　　　　　　　　（b）

图 1-9 电枢结构图
（a）冲片；（b）电枢
1—风扇；2—转轴；3—电枢铁芯；4—换向器；5，7—电枢绕组；6—镀锌钢丝

6. 电枢（转子）绕组

电枢绕组的作用是产生感应电动势和通过电流产生电磁转矩，实现机电能量转换。绕组通常用漆包线绕制而成，嵌入电枢铁芯槽内，并按一定的规则连接起来。为了防止电

枢旋转时产生的离心力使绕组飞出，绕组嵌入槽内后，用槽楔压紧；线圈伸出槽外的端接部分用无纬玻璃丝带扎紧。

7. 换向器

换向器的结构如图 1-10 所示。它由许多带有鸽尾形的换向片叠成一个圆筒，片与片之间用云母片绝缘，借 V 形套筒和螺纹压圈拧紧成一个整体。每个换向片与绕组每个元件的引出线焊接在一起，其作用是将直流电动机输入的直流电流转换成电枢绕组内的交变电流，进而产生恒定方向的电磁转矩，使电动机连续运转。

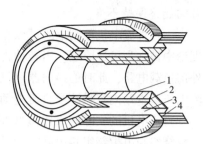

图 1-10 换向器的结构

1—V 形套筒；2—云母片；
3—换向片；4—连接片

三、直流电动机的工作原理

直流电动机是将电源电能转变为轴上输出的机械能的电磁转换装置。由定子绕组通入直流励磁电流，产生励磁磁场，主电路引入直流电源，经碳刷（电刷）传给换向器，再经换向器将此直流电转化为交流电，引入电枢绕组，产生电枢电流（电枢磁场），电枢磁场与励磁磁场合成气隙磁场，电枢绕组切割合成气隙磁场，产生电磁转矩。这是直流电机的基本工作原理。

图 1-11 为简单的两极直流电机模型，由主磁极（励磁线圈）、电枢（电枢线圈）、电刷和换向片等组成。固定部分（定子）上，装设了一对直流励磁的静止的主磁极 N、S，主磁极由励磁线圈的磁场产生；旋转部分（转子）上，装调电枢铁芯与电枢绕组。电枢电流由外供直流电源所产生。定子和转子之间有一气隙。电枢线圈的首、末端分别连接到两个圆弧形的换向片上，换向片之间互相绝缘，由换向片构成的整体称为换向器。换向片固定在转轴上，与转轴也是绝缘的。在换向片上放置着一对固定不动的电刷 B_1、B_2，当电枢旋转时，电枢线圈通过换向片和电刷与外电路接触（引入外供直流电源）。

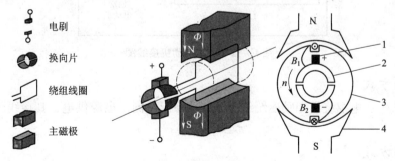

图 1-11 直流电动机的（物理）结构模型

1—电刷；2—换向片；3—电枢铁芯；4—主磁极

因为主磁极的磁场方向是固定不变的（由接入励磁电源极性所决定），要使电枢受到一个方向不变的电磁转矩，关键在于：当线圈边在不同极性的磁极下，如何将流过线圈中的电流方向及时地加以变换，即进行所谓"换向"，线圈中的电流随所处磁极极性的改变同时改变其方向，以确保线圈在不同磁极下的电流保持一个方向，从而使电磁转矩的方向始终保持不变。

一台直流电机原则上既可以作为电动机运行，也可以作为发电机运行。这种原理在电机理论中被称为可逆原理。当转轴为原动机所拖动，电机绕组中产生交流电势，经电刷输出至外部负载电路，此时的换向器（又称整流子）恰恰具有了"整流器的特性"，输出电压为直流电压。本章内容只涉及直流电动机。

直流电机的实际构成比模型要复杂一些，如增设了换向磁极（绕组）来改善换向，换向极绕组与电枢绕组相串联。增设补偿绕组（与电枢绕组相串联），二者都起到减轻合成气隙磁场的畸变和减小电刷火花（环火）的作用。

四、直流电动机的励磁方式

直流电动机的励磁方式是指电动机励磁电流的供给方式，直流电动机按励磁方式分类，有他励和自励两种。他励指励磁与电枢回路在电气上相独立，自励则两者有直接的电气联系。自励多应用于小功率电机，而他励则多应用于中、大功率电机。根据励磁支路和电枢支路的相互关系，有他励、自励（并励、串励和复励）、永磁方式。

1. 他励方式

他励方式中，电枢绕组和励磁绕组电路相互独立，电枢电压与励磁电压彼此无关。其接线图如图 1 – 12 所示。

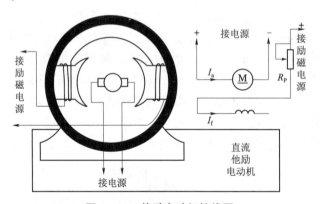

图 1 – 12　他励电动机接线图

2. 并励方式

并励方式中，电枢绕组和励磁绕组是并联关系，由同一电源供电，其接线图如图 1 – 13 所示。

3. 串励方式

串励方式中，电枢绕组与励磁绕组是串联关系，其接线图如图 1 – 14 所示。

4. 复励方式

复励电机的主磁极上有两部分励磁绕组，其中一部分与电枢绕组并联，另一部分与电枢绕组串联。当两部分励磁绕组产生的磁通方向相同时，称为积复励，反之称为差复励。其接线图如图 1 – 15 所示。

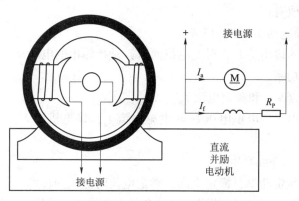

图 1-13 并励电动机接线图

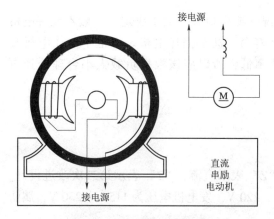

图 1-14 串励电动机接线图

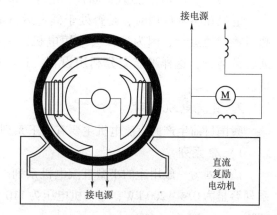

图 1-15 复励电动机接线图

五、直流电机的铭牌数据与系列

1. 直流电机的铭牌数据

电机制造厂按照国家标准，根据电机的设计和试验数据，规定了电机的正常运行状态和条件，通常称之为额定运行。凡表征电机额定运行情况的各种数据均称为额定值，标注在电机铝制铭牌上，是正确合理使用电机的依据。直流电机的主要额定值见表 1-1。

表 1-1 直流电机的主要额定值

型号	Z2-72	励磁方式	并励
功率	22 kW	励磁电压	220 V
电压	220 V	励磁电流	2.06 A
电流	116 A	定额	连续
转速	1 500 r/min	温升	80 ℃
编号	××××	出厂日期	××××年×月×日
××××电机厂			

直流电机的额定值有:

1) 额定容量(额定功率) P_N (kW)

额定容量指电机的输出功率。对发电机而言,是指输出的电功率;对电动机而言,则是指转轴上输出的机械功率。

2) 额定电压 U_N (V) 和额定电流 I_N (A)

注意它们不同于电机的电枢电压 U_a 和电枢电流 I_a,发电机的 U_N、I_N 是输出值,电动机的 U_N、I_N 是输入值。

3) 额定转速 n_N (r/min)

额定转速是指在额定功率、额定电压、额定电流时电机的转速。

4) 励磁方式,指电动机励磁绕组的连接和供电方式,有他励、自励等5种连接方式。

5) 其他。如工作方式、温升、绝缘等级等。

电机在实际应用时,是否处于额定运行情况,要由负载的大小决定。一般不允许电机超过额定值运行,因为这样会缩短电机的使用寿命,甚至损坏电机。但也不能让电机长期轻载运行,这样不能充分利用设备,运行效率低,所以应该根据负载大小合理选择电机。

2. 直流电机系列

我国目前生产的直流电机主要有以下系列。

1) Z2 系列

该系列为一般用途的小型直流电机系列。"Z"表示直流,"2"表示第二次改进设计。系列容量为 0.4~200 kW,电动机电压为 110 V、220 V,发电机电压为 115 V、230 V,属防护式。

2) ZF 和 ZD 系列

这两个系列为一般用途的中型直流电机系列。"F"表示发电机,"D"表示电动机。系列容量为 55~1 450 kW。

3) ZZJ 系列

该系列为起重、冶金用直流电动机系列。电压有 220 V、440 V 两种。工作方式有连续、短时和断续三种。ZZJ 系列电机启动快速,过载能力大。

此外,还有 ZQ 直流牵引电动机系列及用于易爆场合的 ZA 防爆安全型直流电动机系列等。常见电机产品系列见表 1-2。

表 1-2 常见电机产品系列

代号	含义
Z2	一般用途的中、小型直流电机,包括发电机和电动机
ZD、ZF	一般用途的大、中型直流电机系列。Z 是直流电动机系列,ZF 是直流发电机系列
ZZJ	专供起重冶金工业用的专用直流电动机
ZT	用于恒功率且调整范围比较大的驱动系统里的宽调速直流电动机

续表

代号	含义
ZQ	电力机车、工矿电机车和蓄电池供电电车用的直流牵引电动机
ZH	船舶上各种辅助机械用的船用直流电动机
ZU	用于龙门刨床的直流电动机
ZA	用于矿井和有易爆气体场所的防爆安全型直流电动机
ZKJ	冶金、矿山挖掘机用的直流电动机

六、直流电机的感应电动势和电磁转矩

无论是直流电动机还是直流发电机，在转动时，其电枢绕组都会由于切割主磁极产生的磁力线而感应出电动势。同时，由于电枢绕组中有电流流过，电枢电流与主磁场作用又会产生电磁转矩。因此，直流电机的电枢绕组中同时存在着感应电动势和电磁转矩，它们对电机的运行起着重要的作用。直流发电机中是感应电动势在起主要作用，直流电动机中是电磁转矩在起主要作用。

1. 电枢绕组的感应电动势（E_a）

对电枢绕组电路进行分析，可得直流电机电枢绕组的感应电动势为

$$E_a = C_e \Phi n \tag{1-1}$$

式中，Φ 为电机的每极磁通；n 为电机的转速；C_e 为与电机结构有关的常数，称为电动势常数。

E_a 的方向由 Φ 与 n 的方向按右手定则确定。从式（1-1）可以看出，若要改变 E_a 的大小，可以改变 Φ（由励磁电流 I_f 决定）或 n 的大小。若要改变 E_a 的方向，可以改变 Φ 的方向或电机的旋转方向。

无论直流电动机还是直流发电机，电枢绕组中都存在感应电动势，在发电机中 E_a 与电枢电流 I_a 方向相同，是电源电动势；而在电动机中 E_a 与 I_a 的方向相反，是反电动势。

2. 直流电机的电磁转矩（T）

同样，我们也能分析得到电磁转矩 T 为

$$T = C_T \Phi I_a \tag{1-2}$$

式中，I_a 为电枢电流；C_T 为一个与电机结构相关的常数，称为转矩常数。

电磁转矩 T 的方向由磁通 Φ 及电枢电流 I_a 的方向按左手定则确定。式（1-2）表明：若要改变电磁转矩的大小，只要改变 Φ 或 I_a 的大小即可；若要改变 T 的方向，只要改变 Φ 或 I_a 其中之一的方向即可。

感应电动势 E_a 和电磁转矩 T 是密切相关的。例如，当他励直流电动机的机械负载增加时，电机转速将下降，此时反电动势 E_a 减小，I_a 将增大，电磁转矩 T 也增大，这样才能带动已增大的负载。

七、直流电动机的基本方程式

直流电动机的基本方程式是了解和分析直流电动机性能的主要方法与重要手段，直流电动机的基本方程包括电压方程式、转矩方程式、功率方程式等。

图 1-16 所示为直流并励电动机的工作原理图。以它为例分析电压、转矩和功率之间的关系。并励电动机的励磁绕组与电枢绕组并联，由同一直流电源供电。接通直流电源后，励磁绕组中流过励磁电流 I_f，建立主磁场；电枢绕组中流过电枢电流 I_a，电枢电流与主磁场作用产生电磁转矩 T，使电枢朝转矩 T 的方向以转速 n 旋转，将电能转换为机械能，带动生产机械工作。

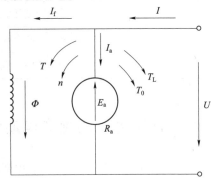

图 1-16　直流并励电动机的工作原理图

（1）电压方程式。从图 1-16 所示直流并励电动机的工作原理图可知，直流并励电动机中有两个电流回路：励磁回路和电枢回路。下面主要分析电枢回路的电压、电流以及电动势之间的关系。

直流并励电动机通电旋转后，电枢导体切割主磁场，产生电枢电动势 E_a，在电动机中，此电动势的方向与电枢电流 I_a 的方向相反，称为反电动势。电源电压 U 除了提供电枢内阻压降 I_aR_a 外，主要用来与电枢电动势 E_a 相平衡。列出电压方程式如下：

$$U = E_a + I_aR_a$$

上式表明直流电动机在电动状态下运行时，电枢电动势 E_a 总是小于端电压 U。

（2）转矩方程式。直流电动机正常工作时，作用在轴上的转矩有三个：一个是电磁转矩 T，方向与转速 n 方向相同，为驱动性质转矩；一个是电动机空载损耗形成的转矩 T_0，是电动机空载运行时的制动转矩，方向总与转速 n 方向相反；还有一个是轴上所带生产机械的负载转矩 T_L，一般为制动性质转矩。T_L 在大小上也等于电动机的输出转矩 T_2。稳态运行时，直流电动机中驱动性质的转矩总是等于制动性质的转矩，据此可得直流电动机的转矩方程式：

$$T = T_0 + T_L$$

（3）功率方程式。从图 1-16 直流并励电动机的工作原理图可以看出电源输入的电功率为

$$P_1 = UI$$

技能训练

实训 1-1　直流电动机的简单操作

1. 任务目标

（1）认识并检测直流电动机及相关设备。

(2) 学会直流电动机的接线和简单操作方法。

2. 工具、仪器和设备

(1) 直流电动机励磁电源和可调电枢电源各一个。
(2) 直流他励电动机一台。
(3) 励磁调节电阻和电枢调节电阻各一个。
(4) 万用表和转速表各一块。
(5) 导线若干。

3. 实训过程

1) 认识、检测并记录直流电动机及相关设备的规格、量程和额定值

本次实训操作需要使用直流电源、直流电动机、转速表和调节电阻等相关设备，如图 1-17 所示。

图 1-17　直流电动机及相关设备

直流电源分励磁电源和电枢电源两部分，分别接直流电动机的励磁绕组和电枢绕组，通过开关控制电路的通断，电枢电源可以利用调节旋钮改变输出电压的高低。由于两者容量不同，不可互换。

直流电动机是实训操作的对象，通电后观察其启动、反转以及转速变化的情况。转速表可以直接测量电动机转速的高低，利用开关来设置量程和转向。

励磁调节电阻串联在励磁电源与励磁绕组之间，总阻值较大，旋转手柄可以调节阻值的大小；电枢调节电阻串联在电枢电源与电枢绕组之间，总阻值较小，也可以通过手柄的旋转来调节阻值的大小。调节电阻的作用是改变电动机电流和转速的大小。

在使用上述设备前，先检测并记录它们的规格、量程和额定值，记录在表 1-3 中。

表 1-3 初始数据记录表

记录项目	记录值
直流励磁电源电压范围/V	
直流电枢电源电压范围/V	
励磁调节电阻范围/Ω	
电枢调节电阻范围/Ω	
转速表的测速范围/(r·min^{-1})	
直流电动机的额定值	

2)绘制直流电动机工作电路图

根据直流电动机的额定值和电源的参数,设计绘制直流电动机的工作电路,如图 1-18 所示。

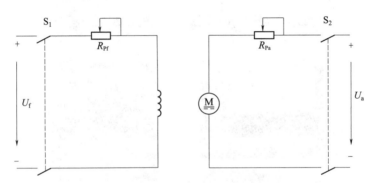

图 1-18 直流电动机的工作电路

3)按工作电路图接线

经指导教师认可后,按照所绘制的电路图连接直流励磁电源、电枢电源、调节电阻和直流电动机。启动电动机前,务必将励磁回路调节电阻 R_{Pf} 的阻值调到最小,将电枢回路调节电阻 R_{Pa} 的阻值调到最大。

4)通电启动直流电动机

先闭合开关 S_1,接通直流励磁电源;再闭合开关 S_2,接通电枢电源;观察直流电动机是否启动运转。启动后观察转速表指针偏转方向,应为正向偏转,若不正确,可拨动转速表上正、反向开关来纠正。

5)改变电动机的转速

调节电枢电源的"电压调节"旋钮,使电动机的端电压为 220 V 额定电压,观察电枢电压上升过程中电动机转速的变化情况;逐渐减小电枢回路,调节电阻 R_{Pa} 的阻值,观察电动机转速的变化情况;慢慢增大励磁回路,调节电阻 R_{Pf} 的阻值,观察电动机转速的变化情况。将结果记录到表 1-4 中。

表 1-4　直流电动机转速和转向控制

序号	操作内容	转速或转向的变化情况
1	减小电枢回路调节电阻 R_{Pa} 的阻值	
2	增大励磁回路调节电阻 R_{Pf} 的阻值	
3	电枢绕组的两端接线对调	
4	励磁绕组的两端接线对调	

6) 改变电动机的转向

将电枢回路调节电阻 R_{Pa} 的阻值调回到最大值，先断开电枢电源开关 S_2，再断开励磁电源开关 S_1，使电动机停机。在断电情况下，将电枢（或励磁）绕组的两端接线对调后，再按直流电动机的启动步骤启动电动机，并观察电动机的转向及转速表指针偏转的方向。将结果记录到表 1-4 中。

4. 注意事项

(1) 直流电动机启动时，必须将励磁回路调节电阻 R_{Pf} 的阻值调至最小，先接通励磁电源，使励磁电流最大；同时必须将电枢回路调节电阻 R_{Pa} 的阻值调至最大，然后方可接通电枢电源，使电动机正常启动。

(2) 直流电动机停机时，必须先切断电枢电源，然后断开励磁电源。同时必须将电枢回路调节电阻 R_{Pa} 的阻值调回到最大，励磁回路调节电阻 R_{Pf} 的阻值调回到最小。为下次启动做好准备。

(3) 测量前注意仪表的量程、极性及其接法是否正确。

5. 技能训练考核评分记录表

技能训练考核评分记录表如表 1-5 所示。

表 1-5　技能训练考核评分记录表

序号	考核内容	考核要求	配分	得分
1	技能训练的准备	预习技能训练的内容	10	
2	仪器、仪表的使用	正确使用万用表、转速表、实验台等设备	10	
3	观察和记录直流电动机等设备的技术数据	记录结果正确、观察速度快	20	
4	直流电动机的接线	电路绘制正确、简洁，接线速度快，通电调试一次成功	30	
5	直流电动机的反转与调速	正确使用调节电阻改变转速 正确改变接线使电动机反转	30	

续表

序号	考核内容	考核要求	配分	得分
6	合计得分			
7	否定项	发生重大责任事故、严重违反教学纪律者得0分		
8	指导教师签名		日期	

任务二 直流电动机的调速

学习目标

(1) 了解生产机械的负载特性。
(2) 熟悉直流电动机的机械特性。
(3) 了解直流电动机稳定运行条件。
(4) 重点掌握直流电动机的三种调速方法。
(5) 学会直流电动机调速方法的操作。

任务分析

直流电动机的最大优点是具有线性的机械特性，调速性能优异，因此，广泛应用于对调速性能要求较高的电气自动化系统中。要了解、分析和掌握直流电动机的调速方法，首先要掌握直流电动机的机械特性，了解生产机械的负载特性。直流电动机有三种不同的人为机械特性，所对应的就是三种不同性能的调速方法，分别应用于不同的场合，因此熟悉机械特性是基础，掌握调速方法是目的。知道了各种调速方法的性能特点后，就可以根据实际生产机械负载的工艺要求来选择一种最合适的调速方法，发挥直流电动机的最大效益。

相 关 知 识

一、电气传动系统

用各种原动机带动生产机械的工作机构运转，完成一定生产任务的过程称为驱动。用电动机作为原动机的驱动称为电气传动。在电气传动系统中，电动机是原动机，起主导作用，生产机械是负载。

1. 电气传动系统的组成

电气传动系统一般由电动机、传动机构、生产机械的工作机构、控制设备以及电源五部分组成，如图 1-19 所示。其实例是四柱成型机电气自动控制系统，传动机构是联轴器，生产机械的工作机构是成型机，控制设备和电源组合在电气控制柜内。

 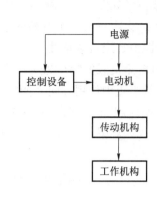

图 1-19 电气传动系统的实例和组成框图

现代化生产过程中,多数生产机械都采用电气传动,其主要原因是:电能的传输和分配非常方便,电动机的效率高,电动机的多种特性能很好地满足大多数生产机械的不同要求,电气传动系统的操作和控制都比较简便,可以实现自动控制和远距离操作等。

2. 电气传动系统的运动方程式

在图 1-19 所示的四柱成型机电气自动控制系统中,电动机直接与生产机械的工作机构相连接,电动机与负载用同一个轴,以同一转速运行。电气传动系统中主要的机械物理量有电动机的转速 n,电磁转矩 T,负载转矩 T_L。由于电动机负载运行时,一般情况下 $T_L \gg T_0$,故可忽略 T_0(T_0 为电动机空载转矩)。各物理量的正方向按电动机惯例确定,如图 1-16 所示,电磁转矩 T 的方向与转速 n 方向一致时取正号;负载转矩 T_L 方向与转速 n 方向相反时取正号。根据转矩平衡的关系,可以写出如下形式的电气传动系统运动方程式:

$$T - T_L = \frac{GD^2}{375} \frac{dn}{dt} \quad (1-3)$$

式中,$\frac{GD^2}{375}$ 是反映电气传动系统机械惯性的一个常数。

式(1-3)表明,$T = T_L$ 时,系统处于恒定转速运行的稳态;$T > T_L$ 时,系统处于加速运动的过渡过程中;$T < T_L$ 时,系统处于减速运动的过渡过程中。

二、生产机械的负载特性

生产机械工作机构的转速 n 与负载转矩 T_L 之间的关系,即 $n = f(T_L)$ 称为生产机械的负载特性。生产机械的种类很多,它们的负载特性各不相同,但根据统计分析,生产机械的负载特性按照性能特点,可以归纳为以下三类。

1. 恒转矩负载特性

1)阻力性恒转矩负载特性

阻力性恒转矩负载的特点为工作机构转矩的绝对值是恒定不变的,转矩的性质总是阻止运动的制动性转矩。即 $n>0$ 时，$T_L>0$（常数）；$n<0$ 时，$T_L<0$（也是常数），T_L 的绝对值不变。其负载特性如图 1-20 所示，位于第一、三象限。由于摩擦力的方向总是与运动方向相反，摩擦力的大小只与正压力和摩擦系数有关，而与运动速度无关。

2）位能性恒转矩负载特性

位能性恒转矩负载的特点为工作机构转矩的绝对值是恒定的，而且方向不变（与运动方向无关），总是沿重力作用方向。如图 1-22 所示的起重机械，当 $n>0$ 时，$T_L>0$，是阻碍运动的制动转矩；当 $n<0$ 时，$T_L>0$，是帮助运动的驱动转矩，其机械特性如图 1-21 所示，位于第一、四象限。起重机提升和下放重物就属于这个类型。

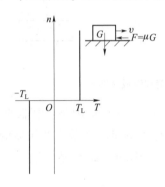

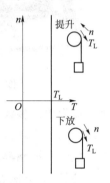

图 1-20　阻力性恒转矩负载特性　　　　图 1-21　位能性恒转矩负载特性

图 1-22　起重机和电动葫芦

2. 恒功率负载特性

某些车床，在粗加工时，切削量大，切削阻力大，这时工作在低速状态；而在精加工时，切削量小，切削阻力小，往往工作在高速状态。因此，在不同转速下，负载转矩基本上与转速成反比，而机械功率 $P_L \propto n \cdot T_L =$ 常数，称为恒功率负载，其负载转矩特性如图 1-23 所示。轧钢机轧制钢板时，工件尺寸较小则需要高速度低转矩，工件尺寸较大则需要低速度高转矩，这种工艺要求也是恒功率负载。

3. 通风机型负载特性

水泵、油泵、鼓风机、电风扇和螺旋桨等，其转矩的大小与转速的平方成正比，即 $T_L \propto n^2$，此类称之为通风机型负载，其负载特性如图 1-24 所示。

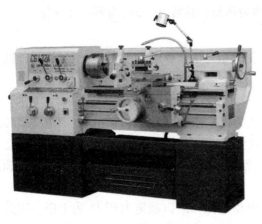 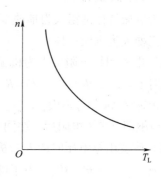

图 1-23 车床与恒功率负载转矩特性

 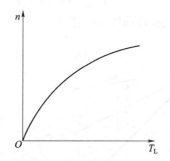

图 1-24 鼓风机与通风机型负载特性

上述恒转矩负载、恒功率负载以及通风机型负载，都是从各种实际负载中概括出来的典型的负载形式，实际上的负载可能是以某种典型负载形式为主，或某几种典型负载形式的结合。例如，水泵主要是通风机型负载特性，但是轴承摩擦力又是阻力性的恒转矩负载特性，只是运行时后者数值较小而已。再如，起重机在提升和下放重物时，主要是位能性恒转矩负载特性，但各个运动部件的摩擦力又是阻力性恒转矩负载特性。

三、他励直流电动机的机械特性

他励直流电动机的机械特性是指在电枢电压、励磁电流、电枢回路电阻为恒值的条件下，转速 n 与电磁转矩 T 之间的关系特性，即 $n=f(T)$，或转速 n 与电枢电流 I_a 的关系，即 $n=f(I_a)$，后者也就是转速特性。机械特性将决定电动机稳定运行、启动、制动以及调速的工作情况。

1. 固有机械特性

固有机械特性是指当电动机的工作电压和磁通均为额定值时，电枢电路中没有串入附加电阻时的机械特性，其方程式为

$$n = \frac{U_N}{C_e \Phi_N} - \frac{R_a}{C_e \Phi_N} I_a$$

固有机械特性如图 1-25 中 $R=R_a$ 曲线所示，由于 R_a 较小，故他励直流电动机的固有机

械特性较硬。图中 n_0 为 $T=0$ 时的转速，称为理想空载转速。Δn_N 为额定转速降。

2. 人为机械特性

人为机械特性是指人为地改变电动机参数（U、R、Φ）而得到的机械特性，他励电动机有以下三种人为机械特性。

（1）电枢串接电阻的人为机械特性。

此时 $U=U_N$，$\Phi=\Phi_N$，$R=R_a+R_{Pa}$。人为机械特性与固有特性相比，理想空载转速 n_0 不变，但转速降 Δn 相应增大，R_{Pa} 越大，Δn 越大，特性越"软"，如图 1-25 中线条 1、2 所示。可见，电枢回路串入电阻后，在同样大小的负载下，电动机的转速将下降，稳定在低速运行。

（2）改变电枢电压时的人为机械特性。

此时 $R_{Pa}=0$，$\Phi=\Phi_N$。由于电动机的电枢电压一般以额定电压 U_N 为上限，因此改变电压，通常只能在低于额定电压的范围变化。与固有机械特性相比，转速降 Δn 不变，即机械特性曲线的斜率不变，但理想空载转速 n_0 随电压成正比减小，因此降压时的人为机械特性是低于固有机械特性曲线的一组平行直线，如图 1-26 所示。

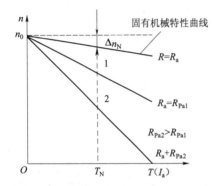

图 1-25　他励直流电动机固有机械特性及串电阻时人为机械特性

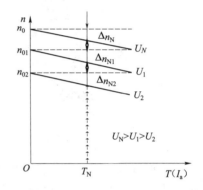

图 1-26　他励直流电动机降压时的人为机械特性

（3）减弱磁通时的人为机械特性。

减弱磁通可以在励磁回路内串接电阻 R_f 或降低励磁电压 U_f，此时 $U=U_N$，$R_{Pa}=0$。因为 Φ 是变量，所以 $n=f(I_a)$ 和 $n=f(T)$ 必须分开表示，其特性曲线分别如图 1-27（a）和图 1-27（b）所示。

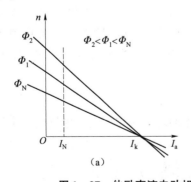
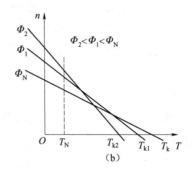

图 1-27　他励直流电动机减弱磁通时的人为机械特性

(a) $n=f(I_a)$；(b) $n=f(T)$

当减弱磁通时,理想空载转速 n_0 增加,转速降 Δn 也增加。通常在负载不是太大的情况下,减弱磁通可使他励直流电动机的转速升高。

四、电动机的稳定运行条件

电动机带上某一负载,假设原来运行于某一转速,由于受到外界某种短时干扰,如负载的突然变化或电网电压的波动等,而使电动机的转速发生变化,离开原来的平衡状态,如果系统在新的条件下仍能达到新的平衡或者当外界干扰消失后,系统能自动恢复到原来的转速,就称该拖动系统能稳定运行,否则就称不能稳定运行。不能稳定运行时,即使外界干扰已经消失,系统的速度也会一直上升或一直下降,直到停止转动。

为了使系统能稳定运行,电动机的机械特性和负载特性必须配合得当。为了便于分析,将电动机的机械特性和负载特性画在同一坐标图上,如图 1-28 所示。

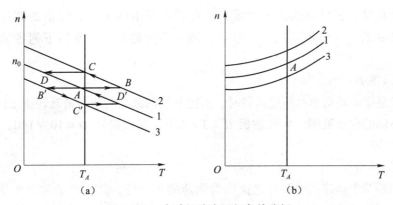

图 1-28 电动机稳定运行条件分析

设电动机原来稳定工作在 A 点,$T = T_L = T_A$。在图 1-28(a)所示情况下,如果电网电压突然波动,使机械特性偏高,由曲线 1 转为曲线 2,在这瞬间电动机的转速还来不及变化,而电动机的电磁转矩则增大到 B 点所对应的值,这时电磁转矩将大于负载转矩,所以转速将沿机械特性曲线 2 由 B 点上升到 C 点。随着转速的升高,电动机电磁转矩变小,最后在 C 点达到新的平衡。当干扰消失后,电动机恢复到机械特性曲线 1 运行,这时电动机的转速由 C 点过渡到 D 点,由于电磁转矩小于负载转矩,转速下降,最后又恢复到 A 点,在原工作点达到新的平衡。

反之,如果电网电压波动使机械特性偏低,由曲线 1 转为曲线 3,则电动机将经过 $A \to B' \to C'$,在 C' 点取得新的平衡。扰动消失后,工作点将由 $C' \to D' \to A$,恢复到原工作点 A 运行。

图 1-28(b)所示则是一种不稳定运行的情况,分析方法与图 1-28(a)相同,读者可自行分析。

由于大多数负载转矩都是随转速的升高而增大或保持恒定,因此只要电动机具有下降的机械特性就能稳定运行。而如果电动机具有上升的机械特性,一般来说不能稳定运行,除非拖动像通风机这样的特殊负载,在一定的条件下才能稳定运行。

五、他励直流电动机的调速

在现代工业中,由于生产机械在不同的工作情况下要求有不同的运行速度,因此需要对电动机进行调速。调速可以用机械的、电气的或机电配合的方法。电气调速就是在同一负载下,人为地改变电动机的电气参数,使转速得到控制性的改变。调速是为了生产需要而人为地对电动机转速进行的一种控制,它和电动机在负载变化时而引起的转速变化是两个不同的概念。调速是通过改变电气参数,有意识地使电动机工作点由一种机械特性转换到另一种机械特性上,从而在同一负载下得到不同的转速。而因负载变化引起的转速变化则是自动进行的,电动机工作在同一种机械特性上。

当负载不变时,他励直流电动机可以通过改变 U、Φ、R 三个参数进行调速。

1. 调速指标

直流电动机具有极可贵的调速性能,可在宽广范围内平滑而经济地调速,特别适用于调速要求较高的电气传动系统中。电动机调速性能的好坏,常用下列各项技术指标来衡量。

1)调速范围 D

调速范围是指电动机驱动额定负载时,所能达到的最高转速与最低转速之比。不同的生产机械要求不同的调速范围,如轧钢机 $D=3\sim120$,龙门刨床 $D=10\sim140$,车床进给机构 $D=5\sim200$ 等。

2)调速的平滑性

电动机相邻两个调速挡的转速之比称为调速的平滑性,其比值 φ 称为平滑系数。在一定的范围内,调速挡数越多,相邻级转速差越小,φ 越接近于1,平滑性越好。$\varphi=1$ 时称为无级调速。

3)调速的稳定性

调速的稳定性是指负载转矩发生变化时,电动机转速随之变化的程度。工程上常用静差率 δ 来衡量,它是指电动机在某一机械特性上运转时,由理想空载至额定负载时的转速降 Δn_N 对理想空载转速的百分比为 $\delta = \dfrac{n_0 - n_N}{n_0} \times 100\%$。

4)调速的经济性

调速的经济性由调速设备的投资及电动机运行时的能量消耗来决定。

5)调速时电动机的允许输出

在电动机得到充分利用的情况下(一般是指电流为额定值),调速过程中电动机所能输出的功率和转矩。其主要有恒功率调速方式和恒转矩调速方式两大类。

2. 电枢串电阻调速

如图1-29所示,他励直流电动机原来工作在固有特性 a 点,转速为 n_1,当电枢回路串入电阻后,工作点转移到相应的人为机械特性上,从而得到较低的运行速度。整个调速过程如下:调整开始时,在电枢回路中串入电阻 R_{Pa},电枢总电阻 $R_1 = R_a + R_{Pa}$,这时因转速来不及突变,电动机的工作点由 a 点平移到 b 点。此后由于 b 点的电磁转矩 $T' < T_L$,电动机减

速，随着转速 n 的降低，E_a 减小，电枢电流 I_a 和电磁转矩 T 相应增大，直到工作点移到人为机械特性 c 点时，$T = T_L$，电动机以较低的速度 n_2 稳定运行。

电枢串入的电阻值不同，可以保持不同的稳定速度，串入的电阻值越大，最后的稳定运行速度就越低。串电阻调速时，转速只能从额定值往下调，因此 $n_{max} = n_N$。在低速时，由于特性很软，调速的稳定性差，因此 n_{min} 不宜过低。另外，一般串电阻时，电阻分段串入，故属于有级调速，调速平滑性差。从调速的经济性来看，设备投资不大，但能耗较大。

需要指出的是，调速电阻应按照长期工作设计，而启动电阻是短时工作的，因此不能把启动电阻当作调速电阻使用。

3. 弱磁调速

这是一种改变电动机磁通大小来进行调速的方法。为了防止磁路饱和，一般只采用减弱磁通的方法。小容量电动机多在励磁回路中串接可调电阻，大容量电动机可采用单独的可控整流电源来实现弱磁调速。

图 1-30 中曲线 1 为电动机的固有机械特性曲线，曲线 2 为减弱磁通后的人为机械特性曲线。调速前电动机运行在 a 点，调速开始后，电动机从 a 点平移到 c 点，再沿曲线 2 上升到 b 点。考虑到励磁回路的电感较大以及磁滞现象，磁通不可能突变，电磁转矩的变化实际如图 1-30 中的曲线 3 所示。

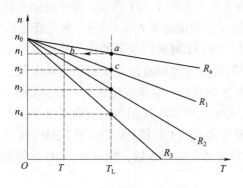

图 1-29 电枢串电阻调速

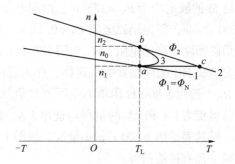

图 1-30 减弱磁通调速

弱磁调速的速度是往上调的，以电动机的额定转速 n_N 为最低速度，最高速度受电动机的换向条件及机械强度的限制。同时若磁通过弱，电枢反应的去磁作用显著，将使电动机运行的稳定性受到破坏。

在采用弱磁调速时，由于在功率较小的励磁电路中进行调节，因此控制方便，能量损耗低，调速的经济性比较好，并且调速的平滑性也较好，可以做到无级调速。

4. 降压调速

采用这种调速方法时，电动机的工作电压不能大于额定电压。从机械特性方程式可以看出，当端电压 U 降低时，转速降 Δn 和特性曲线的斜率不变，而理想空载转速 n_0 随电压成正比例降低。降压调速的过程可参见降压时的人为机械特性曲线。

通常降压调速的调速范围可达 2.5~12。随着晶闸管技术的不断发展和广泛应用，利用晶闸管可控整流电源可以很方便地对电动机进行降压调速，而且调速性能好，可靠性高，目前正得到广泛应用。

实训 1-2　直流电动机机械特性的测试及调速方法的操作

1. 任务目标

(1) 学会测试直流电动机的机械特性。

(2) 学会直流电动机三种调速方法的接线和操作。

2. 工具、仪器和设备

(1) 直流电动机励磁电源和可调电枢电源。

(2) 他励直流电动机一台，直流发电机一台。

(3) 励磁调节电阻两个，电枢调节电阻一个，负载电阻一个。

(4) 电压表一块，电流表两块，转速表一块。

(5) 导线若干。

3. 实训过程

1) 绘制并连接他励直流电动机的工作电路

测试他励直流电动机机械特性和调速方法的参考电路如图 1-31 所示。图中他励直流电动机 M 的额定功率 $P_N = 185$ W，额定电压 $U_N = 220$ V，额定电流 $I_N = 1.2$ A，额定转速 $n_N = 1\ 600$ r/min，额定励磁电流 $I_{fN} < 0.16$ A。R_{Pf1} 选用 1 800 Ω 阻值的变阻器作为他励直流电动机励磁回路串接的电阻，R_{Pa} 选用 180 Ω 阻值的变阻器作为他励直流电动机的启动电阻。直流发电机 MG 按他励发电机连接，作为直流电动机 M 的负载。直流发电机 MG 的励磁调节电阻 R_{Pf} 选用 1 800 Ω 阻值的变阻器，负载电阻 R_L 选用两个 900 Ω 阻值的变阻器并联。电枢回路电流表 PA 和 PA_3 的量程均选用 5 A，励磁回路的电流表 PA_1 和 PA_2 均选用 1 000 mA 的量程。转速表选用 1 800 r/min 量程。按图 1-31 进行接线，接好线后，检查 M、MG 之间是否用联轴器直接连接好。

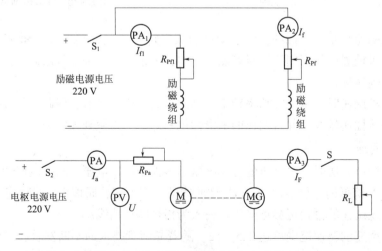

图 1-31　测试他励直流电动机机械特性和调速方法的参考电路

2）测试他励直流电动机的固有机械特性

（1）将他励直流电动机 M 的励磁调节电阻 R_{Pf1} 调至最小值，电枢串联的启动电阻 R_{Pa} 调至最大值。直流发电机 MG 的励磁调节电阻 R_{Pf} 调至最大值，负载电阻 R_L 调至最大值。先接通直流励磁电源开关 S_1，再接通电枢电源开关 S_2，启动直流电动机。其旋转方向应符合转速表正向旋转的要求。

（2）电动机 M 启动正常后，将其电枢串联电阻 R_{Pa} 调至零，调节电枢电源的电压为额定值 220 V，调节直流发电机 MG 的励磁电流 I_f 为 100 mA，闭合负载开关 S，再调节其负载电阻 R_L 和电动机的励磁调节电阻 R_{Pf1}，使电动机达到额定值：$U = U_N = 220$ V，$I_a = I_N = 1.2$ A，$n = n_N = 1\,600$ r/min。此时电动机 M 的励磁电流 I_{f1} 即为额定励磁电流 I_f。

（3）保持 $U = U_N$，$I_{f1} = I_{fN}$，在 I_f 基本不变的条件下，逐渐增大发电机 MG 的负载电阻 R_L，减小电动机的负载，直至断开负载开关 S。测取发电机负载电流 I_F，电动机电枢输入电流 I_a 和转速 n 的数值，共取 7～8 组数据，记录于表 1-6 中。

表 1-6　他励直流电动机的转速特性记录表

I_a/A							
n/(r·min^{-1})							
I_F/A							

根据电磁转矩公式 $T = C_T \Phi I_a$ 可知，电动机中的电磁转矩 T 与电枢电流 I_a 成正比。表 1-6 数据所反映的直流电动机的转速特性与机械特性的形状完全一样，只要将电枢电流 I_a 转换为对应的电磁转矩 T 就是该电动机的机械特性。

3）电枢串电阻调速

（1）直流电动机 M 运行后，将电枢调节电阻 R_{Pa} 调至零，保持电枢电源电压为 220 V。调节直流发电机 MG 的励磁电流 I_f 为 100 mA 不变，再调节发电机负载电阻 R_L 和电动机励磁电阻 R_{Pf1}，使电动机 M 的 $U = U_N$，$I_a = 0.5 I_N$，$I_{f1} = I_{fN}$，记下此时发电机 MG 的电枢电流 I_F。

（2）保持发电机 MG 此时的 I_f 为 100 mA 和 I_F 值不变（T_2 不变），保持电动机 M 的 $U = U_N$，$I_{f1} = I_{fN}$ 不变，逐次增加 R_{Pa} 的阻值，使 R_{Pa} 从零调至最大值，每次测取电动机的转速 n 和电枢电流 I_a。

（3）测取 5 组数据，记录于表 1-7 中。

表 1-7　电枢串电阻调速记录表

R_{Pa}	0	10%	25%	50%	100%
n/(r·min^{-1})					
I_a/A					

4）降低电枢电压调速

（1）与电枢串电阻调速一样，先将电动机的电枢调节电阻 R_{Pa} 调至零，电枢电源电压调至 220 V。调节发电机 MG 的励磁电流 $I_f = 100$ mA 不变，再调节发电机负载电阻 R_L 和电动机励磁电阻 R_{Pfl}，使电动机 M 的 $U = U_N$，$I_a = 0.5\ I_N$，$I_{fl} = I_{fN}$，记下发电机 MG 的电枢电流 I_F。

（2）保持发电机 MG 的 $I_f = 100$ mA 和 I_F 值不变（T_2 不变），保持电动机 $R_{Pa} = 0$，$I_{fl} = I_{fN}$ 不变，逐渐降低电动机 M 的电枢电压 U，每次测取电动机的电枢电压 U、转速 n 和电枢电流 I_a。

（3）共取 7~8 组数据，记录于表 1-8 中。

表 1-8　降低电枢电压调速记录表

U/V	220							
$n/(\text{r}\cdot\text{min}^{-1})$								
I_a/A								

5）减弱磁通调速

（1）直流电动机正确启动后，将电动机 M 的电枢串联电阻 R_{Pa} 和励磁调节电阻 R_{Pfl} 调至零，调节电枢电源电压为额定值。再调节发电机 MG 的励磁电阻使 $I_f = 100$ mA，调节 MG 的负载电阻 R_L，使电动机 M 的 $U = U_N$，$I_a = 0.5I_N$，记下发电机此时的 I_F 值。

（2）保持电动机 M 的电枢电压 $U = 220$ V、$R_{Pa} = 0$ 不变，调节负载电阻 R_L，保持发电机 MG 的 I_F 值（T_2 值）不变。逐渐增加电动机励磁调节电阻 R_{Pfl} 的阻值，直至 $n = 1.3\ n_N$，每次测取电动机的 n、I_{fl} 和 I_a。

（3）共取 7~8 组数据，记录于表 1-9 中。

表 1-9　降低电枢电压调速记录表

I_{fl}/mA								
$n/(\text{r}\cdot\text{min}^{-1})$								
I_a/A								

4. 注意事项

（1）每次启动直流电动机时，都要将励磁调节电阻 R_{Pfl} 调至最小，电枢调节电阻 R_{Pa} 调至最大；先接通励磁电源，再接通电枢电源；启动后将 R_{Pa} 调至最小。

（2）直流电动机停机时，必须先切断电枢电源，再断开励磁电源。

（3）调节直流电动机励磁回路电阻 R_{Pfl} 时，动作要慢，防止励磁电流 I_{fl} 过小引起电动机"飞车"。

(4) 测试前注意仪表的种类、量程、极性及其接法是否正确。

5. 技能训练考核评分记录表

技能训练考核评分记录表如表 1-10 所示。

表 1-10 技能训练考核评分记录表

序号	考核内容	考核要求	配分	得分
1	技能训练的准备	预习技能训练的内容	10	
2	仪器、仪表的使用	正确使用万用表、转速表、实验台等设备	10	
3	直流电动机的接线	电路绘制正确、简洁，接线速度快	20	
4	直流电动机的机械特性	通电调试一次成功，操作规范，数据测量正确	30	
5	直流电动机的调速	操作规范，数据测量正确	30	
6	合计得分			
7	否定项	发生重大责任事故、严重违反教学纪律者得 0 分		
8	指导教师签名		日期	

任务三　直流电动机的启动、反转和制动

学习目标

(1) 了解直流电动机启动时存在的问题。

(2) 掌握直流电动机常用的启动方法。

(3) 掌握直流电动机的反转方法。

(4) 熟悉直流电动机的制动方法。

(5) 学会直流电动机常用启动、反转和制动方法的操作。

任务分析

使用一台电动机时，首先碰到的问题是怎样把它启动起来。要使电动机启动的过程达到最优，主要应考虑以下几个方面的问题：启动电流 I_{st} 的大小，启动转矩 T_{st} 的大小，启动设备是否简单等。电动机驱动的生产机械，常常需要改变运动方向，如起重机、刨床、轧钢机等，这就需要电动机能快速地正反转。某些生产机械除了需要电动机提供驱动力矩外，还要电动机在必要时提供制动的力矩，以便限制转速或快速停车。例如电车下坡和刹车时，起重机下放重物时，机床反向运动开始时，都需要电动机进行制动。因此掌握直流电动机启动、反转和制动的方法，对电气技术人员是很重要的。

一、直流电动机的启动

直流电动机从接入电源开始,转速由零上升到某一稳定转速为止的过程称为启动过程或启动。

1. 启动条件

当电动机启动瞬间,$n=0$,$E_a=0$,此时电动机中流过的电流叫启动电流 I_{st},对应的电磁转矩叫启动转矩 T_{st}。为了使电动机的转速从零逐步加速到稳定的运行速度,在启动时电动机必须产生足够大的电磁转矩。如果不采取任何措施,直接把电动机加上额定电压进行启动,这种启动方法叫直接启动。直接启动时,启动电流 $I_{st}=U_N/R_a$,将升到很大的数值,同时启动转矩也很大,过大的电流及转矩,对电动机及电网可能会造成一定的危害,所以一般启动时要对 I_{st} 加以限制。总之,电动机启动时,一是要有足够大的启动转矩 T_{st},二是启动电流 I_{st} 不能太大。另外,启动设备要尽量简单、可靠。

一般小容量直流电动机因其额定电流小可以采用直接启动,而较大容量的直流电动机不允许直接启动。

2. 启动方法

他励直流电动机常用的启动方法有电枢串电阻启动和降压启动两种。不论采用哪种方法,启动时都应该保证电动机的磁通达到最大值,从而保证产生足够大的启动转矩。

1) 电枢回路串电阻启动

启动时在电枢回路中串入启动电阻 R_{st} 进行限流,电动机加上额定电压,R_{st} 的数值应使 I_{st} 不大于允许值。

为使电动机转速能均匀上升,启动后应把与电枢串联的电阻平滑均匀切除。但这样做比较困难,实际中只能将电阻分段切除,通常利用接触器的触点来分段短接启动电阻。由于每段电阻的切除都需要有一个接触器控制,因此启动级数不宜过多,一般为 2~5 级。

在启动过程中,通常限制最大启动电流 $I_{st1}=(1.5~2.5)I_N$;$I_{st2}=(1.1~1.2)I_N$,并尽量在切除电阻时,使启动电流能从 I_{st2} 回升到 I_{st1}。图1-32所示为他励直流电动机串电阻三级启动时的机械特性。

启动时依次切除启动电阻 R_{st1}、R_{st2}、R_{st3},相应的电动机工作点从 a 点到 b 点、c 点、d 点……最后稳定在 h 点运行,启动结束。

2) 降压启动

降压启动只能在电动机有专用电源时才能采用。启动时,通过降低电枢电压来达到限制启动电流的目的。为保证足够大的启动转矩,应保持磁通不变,待电动机启动后,随着转速的上升、

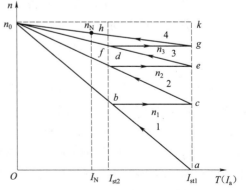

图1-32 他励直流电动机串电阻启动时的机械特性

反电动势的增加,再逐步提高其电枢电压,直至将电压恢复到额定值,电动机在全压下稳定运行。

降压启动虽然需要专用电源,设备投资大,但它启动电流小,升速平滑,并且启动过程中能量消耗也较少,因而得到广泛应用。

二、直流电动机的反转

在有些电力拖动设备中,由于生产的需要,常常需要改变电动机的转向。电动机中的电磁转矩是动力转矩,因此改变电磁转矩 T 的方向就能改变电动机的转向。根据公式 $T = C_T \Phi I_a$ 可知,只要改变磁通 Φ 或电枢电流 I_a 这两个量中一个量的方向,就能改变 T 的方向。因此,直流电动机的反转方法有两种:一种是改变磁通(Φ)的方向,另一种是改变电枢电流的方向。由于磁滞及励磁回路电感等原因,反向磁场的建立过程缓慢,反转过程不能很快实现,故一般多采用后一种方法。

三、直流电动机的制动

电动机的制动是指在电动机轴上加一个与旋转方向相反的转矩,以达到快速停车、减速或稳速。制动可以采用机械方法和电气方法,常用的电气方法有三种:能耗制动、反接制动和回馈制动。判断电动机是否处于电气制动状态的条件是:电磁转矩 T 的方向和转速 n 的方向是否相反。如果是,则为制动状态,其工作点应位于第二或第四象限;否则为电动状态。

在电动机的制动过程中,要求迅速、平滑、可靠、能量损耗小,并且制动电流应小于限值。

1. 能耗制动

能耗制动对应的机械特性如图 1-33 所示。电动机原来工作于电动运行状态,制动时保持励磁电流不变,将电枢两端从电网断开;并立即接到一个制动电阻 R_z 上。这时从机械特性上看,电动机工作点从 A 点切换到 B 点,在 B 点因为 $U=0$,所以 $I_a = -E_a/(R_a + R_z)$,电枢电流为负值,由此产生的电磁转矩 T 也随之反向,由原来与 n 同方向变为与 n 反方向,进入制动状态,起到制动作用,使电动机减速,工作点沿特性曲线下降,由 B 点移至 O 点。当 $n=0$,$T=0$ 时,若是反抗性负载,则电动机停转。在这个过程中,电动机由生产机械的惯性作用拖动,输入机械能而发电,发出的能量消耗在电阻 $R_a + R_z$ 上,直到电动机停止转动,故称为能耗制动。

为了避免过大的制动电流对系统带来不利影响,应合理选择 R_z,通常限制最大制动电流不超过额定电流的 2~2.5 倍。

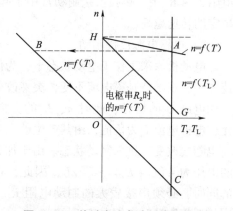

图 1-33 他励直流电动机能耗制动

$$R_a + R_z \geq \frac{E_a}{(2-2.5)I_N} \approx \frac{U_N}{(2-2.5)I_N}$$

如果能耗制动时拖动的是位能性负载，电动机可能被拖向反转，工作点从 O 点移至 C 点才能稳定运行。能耗制动操作简单，制动平稳，但在低速时制动转矩变小。若为了使电动机更快地停转，可以在转速降到较低时，再加上机械制动相配合。

2. 反接制动

反接制动分为倒拉反接制动和电枢电源反接制动两种。

1）倒拉反接制动

如图 1-34 所示，电动机原先提升重物，工作于 a 点，若在电枢回路中串接足够大的电阻，特性变得很软，转速下降，当 $n=0$ 时（c 点），电动机的 T 仍然小于 T_L，在位能性负载倒拉作用下，电动机继续减速进入反转，最终稳定地运行在 d 点。此时 $n<0$，T 方向不变，即进入制动状态，工作点位于第四象限，E_a 方向变为与 U 相同。倒拉反接制动的机械特性方程和电枢串电阻电动运行状态时相同。

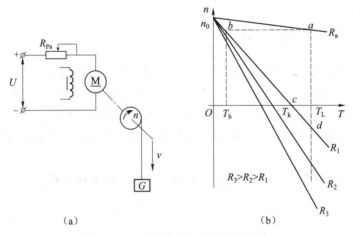

图 1-34 他励电动机倒拉反接制动

(a) 倒拉反接制动示意图；(b) 倒拉反接制动机械特性曲线

倒拉反接制动时，电动机从电源及负载处吸收电功率和机械功率，全部消耗在电枢回路电阻 $R_a + R_z$ 上。倒拉反接制动常用于起重机低速下放重物，电动机串入的电阻越大，最后稳定的转速越高。

2）电枢电源反接制动

电动机原来工作于电动状态下，为使电动机迅速停车，现维持励磁电流不变，突然改变电枢两端外加电压 U 的极性，此时 n、E_a 的方向还没有变化，电枢电流 I_a 为负值，由其产生的电磁转矩的方向也随之改变，进入制动状态。由于加在电枢回路的电压为 $-(U+E_a) \approx -2U$，因此，在电源反接的同时，必须串接较大的制动电阻 R_z，R_z 的大小应使反接制动时电枢电流 $I_a \leq 2.5I_N$。

机械特性曲线见图 1-35 中的直线 bc。从图中

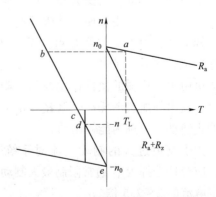

图 1-35 他励电动机的电枢反接制动

可以看出，反接制动时电动机由原来的工作点，沿水平方向移到 b 点，并随着转速的下降，沿直线 bc 下降。通常在 c 点处若不切除电源，电动机很可能反向启动，加速到 d 点。

所以电枢反接制动停车时，一般情况下，当电动机转速 n 接近于零时，必须立即切断电源，否则电动机反转。

电枢反接制动效果强烈，电网供给的能量和生产机械的动能都消耗在电阻 $R_a + R_z$ 上。

3. 回馈制动（再生制动）

若电动机在电动运行状态中，由于某种因素（如电动机车下坡）而使电动机的转速高于理想空载转速时，电动机便处于回馈制动状态。$n > n_0$ 是回馈制动的一个重要标志。因为当 $n > n_0$ 时，电枢电流 I_a 与原来 $n < n_0$ 时的方向相反，因磁通 Φ 不变，所以电磁转矩随 I_a 反向而反向，对电动机起制动作用。电动状态时电枢电流由电网的正端流向电动机，而在回馈制动时，电流由电枢流向电网的正端，这时电动机将机车下坡时的位能转变为电能回送给电网，因而称为回馈制动。

回馈制动的机械特性方程式和电动状态时完全一样，由于 I_a 为负值，所以在第二象限，如图 1-36 所示。电枢电路若串入电阻，可使特性曲线的斜率增加。

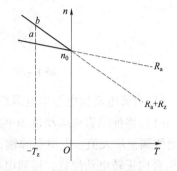

图 1-36 他励电动机的回馈制动

训练 1-3　直流电动机启动、反转和制动方法的操作

1. 任务目标
（1）学会直流电动机电枢串电阻启动、降压启动的接线和操作。
（2）学会直流电动机反转电路的接线和操作。
（3）学会直流电动机能耗制动、反接制动的接线和操作。

2. 工具、仪器和设备
（1）直流电动机励磁电源和可调电枢电源。
（2）直流他励电动机一台。
（3）励磁调节电阻器一个，电枢调节电阻器一个。
（4）直流电流表一块，转速表一块。
（5）倒顺开关一个。
（6）导线若干。

3. 实训过程
1）绘制并连接他励直流电动机的工作电路

他励直流电动机电枢串电阻启动、降压启动、改变转向、电枢反接制动的参考电路如图 1-37 所示。图中他励直流电动机 M 的额定功率 $P_N = 185$ W，额定电压 $U_N = 220$ V，额定电流 $I_N = 1.2$ A，额定转速 $n_N = 1\,600$ r/min，额定励磁电流 $I_{fN} < 0.16$ A。励磁回路串接的电阻

R_{Pf} 选用 1 800 Ω 阻值的变阻器,他励直流电动机的启动电阻 R_{Pa} 选用 180 Ω 阻值的变阻器。电枢回路电流表 PA 量程选用 5 A,转速表选用 1 800 r/min 量程。按图进行接线,接好线后,检查联轴器是否连接好。

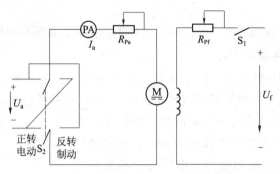

图 1-37 他励直流电动机启动的反转的工作电路图

2) 直流电动机电枢串电阻启动和降压启动

(1) 将他励直流电动机 M 的励磁调节电阻 R_{Pf} 的阻值调至最小值,电枢串联变阻器 R_{Pa} 的阻值调至最大值,电枢电源输出调到最小值。先接通直流励磁电源开关 S_1,再将倒顺开关 S_2 合向正转电动位置,接通电枢电源,启动直流电动机。

(2) 逐渐升高电枢电压,直至额定电压 $U_N = 220$ V,观察直流电动机降压启动过程中转速和电流的变化情况。

(3) 再逐渐减小电枢串联电阻器 R_{Pa} 的阻值直至为零,观察直流电动机电枢串电阻启动过程中转速和电流的变化情况。

3) 直流电动机的反转

(1) 记录下直流电动机当前的转向,先断开电枢回路开关 S_2,再断开励磁回路电源开关 S_1,使电动机停机。将电枢绕组两头反接,重复前面步骤,正确启动电动机,观察电动机的转向是否改变。

(2) 再次断开电枢回路开关 S_2 和励磁回路电源开关 S_1,使电动机停机。将励磁绕组两头反接,重复前面步骤,正确启动电动机,观察电动机的转向是否又改变了。

(3) 在电动机断电的情况下,同时将电枢绕组和励磁绕组反接,在重新启动电动机的过程中观察转向是否改变。

4) 直流电动机的反接制动

(1) 正确启动直流电动机后,调节电枢电压到额定值,电枢串联电阻器 R_{Pa} 的阻值调到最大,断开电枢回路开关 S_2,观察并记录下自由停车的时间 t_0。

(2) 重新合上开关 S_2 启动直流电动机后,将电枢串联电阻器 R_{Pa} 调到最大值位置,将电枢回路开关 S_2 迅速合向反转制动位置,仔细观察并记录下反接制动到转速为 0 的时间 t_1,马上断开开关 S_2。

(3) 直流电动机重新启动后,将电枢串联电阻器 R_{Pa} 调到中间值位置,将电枢回路开关 S_2 迅速合向反转制动位置,观察并记录下反接制动到转速为 0 的时间 t_2。

5) 直流电动机的能耗制动

(1) 改变直流电动机的电路接线,能耗制动的参考电路如图 1-38 所示。

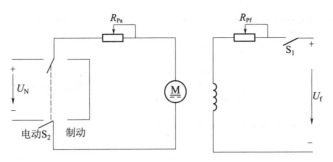

图1-38 他励直流电动机能耗制动工作电路

（2）将他励直流电动机 M 的励磁调节电阻器 R_{Pf} 调至最小阻值，电枢串联电阻器 R_{Pa} 调至最大阻值。先接通励磁电源开关 S_1，再将倒顺开关 S_2 合向电动位置，启动直流电动机。

（3）电动机运转正常后，断开电枢回路开关 S_2，观察并记录下自由停车的时间 t_0。

（4）重新启动电动机，将电枢串联电阻器 R_{Pa} 调到最大值位置，将电枢回路开关 S_2 迅速合向制动位置，观察并记录下能耗制动到转速为 0 的时间 t_1。

（5）将电枢回路开关 S_2 再次合向电动位置，启动直流电动机，将电枢串联电阻器 R_{Pa} 调到中间值位置，再次将电枢回路开关 S_2 迅速合向制动位置，观察并记录下能耗制动到转速为 0 的时间 t_2。

4. 注意事项

（1）本次技能训练过程中，电动机要多次启动和停止，注意每次启动直流电动机时，都要将励磁调节电阻器 R_{Pf} 调至最小阻值，电枢调节电阻器 R_{Pa} 调至最大阻值，先接通励磁电源开关 S_1，再接通电枢电源开关 S_2。

（2）直流电动机停机时，必须先切断电枢电源，再断开励磁电源。

（3）电枢回路所接的倒顺开关 S_2 的位置，要记清哪边是电动，哪边是制动；哪边是正转，哪边是反转。

（4）制动的时间很短，但是要分清哪一次快、哪一次慢。

5. 技能训练考核评分记录表

技能训练考核评分记录表如表1-11所示。

表1-11 技能训练考核评分记录表

序号	考核内容	考核要求	配分	得分
1	技能训练的准备	预习技能训练的内容	10	
2	仪器、仪表的使用	正确使用万用表、转速表、实验台等设备	10	
3	直流电动机的接线	电路绘制正确、简洁，接线速度快	20	
4	操作电动机的启动和反转	通电调试一次成功，操作规范，数据测量正确	30	
5	直流电动机的制动	操作规范，数据测量正确	30	

续表

序号	考核内容	考核要求	配分	得分
6	合计得分			
7	否定项	发生重大责任事故、严重违反教学纪律者得 0 分		
8	指导教师签名		日期	

任务四 直流电动机的使用和维护

学习目标
（1）了解直流电动机启动前的准备工作和启动、运行时应注意的事项。
（2）熟悉直流电动机的定期检修内容和注意事项。
（3）了解直流电动机日常保养的相关知识。
（4）了解直流电动机的常见故障以及处理方法。

任务分析
直流电动机经常性的维护和监视工作，是保证电动机正常运行的重要条件。除经常保持电动机清洁、不积尘土、无油垢外，必须注意监视电动机运行中的换向火花、转速、电流、温升等的变化是否正常。因为直流电动机的故障都会反映在换向恶化和运行性能的异常变化上。做好直流电动机的维护及检修工作，对提高生产效率、预防事故的发生具有非常重要的意义。

相 关 知 识

一、直流电动机的使用

1. 直流电动机的启动准备

直流电动机在安装后投入运行前或长期搁置而重新投入运行前，需做下列启动准备工作。
（1）用压缩空气吹净附着于电机内部的灰尘，对于新电动机应去掉在风窗处的包装纸。检查轴承润滑脂是否洁净、适量，润滑脂占轴承室的 2/3 为宜。
（2）用柔软、干燥而无绒毛的布块擦拭换向器表面，并检查其是否光洁，如有油污，则可蘸少许汽油擦拭干净。
（3）检查电刷压力是否正常均匀，电刷间压力差不超过 10%，刷握的固定是否可靠，电刷在刷握内是否太紧或太松，电刷与换向器的接触是否良好。
（4）检查刷杆座上是否标有电刷位置的记号。
（5）用手转动电枢，检查是否阻塞或在转动时是否有撞击或摩擦之声。
（6）接地装置是否良好。
（7）用 500 V 兆欧表测量绕组对机壳的绝缘电阻，如小于 1 MΩ 则必须进行干燥处理。
（8）电动机引出线与励磁电阻、启动器等连接是否正确，接触是否良好。

2. 直流电动机的启动

(1) 检查线路情况（包括电源、控制器、接线及测量仪表的连接等），启动器的弹簧是否灵活，接触是否良好。

(2) 在恒压电源供电时，需用启动器启动。闭合电源开关，在电动机负载下，转动启动器，在每个触点上停留约2 s时间，直至最后一点，转动臂被电磁铁吸住为止。

(3) 电动机在单独的可调电源供电时，先将励磁绕组通电，并将电源电压降至最小，然后闭合电枢回路接触器，逐渐升高电压，达额定值或所需转速。

(4) 电动机与生产机械的联轴器分别连接，输入小于10%的额定电枢电压，确定电机与生产机械转速方向是否一致，一致时表示接线正确。

(5) 电动机换向器端装有测速发电机时，电动机启动后，应检查测速发电机输出特性，该极性与控制屏极性应一致。

(6) 电动机启动完毕后，应观察换向器上有无火花、火花等级是否超标。

3. 直流电动机的调速

恒功率弱磁向上调速，可调节励磁电阻，直至转速达到所需要的值，但不得超过技术条件所允许的最高转速。恒转矩负载可以采用降压或电枢串电阻向下调速。

4. 直流电动机的停机

(1) 如为变速电动机，先将转速降到最低值。

(2) 去掉电动机负载（除串励电动机外）后切断电源开关。

(3) 切断励磁回路，励磁绕组不允许在停车后长期通额定电流。

二、直流电动机的维护

电动机在使用过程中定期进行检查时应特别注意下列事项。

1. 电动机周围应保持干燥，其内外部均不应放置其他物件

电动机的清洁工作每月不得少于一次，清洁时应以压缩空气吹净内部的灰尘，特别是换向器、线圈连接线和引线部分。

2. 换向器的保养

(1) 换向器应是呈正圆柱形光洁的表面，不应有机械损伤和烧焦的痕迹。

(2) 换向器在负载下经长期无火花运转后，在表面产生一层褐色有光泽的坚硬薄膜，这是正常现象，它能保护换向器的磨损，这层薄膜必须加以保护，不能用砂布摩擦。

(3) 若换向器表面出现粗糙、烧焦等现象时可用0号砂布在旋转着的换向器表面进行细致研磨。若换向器表面出现过于粗糙不平、不圆或有部分凹进现象时，应将换向器进行车削，车削速度不大于1.5 m/s，车削深度及每转进刀量均不大于0.1 mm，车削时换向器不应有轴向位移。

(4) 换向器表面磨损很多时，或经车削后，发现云母片有凸出现象，应以铣刀将云母片铣成1～1.5 mm的凹槽。

(5) 换向器车削或云母片下刻时，须防止铜屑、灰尘侵入电枢内部。因而要将电枢线圈端部及接头片覆盖。加工完毕后用压缩空气做清洁处理。

3. 电刷的使用

（1）电刷与换向器的工作面应有良好的接触，电刷压力正常。电刷在刷握内应能滑动自如。电刷磨损或损坏时，应以牌号及尺寸与原来相同的电刷更替之，并且用 0 号砂布进行研磨，砂布面向电刷，背面紧贴换向器，研磨时随换向器做来回移动。

（2）电刷研磨后用压缩空气做清洁处理，再使电动机做空载运转，然后以轻负载（为额定负载的 1/4~1/3）运转 1 h，使电刷在换向器上得到良好的接触面（每块电刷的接触面积不小于其总面积的 75%）。

4. 轴承的保养

（1）轴承在运转时温度太高，或发出有害杂音时，说明可能损坏或有外物侵入，应拆下轴承清洗检查，当发现钢珠或滑圈有裂纹损坏或轴承经清洗后使用情况仍未改变时，必须更换新轴承。轴承工作 2 000~2 500 h 后应更换新的润滑脂，但每年不得少于一次。

（2）轴承在运转时须防止灰尘及潮气侵入，并严禁对轴承内圈或外圈的任何冲击。

5. 绝缘电阻

（1）应当经常检查电动机的绝缘电阻，如果绝缘电阻小于 1 MΩ 时，应仔细清除绝缘表面的污物和灰尘，并用汽油、甲苯或四氯化碳清除之，待其干燥后再涂绝缘漆。

（2）必要时可采用热空气干燥法，用通风机将热空气（80 ℃）送入电动机进行干燥，开始绝缘电阻降低，然后升高，最后趋于稳定。

6. 通风系统

应经常检查定子温升，判断通风系统是否正常，风量是否足够，如果温升超过允许值，应立即停车检查通风系统。

三、直流电动机的保养

（1）电动机未使用前应放置在通风干燥的仓库中，下面垫块干燥的木板更佳；电动机应远离有腐蚀性的物质，电动机的轴伸端应涂防锈油。

（2）从仓库中取出电动机后，应用吹风机吹去表面的灰尘和杂物。

（3）若是新电动机，要先打开风扇盖，撕去粘在风扇盖内的防尘纸；取去包在换向器刷架上的覆盖纸。

（4）检查换向器表面是否有油污等，若有，可用棉纱蘸酒精擦净。

（5）仔细检查每个电刷在刷握中松紧是否合适，刷握是否有松动，刷握与换向器表面之间的距离是否合适。

（6）检查电刷的受压大小是否合适，应逐之调整。

（7）用手转动电动机轴，检查电枢转动是否灵活，有无异常响声。

（8）用 500 V 的兆欧表（摇表）摇测每个绕组对地的绝缘阻值；摇测各绕组之间的绝缘阻值；若低于 0.5 MΩ，则应送烘箱烘干。

四、直流电动机的常见故障及检修方法

直流电动机的常见故障及检修方法如表 1–12~表 1–14 所示。

表1–12 直流电动机不能启动的原因和检修方法

故障现象	故障原因	检修方法
电动机不能启动	电网停电	用万用表或电笔检查，待来电后使用
	熔断器熔断	更换熔断器
	电源线在电动机接线端上接错线	按图纸重新接线
	负载太大，启动不了	减小机械负载
	启动电压太低	通常应在50 V时启动
	电刷位置不对	重新校正电刷中性线位置
	定子与转子间有异物卡住	清除异物
	轴承严重损坏，卡死	更换轴承
	主磁极或换向极固定螺钉未拧紧，致使卡住电枢	拆开电动机重新紧固
	电刷提起后未放下	将电刷安放在刷握中
	换向器表面污垢太多	清除污垢

表1–13 直流电动机过热故障原因及检修方法

故障现象	故障原因	检修方法
直流电动机过热	电动机过载	减小机械负载或解决引起过载的机械故障
	电枢绕组短路	用前面所述的方法找到故障点，并处理
	新做的绕组中有部分线圈接反	按正确的图纸重新接线
	换向极接反	拆开电动机，用前面所述的方法找到故障点，重新接线
	换向片有短路	用前面所述的方法找到故障点，并处理
	定子与转子铁芯相擦	拆开电动机，检查定子磁极固定螺钉是否松动或极下垫片是否比原来多，重新紧固或调整
	电动机的气隙有大有小	调整定子绕组极下的垫片，使气隙均匀
	风道堵塞	清理风道
	风扇装反	重装风扇
	电动机长时间低压、低速运行	适当提高电压，以接近额定转速为佳
	电动机轴承损坏	更换同型号的轴承
	联轴器安装不当或皮带太紧	重新调整

表 1-14　直流电动机火花故障及检修方法

故障现象	故障原因	检修方法
直流电动机电刷下有火花	电刷与换向器接触不良	重新研磨电刷
	电刷上的弹簧太松或太紧	适当调整弹簧压力，准确地说，应保持在 1.5~2.5 N/cm^2，通常凭手感来调整
	刷握松动	紧固刷握螺钉，刷握要与换向器垂直
	电刷与刷握尺寸相配	若电刷在刷握中过紧，可用 00#砂纸砂去少许，使电刷能在刷握中自由滑动；若过松则更换与刷握相配的新电刷
	电刷太短，上面的弹簧已压不住电刷	当电刷磨损 2/3 时或电刷低于刷握时，应及时更换同型号的电刷
	电刷表面有油污粘住电刷粉	用棉纱蘸酒精擦净
	电刷偏离中性线位置	按前述方法重新调整刷架，使电刷处于中性线位置
	换向片有灼痕，表面高低不平	轻微时，用 00#细砂纸按前面所述的方法砂换向器，若严重则须上车床车去一层，并按前述方法处理
	换向器片间云母未刻净或云母凸出	用刻刀按要求下刻云母
	电动机长期过载	应将机械负载减小到额定值以下
	换向极接错	按前面所述的方法查找处理
	换向极线圈短路	按前面所述的方法检查处理，尽量局部修复，否则重绕
	电枢绕组有线圈断路	按前面所述的方法查找、修复或做短接处理
	电枢绕组有短路	按前面所述的方法查找修复
	换向器片间短路	按前面所述的方法查找修复
	电枢绕组与换向片脱焊	换向器云母槽中有烧黑现象，按前面所述的方法修复
	重绕的电枢绕组有线圈接反	按正确的接线重接
	电源电压过高	电源电压应降到额定电压值以内

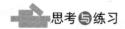思考与练习

1.1 直流电机有哪些优缺点？应用于哪些场合？

1.2 直流电机的基本结构由哪些部件所组成？

1.3 直流电动机中，换向器的作用是什么？

1.4 直流电动机按励磁方式不同可以分成哪几类？

1.5 什么叫直流电机的可逆原理？

1.6 启动直流电动机前，电枢回路调节电阻 R_{Pa} 和励磁回路调节电阻 R_{Pf} 的阻值应分别调到什么位置？

1.7 直流电动机在轻载或额定负载时，增大电枢回路调节电阻 R_{Pa} 的阻值，电动机的转速如何变化？增大励磁回路的调节电阻 R_{Pf} 的阻值，转速又如何变化？

1.8 用哪些方法可以改变直流电动机的转向？同时调换电枢绕组的两端和励磁绕组的两端接线，直流电动机的转向是否改变？

1.9 直流电动机停机时，应该先切断电枢电源，还是先断开励磁电源？

1.10 电气传动系统一般由哪几部分组成？

1.11 生产机械按照性能特点可以分为哪几类典型的负载特性？

1.12 直流电动机的机械特性指的是什么？

1.13 何谓固有机械特性？什么叫人为机械特性？

1.14 他励直流电动机有哪几种调速方法？各有什么特点？电枢回路串电阻调速和弱磁调速分别属于哪种调速方式？

1.15 改变磁通调速的机械特性为什么在固有机械特性上方？改变电枢电压调速的机械特性为什么在固有机械特性下方？

1.16 他励直流电动机的机械特性 $n = f(T)$ 为什么是略微下降的？是否会出现上翘现象？为什么？上翘的机械特性对电动机运行有何影响？

1.17 当直流电动机的负载转矩和励磁电流不变时，减小电枢电压，为什么会引起电动机转速降低？

1.18 当直流电动机的负载转矩和电枢电压不变时，减小励磁电流，为什么会引起转速的升高？

1.19 直流电动机为什么不允许直接启动？

1.20 他励直流电动机有哪些启动方法？哪一种启动方法性能较好？

1.21 一台他励直流电动机 $P_N = 10$ kW，$U_N = 220$ V，$I_N = 50$ A，$n_N = 1\,600$ r/min，$R_a = 0.5\,\Omega$，最大启动电流 $I_{st} = 2I_N$，计算：（1）电枢回路串电阻启动时，串入的总电阻 R_{st}；（2）降压启动时的初始启动电压 U_{st}。

1.22 直流电动机有哪几种改变转向的方法？一般采用哪种方法？

1.23 直流电动机有哪几种电气制动方法？分别应用于什么场合？

项目二　常用交流电机及应用

本项目主要介绍三相交流异步电动机的结构原理及单相异步电动机的特点和用途，通过学习达到以下目标。

教学目标：

了解三相异步电动机的特点、用途和分类；认识三相异步电动机的外形和内部结构，熟悉三相异步电动机各部件的作用；了解三相异步电动机铭牌中型号和额定值的含义；了解三相异步电动机运行时的电磁关系、基本方程式、工作特性、机械特性；掌握交流电动机的启动、制动、反转和调速方法；熟悉三相异步电动机的定期检修内容和注意事项；了解单相异步电动机的特点和用途；熟悉单相异步电动机的工作原理和机械特性；会进行单相异步电动机的检测、接线和操作使用；熟悉单相异步电动机常用的启动、反转、制动和调速方法。

活动安排：

通过三相异步电动机的基本操作，认识并检测三相异步电动机及相关设备，学会异步电动机的接线和操作使用；通过测定三相异步电动机的参数和工作特性，掌握测定三相异步电动机的主要参数，会用直接负载法测取三相异步电动机的工作特性；通过三相异步电动机调速方法的操作，了解三相绕线转子异步电动机转子串电阻调速的性能，巩固异步电动机的接线和操作使用技能；通过三相异步电动机的启动和制动方法的操作，学会三相笼形转子异步电动机Y－△降压启动的方法，学会三相异步电动机能耗制动、反接制动的接线和操作。通过单相异步电动机的启动与调速操作，学会单相异步电动机的接线和操作使用。

任务一　认识三相异步电动机

学习目标：

了解三相异步电动机的特点和用途；熟悉三相异步电动机的结构；知道三相异步电动机铭牌；掌握三相异步电动机的工作原理。

技能要点：

三相异步电动机的基本操作。

交流电机分为同步电机和异步电机两大类。同步电机的转子转速与电源频率之间有着严格不变的关系，不随负载大小变化。异步电机的转子转速将随负载的变化而变化，转子转速与电源频率之间没有严格的比例关系。异步电机主要用作电动机，由于异步电动机具有结构简单，制造、使用和维护方便，运行可靠，成本低廉，效率较高等优点而广泛应用于工农业生产、日常生活中。

一、三相异步电动机的结构

异步电动机由两个基本部分组成：定子（固定部分）和转子（旋转部分）。按转子结构的不同，三相异步电动机分为笼型和绕线转子异步电动机两大类。笼型异步电动机由于结构简单、价格低廉、工作可靠、维护方便，已成为生产上应用最广泛的一种电动机。绕线转子异步电动机由于结构较复杂、价格较高，一般只用在对调速和启动性能要求较高的场合，如桥式起重机上。笼型和绕线转子异步电动机的定子结构基本相同，所不同的只是转子部分。图 2-1 所示为三相笼型异步电动机的结构图。

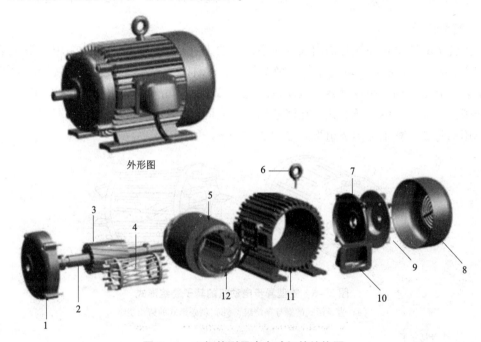

图 2-1　三相笼型异步电动机的结构图

1—前端盖；2—转轴；3—转子铁芯；4—转子绕组；5—定子铁芯；6—吊环；
7—后端盖；8—风罩；9—风扇；10—出线盒；11—机座；12—定子绕组

1. 定子

三相异步电动机的定子由机座、定子铁芯及定子绕组组成。

机座一般由铸铁制成，如图 2-2 所示。定子铁芯是由冲有槽的硅钢片叠成，片与片之间涂有绝缘漆，定子铁芯冲片如图 2-3 所示。三相绕组是用绝缘铜线或铝线绕制成三相对称的绕组，按一定的规则连接嵌放在定子槽中。按国家标准，三相绕组始端标以 U_1、V_1、W_1，末端标以 U_2、V_2、W_2，这六个接线端引出至接线盒。三相定子绕组可以接成星形或三角形，但必须视电源电压和绕组额定电压的情况而定。一般电源电压为 380 V（指线电压），如果电动机定子各相绕组的额定电压是 220 V，则定子绕组必须接成星形；如果电动机各相绕组的额定电压为 380 V，则应将定子绕组接成三角形。

2. 转子

转子部分是由转子铁芯和转子绕组组成的。

转子铁芯也是由相互绝缘的硅钢片叠成的。转子铁芯冲片如图2-4所示。铁芯外圆冲有槽，槽内安装转子绕组。根据转子绕组结构的不同可分为两种形式：笼型转子和绕线型转子。

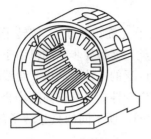
图2-2 定子机座

图2-3 定子铁芯冲片

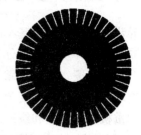
图2-4 转子铁芯冲片

1) 笼型转子

笼型转子的绕组是在铁芯槽内放置铜条，一般为直条形式，铜条的两端用短路环焊接起来，如图2-5（a）所示，因整个绕组像个鼠笼，故称之为笼型（鼠笼式）转子。为了简化制造工艺，节省用铜，小容量异步电动机的笼型转子都是用熔化的铝浇铸在槽内而成，称为铸铝转子，一般浇铸成斜条形式，在浇铸铝导条的同时，把转子的短路环和端部的冷却风扇也一起用铝铸成，整个铸铝绕组形式如图2-5（b）所示。

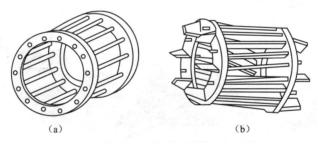

图2-5 笼型异步电动机的转子绕组形式
(a) 直条形式的铜导条绕组；(b) 斜条形式的铸铝绕组

2) 绕线型转子

绕线型转子绕组和定子绕组一样，也是一个用绝缘导线绕成的三相对称绕组，被嵌放在转子铁芯槽中，接成星形。绕组的三个出线端分别接到转轴端部的三个彼此绝缘的铜制滑环上。通过滑环与支持在端盖上的电刷构成滑动接触，把转子绕组的三个出线端引到机座上的接线盒内，以便与外部变阻器连接，故绕线式转子又称滑环式转子，其外形如图2-6所示。

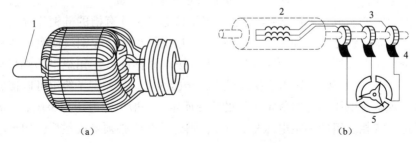

图2-6 绕线式异步电动机的转子
(a) 绕线转子外形；(b) 绕组接线图
1—转轴；2—转子绕组；3—滑环；4—电刷；5—三相可变电阻器

3. 气隙

异步电动机的气隙是均匀的。气隙大小对电机性能影响很大，气隙越大则为建立磁场所需励磁电流越大，从而降低电机的功率因数。但气隙太小，会使加工和装配困难，运转时定转子之间易发生扫膛。中、小型异步电动机中，气隙一般为 0.2~2.5 mm。

二、铭牌

每台异步电动机的机座上都有一个铭牌，它标记着电动机的型号、各种额定值和联结方法等，如图 2-7 所示。电动机按铭牌上所规定的额定值和工作条件运行，称作额定运行状态。铭牌上的额定值及有关数据是正确选择、使用和检修电机的依据。

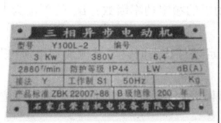

图 2-7 电动机铭牌

1. 型号

异步电动机的型号主要包括产品代号、规格代号和特殊环境代号等，产品代号表示电机的类型，一般采用大写印刷体的汉语拼音字母表示，如 Y 表示异步电动机，YR 表示绕线转子异步电动机等。规格代号是用中心高、铁芯外径、机座号、机座长度、铁芯长度、功率、转速或极数表示。

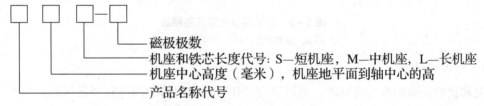

例如型号为 Y100L2-4 的电动机：Y 表示笼型异步电动机；100 表示机座高度为 100 mm；L2 表示长机座；铁芯长度号为 2；4 表示磁极数为 4 极。

我国生产的异步电动机的主要产品系列如下：

Y 系列为一般的小型鼠笼式全封闭自冷式三相异步电动机，主要用于金属切削机床、通用机械、矿山机械和农业机械等。

YD 系列是变极多速三相异步电动机。

YR 系列是三相绕线式异步电动机。

YZ 和 YZR 系列是起重和冶金用三相异步电动机，YZ 是鼠笼式，YZR 是绕线式。

YB 系列是防爆式鼠笼异步电动机。

YCT 系列是电磁调速异步电动机。

2. 额定值

额定值是电机制造厂对电机在额定工作条件下所规定的量值，主要有以下几种：

(1) 额定功率 P_N。额定功率指电动机在额定运行条件下，即在额定电压、额定负载和规定冷却条件下运行时，轴上输出的机械功率，单位为 W 或 kW。

(2) 额定电压 U_N。额定电压指电动机额定运行状态时，定子绕组应加的线电压，单位为 V。

(3) 额定电流 I_N。额定电流指电动机在额定电压下运行，输出功率达到额定值，流入定子绕组的线电流，单位为 A。

对于三相异步电动机，其额定功率为

$$P_N = \sqrt{3} U_N I_N \eta_N \cos\varphi_N \tag{2-1}$$

式中，η_N 为电动机的额定效率；$\cos\varphi_N$ 为电动机的额定功率因数；U_N 的单位为 V；I_N 的单位为 A，P_N 的单位为 W。

(4) 额定频率 f_N。额定频率指电动机额定运行状态时，定子侧所加电源电压的频率。我国电力网的频率规定为 50 Hz。

(5) 额定转速 n_N。额定转速指电动机在额定运行情况下，电动机的转速，单位为 r/min。

3. 接线

在额定电压下运行时，电动机定子三相绕组应该采用的接线方式，有星形连接和三角形连接两种，如图 2-8 所示。

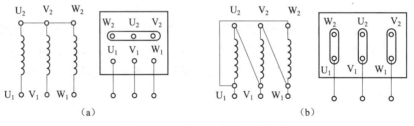

图 2-8 三相异步电动机的接线

(a) 星形连接；(b) 三角形连接

4. 防护等级

电动机外壳防护等级的标志，是以字母"IP"和其后面的两位数字表示的。"IP"为国际防护的缩写。IP 后面的第一位数字代表第一种防护型式（防尘）的等级，共分 0~6 七个等级。第二个数字代表第二种防护型式（防水）的等级，共分 0~8 九个等级，数字越大，表示防护的能力越强。

三、三相异步电动机的工作原理

1. 旋转磁场

1) 旋转磁场的产生

图 2-9 所示为三相异步电动机的定子绕组结构示意图。

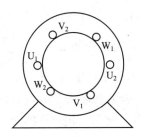 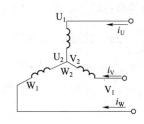

图 2-9 定子绕组结构示意图

当三相对称的定子绕组外接三相对称的交流电源时，在三相绕组中将流过三相对称的电流，设三相对称交流电流 i_U、i_V、i_W 的表达式如下，其波形如图 2-10（a）所示。

$$i_U = I_m \sin\omega t$$
$$i_V = I_m \sin(\omega t - 120°)$$
$$i_W = I_m \sin(\omega t - 240°) = I_m \sin(\omega t + 120°)$$

三相对称交流电流流过三相绕组时，则在电动机内将产生一个旋转磁场。三相对称交流电流在电动机内产生的磁场现选择几个特殊时刻分析如下：

（1）在 $\omega t = 0$ 的瞬间。$i_U = 0$，故 U_1、U_2 绕组中无电流；i_V 为负，假定电流从绕组末端 V_2 流入，从首端 V_1 流出；i_W 为正，则电流从绕组首端 W_1 流入，从末端 W_2 流出。绕组中电流产生的合成磁场如图 2-10（b）中（1）所示。

（2）在 $\omega t = \dfrac{\pi}{2}$ 的瞬间。i_U 为正，则电流从绕组首端 U_1 流入，从末端 U_2 流出；i_V 为负，电流从绕组末端 V_2 流入，从首端 V_1 流出；i_W 为负，电流从绕组末端 W_2 流入，从首端 W_1

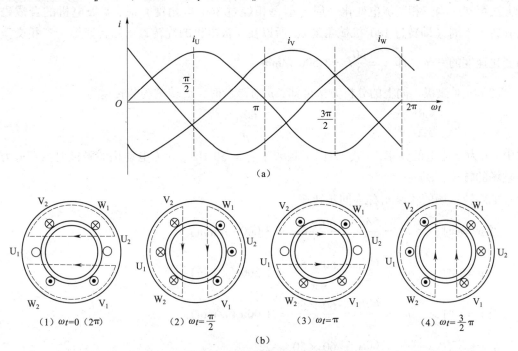

图 2-10 两极定子绕组的旋转磁场
(a) 三相对称电流波形图；(b) 两极绕组的旋转磁场

流出。绕组中电流产生的合成磁场如图2-10（b）中（2）所示，合成磁场顺时针转过了90°。

（3）在 $\omega t = \pi$、$\dfrac{3\pi}{2}$、2π 的瞬间。继续按上述方法分析 $\omega t = \pi$、$\dfrac{3\pi}{2}$、2π 不同瞬间三相交流电在三相绕组中产生的合成磁场，可得图2-10（b）中（3）、（4）、（1），观察这些图中合成磁场的分布规律可见：电流变化一个周期，合成磁场按顺时针方向旋转了一周。

由上述分析可得：在三相对称的定子绕组中，通入三相对称的交流电流，在电动机内将产生一个旋转磁场。

2）旋转磁场的旋转方向

在图2-10中，三相交流电的相序为U相→V相→W相→U相，从图中所示电动机的三相绕组结构来看，为逆时针方向，而据此分析的旋转磁场的方向也为逆时针方向。如改变三相交流电的相序为U相→W相→V相→U相，则旋转磁场的方向变为顺时针方向（可自行分析）。

由此可得出结论：旋转磁场的旋转方向取决于通入定子绕组的三相交流电源的相序，且与三相交流电源的相序方向一致。只要任意调换电动机两相绕组所接交流电源的相序，旋转磁场即反向旋转。

3）旋转磁场的旋转速度

（1）磁极对数 $p = 1$。以上讨论的是 $p = 1$ 即2极三相异步电动机定子绕组所产生的磁场，由分析可见，当三相交流电变化一周后（即每相经过360°电角度），其所产生的旋转磁场也正好旋转一周。故在两极电动机中旋转磁场的速度等于三相交流电的变化速度，即 $n_1 = 60f_1 = 3\,000$ r/min。

（2）极对数 $p = 2$。当 $p = 2$ 时，$2p = 4$ 即为4极三相异步电动机，采用与前面相似的分析方法可知：当三相交流电变化一周（即每相经过360°电角度）时，4极电机的合成磁场只旋转了半周（即转过180°机械角度），所以在4极电机的旋转磁场的转速等于三相交流电的变化速度的一半，即 $n_1 = \dfrac{60}{2}f_1 = 1\,500$ r/min。

（3）p 对磁极。同上的分析方法可知，p 对磁极时，旋转磁场的转速为

$$n_1 = \dfrac{60f_1}{p} \qquad (2-2)$$

式中，f_1 为交流电的频率，Hz，我国工频频率 $f_1 = 50$ Hz；p 为电动机的磁极对数；n_1 为旋转磁场的转速，r/min。

把旋转磁场的转速 n_1 称为同步转速。

当 $p = 1$ 时，$\quad n_1 = \dfrac{60f_1}{p} = \dfrac{60 \times 50}{1} = 3\,000$ （r/min）

当 $p = 2$ 时，$\quad n_1 = \dfrac{60f_1}{p} = \dfrac{60 \times 50}{2} = 1\,500$ （r/min）

当 $p = 3$ 时，$\quad n_1 = \dfrac{60f_1}{p} = \dfrac{60 \times 50}{3} = 1\,000$ （r/min）

当 $p = 4$ 时，$\quad n_1 = \dfrac{60f_1}{p} = \dfrac{60 \times 50}{4} = 750$ （r/min）

……

可见：当频率一定，磁极对数一定时，同步转速为定值。

2. 三相异步电动机的工作原理

1）异步电动机的旋转原理

如图 2-11 所示，为一台三相异步电动机结构示意图。图中，U_1U_2、V_1V_2、W_1W_2 为定子的三相对称绕组，转子上的 6 个小圆圈表示自成闭合回路的转子导体。

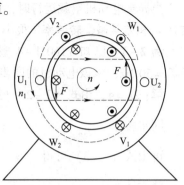

图 2-11　三相异步电动机工作原理

（1）当在三相对称的定子绕组中，通入三相对称的交流电流后，在电动机内将产生一个旋转磁场，转速为同步转速 n_1，方向为逆时针方向。

（2）旋转磁场切割转子导体，根据电磁感应定律，从而在转子导体中产生感应电动势，由于转子导体自成闭合回路，因此，该电动势将在转子导体中形成电流，其电动势、电流方向可用右手定则判定。

（3）依据电磁力定律，有电流流过的转子导体将在旋转磁场中受到电磁力 F 的作用，其方向可用左手定则判定，如图中箭头所示，该电磁力 F 对转轴形成电磁转矩，带动异步电动机以转速 n 旋转。

由图 2-11 分析可知：电动机转子的旋转方向与旋转磁场的旋转方向一致。因此，若要改变三相异步电动机的旋转方向，只需改变旋转磁场的转向即可，即只需改变三相电源的相序，方法是只要任意调换电动机两相绕组与交流电源的接线，旋转磁场即反向旋转，电动机也即反向旋转。

2）转差率 s

电动机转子的旋转方向虽然与旋转磁场的旋转方向一致，但转子的转速 n 一定小于旋转磁场的同步转速 n_1，这是因为假设转子转速与旋转磁场转速相等，则转子导体与旋转磁场就是同转速同方向，它们之间无相对运动，转子导体中就不再产生感应电动势和电流，电磁力 F 将为零，转子就将减速。由此可见，转子总是紧跟着旋转磁场以 $n < n_1$ 的转速运行，即转子转速与同步转速之间存在着差异，"异步"由此而来。因此这种交流电动机称作"异步"电动机；又因为异步电动机的转子电流是由电磁感应而产生的，故又称作"感应"电动机。

把异步电动机旋转磁场的转速，即同步转速 n_1 与电动机转速 n 之差称为转速差，转速差与旋转磁场转速 n_1 之比称为异步电动机的转差率，用 s 表示，即

$$s = \frac{n_1 - n}{n_1} \tag{2-3}$$

转差率是异步电动机特性的一个重要参数。

当转子静止时，$n = 0$，则 $s = 1$。一般电动机刚开始启动的一瞬间或电动机被堵转时，$n = 0$。

当转子转速等于同步转速时，$n = n_1$，则 $s = 0$。

电动机在正常状态下运行时，$0 < n < n_1$，则 $1 > s > 0$。

当异步电动机在额定状态下运行时，其额定转速 n_N 与同步转速 n_1 较为接近，额定转差率 s_N 较小，在 0.02~0.06。

当异步电动机空载运行时,由于电动机只需克服空气阻力与摩擦阻力,故转速 n 与同步转速 n_1 相差甚微,转差率 s 很小,为 $0.004 \sim 0.007$。

例 2-1 已知 Y160M-4 型三相交流异步电动机的额定转速 $n_N = 1\,440$ r/min,电源频率 $f_1 = 50$ Hz,求该电动机的同步转速 n_1 与额定转差率 s_N。

解:$2p = 4$,由式(2-2)可得

同步转速 $$n_1 = \frac{60 f_1}{p} = \frac{60 \times 50}{2} = 1\,500 \text{ r/min}$$

再由式(2-3)可得

额定转差率 $$s_N = \frac{n_1 - n_N}{n_1} = \frac{1\,500 - 1\,440}{1\,500} = 0.04$$

任务二 三相异步电动机的运行

学习目标:

掌握三相异步电动机空载运行与负载运行的电磁关系、电磁转矩和机械特性;了解三相异步电动机的工作特性。

技能要点:

熟悉三相异步电动机的主要参数和工作特性的测定。

一、三相异步电动机的空载运行与负载运行

三相异步电动机的定子与转子之间只有磁的耦合,没有电的直接联系,它是靠电磁感应作用,将能量从定子传递到转子的。

1. 三相异步电动机的空载运行

三相异步电动机的空载运行是指定子绕组接在对称的三相电源上,转子轴上不带机械负载的运行情况。

三相异步电动机空载运行时的定子电流称为空载电流,用 I_0 表示。空载电流产生空载磁动势,它以同步转速 n_1 的速度旋转。由于电动机空载,所以电动机的空载转速将非常接近同步转速 n_1,在理想空载的情况下,可以认为 $n = n_1$,即转差率 $s = 0$,因而转子导体中的电动势 $E_2 = 0$,转子导体中的电流 $I_2 = 0$,所以空载电流 I_0 主要是产生电机的旋转主磁场,故也称为励磁电流。

三相异步电动机空载运行时的电磁关系可表示为

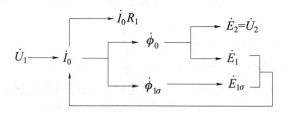

2. 三相异步电动机的负载运行

三相异步电动机的负载运行是指定子绕组接在对称的三相电源上，转子轴上带机械负载时的运行情况。负载运行时，电动机将以低于同步转速 n_1 的速度 n 旋转，其转向与旋转磁场的转向相同。因此，气隙磁场与转子的相对转速为 $\Delta n = n_1 - n = sn_1$，$\Delta n$ 就是转子绕组切割旋转磁场的相对速度，于是在转子绕组中感应出电动势，产生电流，其频率为

$$f_2 = \frac{p\Delta n}{60} = s\frac{pn_1}{60} = sf_1 \tag{2-4}$$

对三相异步电动机，一般 $s = 0.02 \sim 0.06$，当 $f_1 = 50$ Hz 时，f_2 仅为 $1 \sim 3$ Hz。

三相异步电动机负载运行时，除了定子电流 I_1 产生定子旋转磁动势 F_1 外，转子电流 I_2 还产生转子旋转磁动势 F_2，而总的气隙磁动势是 F_1 和 F_2 的合成。

三相异步电动机负载运行时的电磁关系可表示如下：

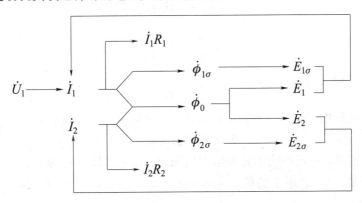

二、三相异步电动机的电磁转矩

三相异步电动机是通过电磁感应作用把电能传送到转子再转化为轴上输出的机械能的，在能量变换的过程中电磁转矩起了关键性的作用。

1. 三相异步电动机的功率

当三相异步电动机以转速 n 稳定运行时，定子绕组从电源输入的电功率 P_1 为

$$P_1 = 3U_1 I_1 \cos\varphi_1 \tag{2-5}$$

式中，U_1 为定子绕组相电压；I_1 为定子绕组相电流；$\cos\varphi_1$ 为三相异步电动机的功率因数。

P_1 的一小部分是消耗于定子绕组电阻上的铜损耗：

$$p_{Cu1} = 3I_1^2 R_1 \tag{2-6}$$

还有一小部分消耗于定子铁芯中产生的铁耗 p_{Fe}，余下的大部分功率就是由气隙旋转磁场，通过电磁感应作用传递到转子侧的功率，称为电磁功率，用户 P_{em} 表示，

$$P_{em} = P_1 - p_{Cu1} - p_{Fe} \tag{2-7}$$

传递到转子的电磁功率扣除消耗在转子电阻上的铜损耗 p_{Cu2} 后为电动机总的机械功率 P_m，即

$$P_m = P_{em} - p_{Cu2} \tag{2-8}$$

转子铜损耗：
$$p_{Cu2} = sP_{em} \quad (2-9)$$

所以：
$$P_m = (1-s)P_{em} \quad (2-10)$$

电动机的机械功率 P_m 再扣除机械损耗 p_m 和附加损耗 p_s，才是电动机轴上输出的机械功率，机械损耗和附加损耗之和通常称为空载损耗，所以输出功率为

$$P_2 = P_m - p_m - p_s = P_{em} - p_{Cu2} - p_m - p_s$$
$$= P_1 - p_{Cu1} - p_{Fe} - p_{Cu2} - p_m - p_s$$

2. 三相异步电动机的电磁转矩

当三相异步电动机稳定运行时，作用在电动机转子上的转矩有三个：电动机电磁转矩 T、电动机的空载转矩 T_0 和生产机械的负载转矩 T_2。显然，它们之间满足

$$T_2 = T - T_0 \quad (2-11)$$

其中：
$$T_2 = \frac{P_2}{\Omega} \quad \Omega \text{ 为转子的角速度，}$$

$$T_0 = \frac{p_0}{\Omega} = \frac{p_m + p_s}{\Omega}$$

$$T = \frac{P_m}{\Omega}$$

与直流电机的电磁转矩一样，三相异步电动机的电磁转矩也可以表示成

$$T = C_T \Phi_m I_2' \cos\varphi_2 \quad (2-12)$$

式中，C_T 为转矩常数，对已制成的异步电动机来说，C_T 为常数。Φ_m 为主磁通，Wb；$I_2'\cos\varphi$ 为转子电流有功分量，A。转矩 T 的单位为 N·m。

三、三相异步电动机的工作特性

三相异步电动机的工作特性是指在额定电压和额定频率下，电动机的转速 n（或转差率 s）、输出转矩 T_2、定子电流 I_1、效率 η 和功率因数 $\cos\varphi_1$ 与输出功率 P_2 之间的关系曲线。工作特性可以通过电动机直接加负载试验得到，或者分析计算得到。图 2-12 所示为三相异步电动机的工作特性曲线。

1. 转速特性 $n = f(P_2)$

因为 $n = (1-s)n_1$，电机空载时，负载转矩小，转子转速 n 接近同步转速 n_1，s 很小。随着负载的增加，转速 n 略有下降，s 略微上升，这时转子感应电动势增大，转子电流增大，以产生更大的电磁转矩与负载转矩相平衡。因此，随着输出功率 P_2 的增加，转速特性是一条稍微下降的曲线。一般异步电动机，额定负载时的转差率 $s_N = 0.01 \sim 0.05$，小数字对应于大电机。

2. 转矩特性 $T_2 = f(P_2)$

三相异步电动机的输出转矩

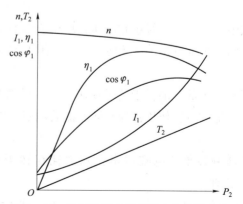

图 2-12 三相异步电动机的工作特性曲线

$$T_2 = \frac{P_2}{\Omega} = \frac{P_2}{2\pi \dfrac{n}{60}} \tag{2-13}$$

空载时，$P_2 = 0$，转子电流 $I_2 = 0$，$T_2 = 0$；负载时，随着输出功率 P_2 的增加，转速略有下降，故由式（2-13）可知，T_2 上升速度略快于 P_2 的上升速度，故 $T_2 = f(P_2)$ 为一条经过原点稍向上翘的曲线。由于从空载到满载，电动机转速 n 变化很小，故 $T_2 = f(P_2)$ 可近似看成一条直线。

3. 定子电流特性 $I_1 = f(P_2)$

空载时，没有能量传递给负载，电动机的转子电流很小，定子电流 $I_1 \approx 0$。负载时，随着输出功率 P_2 的增加，转子电流加大，于是定子电流 I_1 也随之增大，所以 I_1 随 P_2 的增大而增大。

4. 功率因数特性 $\cos\varphi_1 = f(P_2)$

三相异步电动机对电源来说，相当于一个感性阻抗，因此其功率因数总是滞后的，运行时必须从电网吸取感性无功功率，$\cos\varphi_1 < 1$。空载时，定子电流几乎全部是无功的磁化电流，因此 $\cos\varphi_1$ 很低，通常小于 0.2；随着负载增加，定子电流中的有功分量增加，功率因数提高，在接近额定负载时，功率因数最高。负载再增大，由于转速降低，转差率 s 增大，$\cos\varphi_1$ 反而减小。

5. 效率特性 $\eta = f(P_2)$

根据公式

$$\eta = \frac{P_2}{P_1} = 1 - \frac{\sum P}{P_2 + \sum P}$$

可知，电动机空载时 $P_2 = 0$，$\eta = 0$。带负载运行时，随着输出功率 P_2 的增加，效率 η 也在增加。电动机在正常运行范围内，转速变化不大，因此铁损耗和机械损耗可认为是不变损耗，而定、转子铜损耗和附加损耗随负载而变，称为可变损耗。当负载增大到使可变损耗与不变损耗相等时，效率最高。若负载继续增大，因负载大，定、转子电流大，故可变损耗增加较快，效率反而下降。

由于异步电动机的效率和功率因数都在额定负载附近达到最大值，因此选用电动机时应使电动机容量与负载相匹配。如果选得过小，电动机运行时过载。其温升过高影响寿命甚至损坏电机。但也不能选得太大，否则，不仅电机价格较高，而且电机长期在低负载下运行，其效率和功率因数都较低，不经济。

四、三相异步电动机的机械特性

三相异步电动机的机械特性是指电动机的转速 n 与电磁转矩 T 之间的关系，即 $n = f(T)$。因为异步电动机的转速 n 与转差率 s 之间存在一定的关系，所以异步电动机的机械特性通常也用 $T = f(s)$ 的形式表示。

三相异步电动机的机械特性曲线如图 2-13 所示。现分析如下：

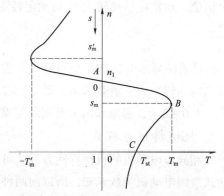

图 2-13 三相异步电动机的机械特性曲线

1. 几个特殊转矩

1) 额定转矩 T_N

电动机在额定负载下稳定运行时的输出转矩称为额定转矩 T_N，对应的转速称为额定转速 n_N，转差率为额定转差率 s_N。由于电动机稳定运行时，$T = T_L = T_2 + T_0$，空载转矩 T_0 一般很小，常可忽略不计，所以电动机的额定转矩可以根据铭牌上的额定转速和额定功率按下式求出：

$$T_N = \frac{P_N}{\Omega_N} = \frac{P_N}{\frac{2\pi n_N}{60}} = 9.55 \frac{P_N}{n_N} \qquad (2-14)$$

式中，P_N 的单位为 W；n_N 的单位为 r/min；T_N 的单位为 N·m。

2) 最大转矩 T_m

最大转矩 T_m 是电动机运行时所产生的电磁转矩的最大值，此时的转差率称为临界转差率，用 s_m 表示。

分析可知：最大转矩 T_m 与 U_1^2 成正比，而 s_m 与 U_1 无关；最大转矩 T_m 与转子回路总电阻无关，但 s_m 与转子回路总电阻成正比。

最大转矩对电动机来说具有重要意义。电动机运行时，若负载转矩短时突然增大，且大于最大电磁转矩，则电动机将因为承载不了而停转。为了保证电动机不会因为短时过载而停转，一般电动机都具有一定的过载能力。显然，电动机最大转矩愈大，电动机短时过载能力愈强，因此把最大转矩 T_m 与额定转矩 T_N 之比称为过载能力，用 λ_T 表示，即

$$\lambda_T = \frac{T_m}{T_N} \qquad (2-15)$$

λ_T 是表征电动机运行性能的重要参数，它反映了电动机短时过载能力的大小。一般电动机的过载能力 $\lambda_T = 1.6 \sim 2.2$，起重、冶金机械专用电动机 $\lambda_T = 2.2 \sim 2.8$。

3) 启动转矩 T_{st}

启动转矩 T_{st} 是电动机接至电源开始启动瞬间的电磁转矩，即 $n = 0$，$s = 1$ 时的电磁转矩。启动转矩 T_{st} 也与 U_1^2 成正比，且在一定范围内增大转子回路电阻，启动转矩 T_{st} 随之增大，之后再增大转子回路电阻，启动转矩 T_{st} 反而逐渐减小。

对于绕线转子异步电动机，可通过转子回路串电阻的方法增大启动转矩，改善启动性能。而对于笼型异步电动机，无法在转子回路中串电阻，启动转矩 T_{st} 大小在额定电压下是一个恒值。通常将启动转矩 T_{st} 与额定转矩 T_N 之比称为启动转矩倍数，用 k_T 表示，即

$$k_T = \frac{T_{st}}{T_N} \qquad (2-16)$$

k_T 是表征异步电动机性能的另一个重要参数，它反映了电动机启动能力的大小。显然，只有当启动转矩大于负载转矩，即 $T_{st} > T_L$ 时，电动机才能启动起来。一般笼型异步电动机的 $k_T = 1.0 \sim 2.0$，起重和冶金专用的笼型电动机，$k_T = 2.8 \sim 4.0$。

2. 机械特性方程式

三相异步电动机的机械特性方程式可用三种形式表示：物理表达式、参数表达式和实用表达式。因电动机参数未知，所以前两种在实际使用时有一定困难，这里介绍能够利用电动机的技术数据和铭牌数据求得的机械特性，即机械特性的实用表达式。

三相异步电动机机械特性的实用表达式如下：

$$T = \frac{2T_m}{\frac{s}{s_m} + \frac{s_m}{s}} \qquad (2-17)$$

式中，T_m、s_m 可由电动机的额定数据求得，因此式（2-17）在工程计算中是非常实用的机械特性表达式。

下面介绍 T_m 和 s_m 的求法。由式（2-15）可得

$$T_m = \lambda_T T_N$$

T_N 可由式（3-14）求得。

电动机的额定转差率为

$$s_N = \frac{n_1 - n_N}{n_1}$$

当 $s = s_N$ 时，$T = T_N$，代入式（3-17）整理可得

$$s_m = s_N(\lambda_T + \sqrt{\lambda_T^2 - 1})$$

求出 T_m、s_m 后，式（2-17）便是已知的机械特性方程式。只要给定一系列的 s 值，便可求出相应的 T 值，即可画出机械特性曲线，如图 2-13 所示。

电动机启动时，只要启动转矩 T_{st} 大于负载转矩 T_L，电动机便转动起来。电磁转矩 T 的变化沿曲线 BC 段运行。随着转速的上升，BC 段中的 T 一直增大，所以转子一直被加速使电动机很快越过 BC 段而进入 AB 段，在 AB 段随着转速上升，电磁转矩下降。当转速上升到某一定值时，电磁转矩 T 与负载转矩 T_L 相等，此时，转速不再上升，电动机就稳定运行在 AB 段，所以 BC 段是不稳定运行区，AB 段是稳定运行区。

3. 固有机械特性和人为机械特性

三相异步电动机的固有机械特性是指在额定电压及额定频率下，按规定的接线方式接线，定子及转子电路中不外接电阻或电抗时的机械特性。固有机械特性方程式可由上面介绍的方法求取。

三相异步电动机的人为机械特性是指人为地改变电源参数或电动机参数而得到的机械特性。这里介绍两种常用的人为机械特性。

1）降低定子电压 U_1 时的人为特性

当定子电压由 U_1 降低时，电磁转矩 T（包括最大转矩 T_m 和启动转矩 T_{st}）与 U_1^2 成正比减小，s_m 和 n_1 与 U_1 无关而保持不变，所以可得降压时的人为特性如图 2-14 所示。

可见，降低定子电压后，电动机的启动转矩倍数和过载能力均显著下降。如果电动机在额定负载下运行，U_1 降低后将导致 n 下降，s 增大，转子绕组切割磁力线的速度增加，转子电流增大，从而引起定子电流增大，导致电动机过载。电动机长期欠压过载运行，必然使电动机过热，使用寿命缩短。如果电压下降过多，可能出现最大转矩小于负载转

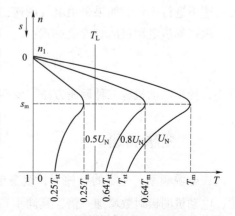

图 2-14　异步电动机降压时的人为特性

矩，电动机将停转。

2）绕线转子异步电动机转子串对称电阻时的人为特性

在绕线转子异步电动机的转子三相电路中，可以串接三相对称电阻，如图 2-15（a）所示，此时，T_m 和 n_1 不变，但 s_m 随外接电阻的增大而增大。其人为特性如图 2-15（b）所示。

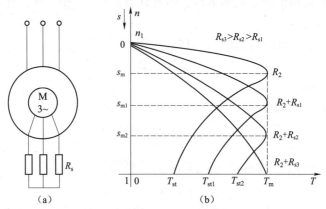

图 2-15　绕线转子异步电动机转子串电阻时的人为特性
(a) 电路图；(b) 机械特性

可见，在一定范围内增加转子电阻，可以增大电动机的启动转矩。当转子串电阻使 $s_m = 1$ 时，启动转矩等于最大转矩，达到最大值，如果再增大转子电阻，启动转矩反而减小。

转子回路串接对称电阻适用于绕线式异步电动机的启动和调速。

任务三　三相异步电动机的调速

学习目标：
熟悉三相异步电动机的变极调速、变频调速、改变转差率调速方法。
技能要点：
会进行三相异步电动机的调速控制。

在工业生产中为了获得最高的生产率和保证产品的加工质量，常要求生产机械能在不同的转速下进行工作。如果采用电气调速，就可大大简化机械变速机构。

根据异步电动机的转速表达式：

$$n = (1-s)n_1 = (1-s)\frac{60f_1}{p}$$

可知，异步电动机有三种调速方法：变极调速、变频调速和改变转差率调速。

一、变极调速

在电源频率 f_1 一定的条件下，改变电动机的极对数，电动机的同步转速 n_1 就会发生变化，电动机的极对数增加一倍，其同步转速就降低一半，电动机的转速也几乎降一半，从而得到转速的调节。

改变电动机的极对数,可以在定子铁芯槽内嵌放两套不同极对数的定子三相绕组,但这种方法很不经济。通常是利用改变定子绕组的接法来改变极对数,这种电动机称为多速电动机。多速电动机均采用笼型转子,这是因为转子的极对数能自动地与定子极对数相适应。

1. 变极原理

下面以4极变2极为例,说明定子绕组的变极原理。图2-16所示为4极电机U相绕组的两个线圈,每个线圈代表U相绕组的一半,称为半相绕组。两个半相绕组顺向串联时,根据线圈中的电流方向,可以看出定子绕组产生4极磁场,即$2p=4$,磁场方向如图2-16所示。

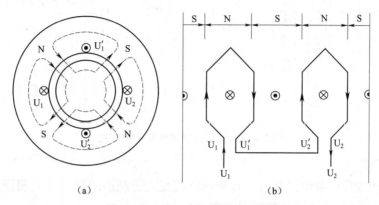

图2-16 绕组变极原理（$p=2$）
(a) 剖视原理图；(b) 顺串展开图

如果将两个半相绕组的连接方式改为图2-17所示的样子,即反相串联或反向并联,使其中的一个半相绕组的电流反向,这时定子绕组便产生2极磁场,$2p=2$。由此可见,使定子每相的一半绕组中电流改变方向,就可以改变磁极对数,故这种方法称为电流反向法变极。

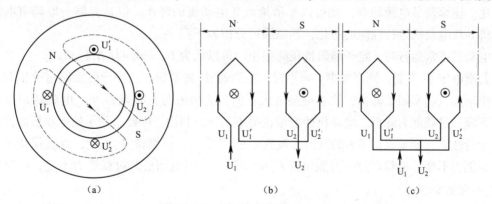

图2-17 绕组变极原理（$p=1$）
(a) 剖视原理图；(b) 反串展开图；(c) 反并展开图

2. 常用的变极接线方式

图2-18所示是三种常用的变极接线方式的原理图,图2-18(a)表示由星形连接改为双星形连接（Y-YY）,图2-18(b)表示由顺向串联的星形连接改为反相串联的星形连接（顺串Y-反串Y）,图2-18(c)表示由三角形连接改为双星形连接（△-YY）。由图可见,这三种接线方式都是使每相的一半绕组内的电流改变了方向,因而定子磁场的极对数减少一半。

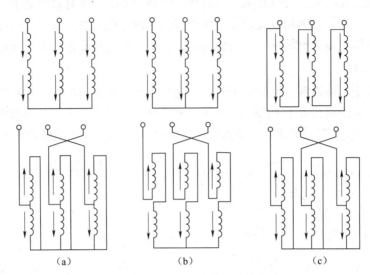

图 2-18 变极调速的常用接线方式

(a) Y-YY ($2p-p$);(b) 顺串Y-反串Y ($2p-p$);(c) △-YY ($2p-p$)

必须指出,当改变定子绕组接线时,必须同时改变定子绕组的相序(对调任意两相绕组出线端),以保证调速前后电动机的转向不变。

二、变频调速

根据转速公式可知,当转差率 s 变化不大时,异步电动机的转速 n 基本上与电源频率 f_1 成正比。连续调节电源频率,就可以平滑地改变电动机的转速。但是,单一地调节电源频率,将导致电动机运行性能的恶化,其原因可分析如下:

电动机正常运行时,定子漏阻抗压降很小,可以认为 $U_1 = 4.44 f_1 N_1 k_{w1} \Phi_0$。

若端电压 U_1 不变,则当频率 f_1 减小时,主磁通 Φ_0 将增加,这将导致磁路过分饱和,励磁电流增大,功率因数降低,铁芯损耗增大;而当 f_1 增大时,Φ_0 将减小,电磁转矩及最大转矩下降,过载能力降低,电动机的容量也得不到充分利用。因此,为了使电动机能保持较好的运行性能,要求在调节 f_1 的同时,改变定子电压 U_1,以维持 Φ_0 不变,或者保持电动机的过载能力不变。变频调速时若能保持 $U_1/f_1 =$ 恒值,则电动机的过载能力不变,同时能满足 Φ_0 不变的要求。

随着电力电子技术的发展,已出现了各种性能良好、工作可靠的变频调速电源装置,将促进变频调速的广泛应用。如果 f_1 是连续可调的,则变频调速是无级调速。

三、改变转差率调速

改变转差率的调速方法有:调压调速、绕线转子异步电动机转子串电阻调速、串级调速、电磁转差离合器调速等。这里仅介绍绕线转子异步电动机转子串电阻调速。

绕线转子异步电动机转子串联不同电阻时的人为特性如图 2-15 所示。从图中机械特性看出，改变转子串联电阻可以调节转速，转子串联电阻越大，转速越低。因为改变转子串联电阻不影响同步转速，只改变转差率，所以属于改变转差率调速。

绕线转子异步电动机转子串电阻调速的物理过程可以这样理解：当电动机在某一转速下稳定运行时，由于转子串联电阻增大，必然引起转子电流减小，从而引起电磁转矩减小，使电动机转矩小于负载转矩，电动机减速，转差率增大。当转子电流随转差率增大而增大，达到电动机转矩与负载转矩相等时，电动机便在较低的转速下稳定运行。

绕线转子异步电动机转子串电阻调速方法的优点是：设备简单，易于实现。但是属于阶段调速，不够平滑，低速时转差率大，转子铜耗大，电动机运行效率低，机械特性变软，负载变化时，转速的相对稳定性差。这是它的缺点，因此只用在对调速性能要求不高和电动机容量不大的场合。

任务四　三相异步电动机的启动、反转和制动

学习目标：
掌握三相异步电动机的直接启动、反转和制动原理；了解笼型转子异步电动机的降压启动方法和绕线转子异步电动机的启动方法。

技能要点：
三相异步电动机的启动和制动控制。

一、三相异步电动机的启动

异步电动机的启动是指在接通电源后，从静止状态加速到稳定运行状态的过程。电力拖动系统对三相异步电动机启动性能的要求，主要有以下两点：一是启动电流要小，以减小对电网的冲击；二是启动转矩要大，以加速启动过程，缩短启动时间。

1. 直接启动

电动机定子绕组直接接入额定电压的电网上的启动，称为直接启动，也称全压启动。

这种启动方法的优点是设备简单，操作方便，启动过程短。但异步电动机在直接启动的最初瞬间，其转速 $n=0$，转差率 $s=1$，转子电流较大，定子电流也较大，为额定值的 4~7 倍。电动机启动电流大，在输电线路上产生的电压降也大，会影响同一电网上其他负载的正常工作。笼型异步电动机的启动电流虽大，但由于启动时转子回路的功率因数很低，故启动转矩并不大。因此，直接启动一般只在小容量电动机中使用，如容量在 10 kW 以下的三相异步电动机可采用直接启动。电动机能否直接启动，还要看电网容量的大小，如果电网容量很大，就可以允许容量较大的电动机直接启动，若电动机满足下列经验公式的要求，则电动机可以直接启动，否则应采用降压启动方法启动。

$$\frac{I_{st}}{I_N} \leqslant \frac{1}{4}\left(3 + \frac{S_N}{P_N}\right) \qquad (2-18)$$

式中：I_{st} 为电动机的直接启动电流，A；I_N 为电动机的额定电流，A；S_N 为电网容量，kVA；

P_N 为电动机的额定功率,kW。

2. 笼型异步电动机的降压启动

降压启动的目的是限制启动电流。启动时,通过启动设备使加在电动机定子绕组上的电压小于额定电压,待电动机转速上升到一定数值时,再将使电动机定子绕组接到承受额定电压上,保证电动机在额定电压下稳定工作。三相异步电动机常用的降压启动方法有定子串电阻(或电抗)降压启动、Y–△降压启动、延边三角形降压启动和自耦变压器降压启动等。

1) 定子串电阻(或电抗)降压启动

定子串电阻降压启动与定子串电抗降压启动效果一样,都能限制启动电流,但大型电动机定子串电阻启动能耗太大,多采用定子串电抗降压启动。定子串电阻降压启动原理接线如图 2-19 所示。异步电动机启动时,接通 S_1,断开 S_2,则定子电路中串入电阻 R_{ad} 后接到电源上,由于启动时,启动电流在电阻 R_{ad} 上产生一定的电压降,使得加在定子绕组上的电压降低了,因此限制了启动电流,启动结束后,接通 S_2,将电阻 R_{ad} 短接。改变所串电阻 R_{ad} 的大小可以将启动电流限制在允许的范围内。采用定子串电阻降压启动时,虽然降低了启动电流,但也使启动转矩大大减小。定子串电阻降压启动,只适用于轻载和空载启动。

2) Y–△降压启动

对于正常运行时定子绕组是三角形连接的三相异步电动机,启动时可以采用星形连接,使电动机每相绕组所承受的电压降低为 $\dfrac{U_{N1}}{3}$,从而限制启动电流,待电动机转速升高到一定值时,再改接成三角形,使电动机在全压下稳定运行,其原理接线图如图 2-20 所示。电动机三相定子绕组的六个出线端全部引出。启动时,先将控制开关 S_2 投向星形位置,将定子绕组接成星形,然后合上电源控制开关 S_1。当转速上升到一定值后,再将 S_2 切换到三角形运行的位置上,电动机便接成三角形在全压下正常工作。

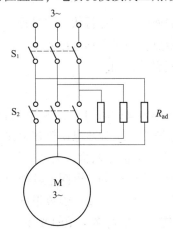
图 2-19 定子串电阻降压启动原理接线图

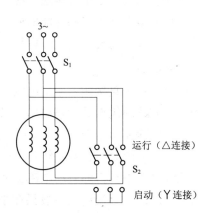
图 2-20 Y–△降压启动原理接线图

分析可知,Y–△降压启动时,电动机从电网上吸取的启动电流 I_{stY} 为直接启动时的启动电流 $I_{st\triangle}$ 的 1/3,即

$$I_{stY} = \frac{1}{3}I_{st\triangle}$$

启动转矩 T_{stY} 为直接启动时的启动转矩 $T_{st\triangle}$ 的 1/3,即

$$T_{stY} = \frac{1}{3}T_{st\triangle}$$

Y-△降压启动操作方便,启动设备简单,成本低,运行比较可靠,维护方便,因而应用较广,但它仅适用于正常运行时定子绕组是三角形连接的电动机。故 4 kW 以上的一般用途的笼型异步电动机,设计时定子绕组都采用△接法。

3) 自耦变压器降压启动

自耦变压器降压启动是利用自耦变压器将电网电压降低后再加到电动机定子绕组上,以达到减小启动电流的目的,待电动机转速上升到一定值时,把自耦变压器切除,电动机接在电网电压上稳定运行。其原理接线图如图 2-21 所示。

启动时,先合上 S_1,然后将开关 S_2 扳到"启动"位置,自耦变压器一次侧接电网,二次侧接电动机定子绕组,实现降压启动。当转速接近额定值时,将开关 S_2 扳向"运行"位置,切除自耦变压器,使电动机接入电网全压运行。

设自耦变压器的变比为 k,由分析可知,采用自耦变压器降压启动时,电动机从电网上吸取的启动电流 I'_{st} 是直接启动时的启动电流 I_{st} 的 $\frac{1}{k^2}$ 倍,即

$$I'_{st} = \frac{1}{k^2}I_{st}$$

启动转矩 T'_{st} 为直接启动时的启动转矩 T_{st} 的 $\frac{1}{k^2}$ 倍,即

$$T'_{st} = \frac{1}{k^2}T_{st}$$

3. 绕线转子异步电动机的启动

三相笼型异步电动机直接启动时,启动电流大,启动转矩不大,降压启动时,虽然限制了启动电流,但启动转矩也随之减小,因此笼型异步电动机只能用于空载或轻载启动。

绕线转子异步电动机,若转子回路串入适当的电阻,既能限制启动电流,又能增大启动转矩,同时克服了笼型异步电动机启动电流大、启动转矩不大的缺点,这种启动方法适用于大、中容量的异步电动机重载启动。绕线转子异步电动机的启动分为转子串电阻和串频敏变阻器两种启动方法。

转子串电阻启动时,为了使整个启动过程得到较大的启动转矩,并使启动过程比较平滑,应在转子回路中串入多级对称电阻。启动时,随转速的升高,逐段切除各级电阻,显然所串电阻级数越多,启动设备越复杂,电路工作的可靠性越低,因此,绕线转子异步电动机多采用转子串三级电阻启动,如图 2-22 所示。

为了克服绕线转子异步电动机转子串电阻启动级数不宜太多的缺点,可以采用转子串频敏变阻器启动。

二、三相异步电动机的制动

三相异步电动机除了运行于电动状态外,还时常运行于制动状态。运行于电动状态外时,

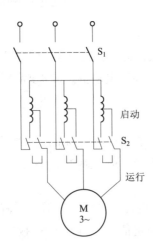
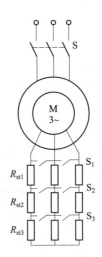

图 2-21 自耦变压器降压启动原理接线图

图 2-22 绕线转子异步电动机转子串电阻分级启动原理接线图

电磁转矩 T 与转速 n 方向相同,电磁转矩 T 是驱动转矩,电动机从电网吸收电能并转化成机械能从转轴上输出。运行于制动状态时,电磁转矩 T 与转速 n 方向相反,电磁转矩 T 是制动转矩,电动机从轴上吸收机械能并转化成电能,这些电能或消耗在电机内部,或反馈给电网。

异步电动机制动的目的是使电力拖动系统快速停车或使拖动系统尽快减速,对于位能性负载,制动运行可以获得稳定的下降速度。

异步电动机电气制动的方法有能耗制动、反接制动和回馈制动三种。

1. 能耗制动

异步电动机的能耗制动原理接线图如图 2-23(a)所示。制动时,断开 S_1,电动机脱离三相交流电网,同时闭合 S_2,在定子绕组中通入直流电流,于是定子绕组便产生一个恒定的磁场,转子因机械惯性继续旋转并切割恒定磁场,转子导体中便产生感应电动势及感应电流。转子感应电流与恒定磁场作用产生的电磁转矩为制动转矩,如图 2-23(b)所示。在制动转矩作用下,电动机转速迅速下降,当电动机转速下降到零时,转子感应电动势和感应电流均为零,此时迅速打开 S_2,切除通入定子绕组的直流电源,制动过程结束。制动期间,转子的动能转变为电能消耗在转子回路的电阻上,故称为能耗制动。

2. 反接制动

当异步电动机的旋转方向与定子磁场的旋转方向相反时,电动机便处于反接制动状态。有两种情况:一是在电动状态下突然将电源两相反接,使定子旋转磁场反向,这种情况下的反接制动称为定子两相反接的反接制动;二是保持定子磁场的旋转方向不变,而转子在位能负载的倒拉作用下反转而实现的制动,称为倒

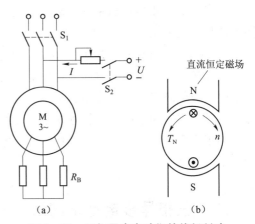

图 2-23 三相异步电动机的能耗制动
(a) 接线图;(b) 制动原理图

拉反转的反接制动。

1) 定子两相反接的反接制动

设电动机原来运行于电动状态,当把定子任意两相绕组出线端对调时,由于改变了定子电压的相序,所以定子旋转磁场方向改变了,由原来的逆时针方向变为顺时针方向,电磁转矩方向也随之改变,与转速方向相反,变为制动转矩,电磁转矩与负载转矩共同作用下,电动机迅速减速,当电动机转速接近于零时,把反相序电源切断,以防电动机反转。原理电路如图2-24所示。

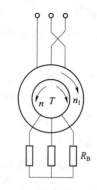

图2-24 定子两相反接的反接制动

定子两相反接的反接制动初始瞬间,由于定子旋转磁场突然反向,使转子导体切割磁场的相对速度突然剧增,接近两倍的额定转速,转子感应电动势和电流将非常大,定子电流也很大,造成过大的机械冲击,对电动机和电网将产生不利影响。因此绕线式异步电动机,为限制制动初始电流,应在转子回路中串入适当大小的电阻;对于笼型异步电动机,制动时在接入电源的回路中串接限流电阻。

2) 倒拉反转的反接制动

倒拉反转的反接制动是指绕线式异步电动机拖动位能负载时,转子回路串入较大电阻,使电动机转速为零时的电磁转矩(堵转转矩)小于位能负载的负载转矩,电动机被负载拉着反向旋转而实现的制动。这种反接制动用于限制下放位能负载时的速度。

电动机运行于反接制动时,转子转速与定子旋转磁场转向相反,因此转差率

$$s = \frac{-n_1 - n}{-n_1} = \frac{n_1 + n}{n_1} > 1$$

3. 回馈制动

若电动机在电动状态运行时,由于某种原因,使电动机的转速超过同步转速(转向不变),这时电动机便运行于回馈制动状态。

要使电动机的转速超过同步转速($n > n_1$),那么转子必须在外力矩的作用下,即转轴上必须输入机械能,因此回馈制动状态实际上就是将轴上的机械能转变成电能并回馈到电网的发电运行状态。实际工作中,异步电动机的回馈制动有以下两种情况:一是在位能负载时,定子两相反接后电动机经反接制动、反向电动过渡到以一定速度下放负载的回馈制动状态;二是电动机在变极或变频调速的过程中,产生的回馈制动。

异步电动机回馈制动时,$n > n_1$,因此转差率

$$s = \frac{n_1 - n}{n_1} < 0$$

任务五 单相异步电动机的应用

学习目标:

掌握单相异步电动机的结构和工作原理,了解其机械特性和常用的启动、反转和调速方法。

技能要点：

熟悉单相异步电动机的结构和工作原理，了解其机械特性和常用的启动、反转和调速方法。

单相异步电动机是利用单相交流电源供电的一种小容量交流电机。由于它结构简单、成本低廉、运行可靠、维护方便，并可以直接在单相 220 V 交流电源上使用，因此被广泛用于办公场所、家用电器等方面，在工农业生产及其他领域中，单相异步电动机的应用也越来越广泛。如台扇、吊扇、洗衣机、电冰箱、吸尘器、电钻、小型鼓风机、小型机床、医疗器械等均需要单相异步电动机驱动。

单相异步电动机的不足之处是它与同容量的三相异步电动机相比，体积较大、运行性能较差、效率较低。因此一般只制成小型和微型系列，容量多在几十瓦到几百瓦之间，千瓦级的较少见。

一、单相异步电动机的结构和工作特点

单相异步电动机的结构原理和三相异步电动机大体相似，即由定子和转子两大部分组成，是根据载流导体在磁场中受力而旋转的原理工作的。但由于单相异步电动机往往与它所拖动的设备组合成一个整体，因此它的结构各异。最具典型的结构是它的转子为笼型结构转子，在定子铁芯槽内嵌放单相定子绕组，如图 2-25 所示。

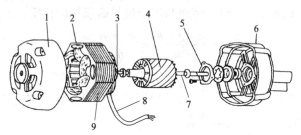

图 2-25 单相异步电动机的结构

1—前端盖；2—定子铁芯；3—定子绕组；4—转子；5—轴承盖；6—后端盖；7—转轴；8—连接导线；9—定子

下面首先来分析在单相定子绕组中通入单相交流电后产生磁场的情况。

如图 2-26 所示，假设在单相交流电的正半周时，电流从单相定子绕组的左半侧流入，从右半侧流出，则由电流产生的磁场如图 2-26（b）所示，该磁场的大小随电流的大小而变化，方向则保持不变。当电流过零时，磁场也为零。当电流变为负半周时，则产生的磁场方向也随之发生变化。由此可见向单相异步电动机定子绕组通入单相交流电后，产生的磁场大小及方向在不断变化，但磁场的轴线却固定不变，把这种磁场称为脉动磁场。

由于磁场只是脉动而不旋转，因此单相异步电动机的转子如果原来静止不动，则在脉动磁场作用下，转子导体因与磁场之间没有相对运动，而不产生感应电动势和电流，也就不存在电磁力的作用，因此转子仍然静止不动，即单相异步电动机没有启动转矩，不能自行启动。这是单相异步电动机的一个主要缺点。如果用外力去拨动一下电动机的转子，则转子导体就切割定子脉动磁场，从而有电动势和电流产生，并将在磁场中受到力的作用，与三相异步电动机转动原理一样，转子将顺着拨动的方向转动起来。因此要使单相异步电动机具有实

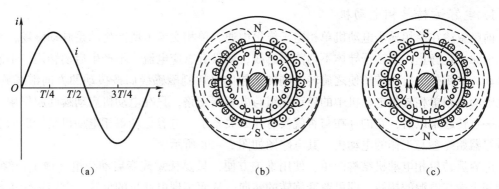

图 2-26 单相脉动磁场的产生
(a) 交流电流波形；(b) 电流正半周产生的磁场；(c) 负半周的磁场

际使用价值，就必须解决电动机的启动问题。根据启动方法的不同，单相异步电动机一般可分为电容分相、电阻分相和罩极式。

二、电容分相单相异步电动机

如图 2-27 所示，向在空间相差一定角度（一般为 90°）的两相定子绕组通入在时间上相差一定角度的两相交流电，与前面图的分析方法相同，可以看出其合成磁场也是沿定子与转子的气隙旋转，即为旋转磁场。电容分相单相异步电动机就是根据这个原理工作的。在电动机定子铁芯上嵌放有两套绕组，即工作绕组 U_1、U_2（又称主绕组）和启动绕组 Z_1、Z_2（又称副绕组）。它们的结构相同或基本相同，但在空间的嵌放位置互相差 90°电角度。在启动绕组中串入电容器 C 后再与工作绕组并联接在单相交流电源上，适当选择电容器 C 的容量，使流过工作绕组中的电流 i_U 与流过启动绕组中的电流 i_Z 在时间上相差约 90°电角度，就满足了旋转磁场产生的条件，在定子、转子及气隙间产生一个旋转磁场。单相异步电动机的笼型结构转子在该旋转磁场的作用下，获得启动转矩而旋转。

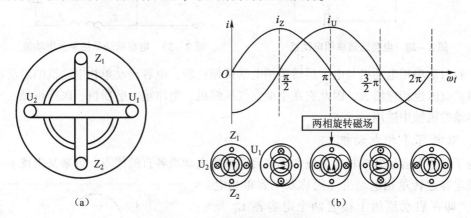

图 2-27 两相旋转磁场的产生
(a) 两相定子绕组；(b) 电流波形及两相旋转磁场

电容分相单相异步电动机可根据启动绕组是否参与运行而分成三类，即电容运转单相电动机、电容启动单相电动机和双电容单相电动机。

1. 电容运转单相电动机

前已叙述在单相异步电动机单相定子绕组中通入单相交流电所产生的是脉动磁场,如转子绕组原来是静止,则转子导体不切割磁感线,就没有感应电流,不产生启动转矩,不能自行启动。如用外力拨动转子使之旋转,则转子导体将切割磁感线而按拨动的方向继续旋转。因此电容分相单相异步电动机中的启动绕组与电容器支路,只在电动机启动瞬间起作用,电动机一旦转起来以后,它的存在与否就没有什么关系了。电容运转单相电动机是指启动绕组及电容器始终参与工作的电动机,其电路图如图 2-28 所示。

电容运转单相电动机结构简单,使用维护方便,只要任意改变启动绕组(或工作绕组)首端和末端与电源的接线,即可改变旋转的转向,从而实现电动机的反转。电容运转单相电动机常用于吊扇、台扇、电冰箱、洗衣机、空调器、通风机、录音机、复印机、电子仪表仪器及医疗器械等各种空载或轻载启动的机械上。

电容运转单相电动机是应用最普遍的单相异步电动机。

2. 电容启动单相电动机

这类电动机的启动绕组和电容器只在电动机启动时起作用,当电动机启动即将结束时,将启动绕组和电容器从电路中切除。

启动绕组的切除可通过在电路中串联离心开关 S 来实现,如图 2-29 所示,电动机静止时,离心开关 S 是闭合的,这样就使启动绕组与电源接通,电动机开始启动。当电动机转速达到一定数值后,离心开关 S 断开,即将启动绕组从电源上切除,电动机启动结束,投入正常运行。

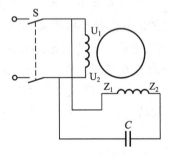

图 2-28 电容运转单相电动机

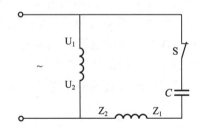

图 2-29 电容起动单相异步电动机

电容启动单相电动机与电容运转单相电动机相比较,电容启动单相电动机的启动转矩较大,启动电流也相应增大,因此它在小型空气压缩机、电冰箱、磨粉机、医疗机械、水泵等满载启动的机械中适用。

3. 双电容单相电动机

为了综合电容运转单相电动机和电容启动单相电动机各自的优点,近来又出现了一种电容启动电容运转单相电动机(简称双电容单相电动机),即在启动绕组上接有两个电容器 C_1 及 C_2,如图 2-30 所示,其中电容 C_1 仅在启动时接入,电容 C_2 则在运转的全过程中接入。这类电动机主要用于要求启动转矩大、功率因数较高的设备上,如电冰箱、空调器、水泵、小型机车等。

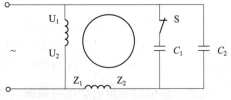

图 2-30 双电容单相异步电动机

三、罩极单相异步电动机

这种电动机的定子仍由硅钢片叠成,但做成类似于直流电动机定子的磁极,有隐极式和凸极式两种,一般都采用凸极式,如图2-31所示。每个极上装有集中绕组,称为主绕组。每个极的极靴上开一个小槽,槽中嵌入短路铜环,一般罩住极靴面积的1/3左右。当绕组中通以单相交流电流时,产生一脉动磁通,一部分通过磁极的未罩部分,一部分通过短路环,后者必然在短路环中感应出电动势,产生电流,根据楞次定律,该电流的作用总是阻止磁通变化的,这就使通过短路环部分的磁通与通过磁极未罩部分的磁通在时间上不同相,并且总要滞后一个角度。于是就会在电动机内产生一个类似于

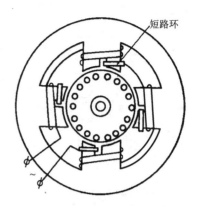

图2-31 罩极式单相异步电动机的结构示意图

旋转磁场的"扫动磁场",扫动的方向由磁极未罩部分向着短路环方向。在"扫动磁场"的作用下转子产生一定的启动转矩,使电动机顺着扫动方向旋转。因此对于一台制造好的罩极电动机,其旋转方向是不能改变的。

四、单相异步电动机的反转和调速

1. 单相异步电动机的反转控制

对于三相异步电动机,要实现反转,只要将输入电动机的三相电源线任意两相对调,就能使电动机反转。要使单相异步电动机反转,必须将工作绕组和启动绕组中的任意一个绕组的首端与尾端对调,才能使电动机反转。因为单相异步电动机的转向是由工作绕组和启动绕组产生的磁场在时间上有近似90°的相位差决定的,把其中一绕组反过来接,相当于将这个绕组的磁场相位改变了180°。如果原来是工作绕组超前启动绕组90°相位角,在一个绕组首尾改接后变成了工作绕组滞后启动绕组90°相位角。所以旋转磁场的方向改变了,电动机的转向也随之改变了。

单相异步电动机的正、反转控制多用于单相电容式电动机,如洗衣机用的电动机。单相电容式电动机的工作绕组和启动绕组可以交换使用,把启动绕组作为工作绕组使用时,工作绕组则为启动绕组,它们超前、滞后的关系反了过来。所以旋转磁场改变了旋转方向,电动机也就改变了转向。单相电容式电动机的正、反转控制线路比较简单,如图2-32所示。当开关S打到1的位置,电动机正转,则开关S打到2的位置时,电动机反转。若在电容支路串入一个合适的电阻,还可以大大改善电动机的运行性能。

2. 单相异步电动机的调速

所谓调速就是通过改变电动机绕组端电压或电动机结构参数,使电动机的转速得到改变的过程。对单相异步电动机来说,常用的调速方法有两种:一是通过外接设备降低绕组端电压的方法,二是通过改变电动机定子绕组的匝数调速的方法。

外接设备降压调速方法有串接电抗降压调速、采用串电抗器和正温度系数热敏电阻调速和采用晶闸管调压调速。串电抗降压调速原理如图 2-33 所示。

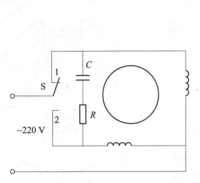

图 2-32　单相异步电动机的正反转原理图　　　图 2-33　串联电抗法调速原理图

采用正温度系数热敏电阻能改善电扇微风挡直接启动的性能；采用晶闸管调速可连续改变电动机的转速。

改变单相电动机定子绕组的匝数调速的方法，是在工作绕组或启动绕组上有几组抽头，通过转换开关的不同触点，与绕组的不同抽头连接，使绕组匝数增减，从而增减绕组端电压和工作电流，调节主磁通，达到调节转速的目的。

任务六　实　践　操　作

实训 2-1　单相异步电动机正反转控制电路的安装与调试

1. 目的要求

掌握单相异步电动机的拆装与正反转控制电路的安装与调试。

2. 工具、仪表及器材

（1）工具：测电笔、螺钉旋具、尖嘴钳、斜口钳、剥线钳、电工刀等。

（2）仪表：MF47 型万用表、T301-A 型钳形电流表、5050 型兆欧表。

（3）器材：单相异步电动机、导线、编码套管等。

3. 安装、调试步骤

（1）风扇电动机的拆卸：

① 拆除上下端盖之间的紧固螺钉。

② 取出上端盖。

③ 取出内定子铁芯和定子绕组组件。

④ 使外转子与下端盖脱离。

⑤ 取出滚动轴承。

（2）检查启动电容器的好坏。

(3) 测定定子绕组绝缘电阻值。将测得的绝缘电阻值记入表 2-1 中。

表 2-1 测得的绝缘电阻值

项目	工作绕组、启动绕组之间	工作绕组对地	启动绕组对地
绝缘电阻值			

(4) 滚动轴承的清洗及加润滑油。
(5) 各部分清洗干净，并检查完好后，按与拆卸相反的步骤进行装配。
(6) 装配好后按原理图 2-32 接线，检查无误后可通电试运转，观测电动机的启动、转向情况。

4. 注意事项

(1) 在拆卸时注意记录电源及电容的接线方式，以免出错。
(2) 拆装时不可用力过猛，以免损坏零部件。
(3) 装配好后调试时注意电动机的转向及转速。

实训 2-2 单相异步电动机常用调速控制方式的实现

1. 目的要求

掌握单相异步电动机常用调速控制方法。

2. 工具、仪表及器材

(1) 工具：测电笔、螺钉旋具、尖嘴钳、斜口钳、剥线钳、电工刀等。
(2) 仪表：MF47 型万用表、T301-A 型钳形电流表。
(3) 器材：电动机、电容、调速器、电抗器及各种规格的紧固体、编码套管等。

3. 安装、调试步骤

(1) 按元器件明细表将所需元器件材料配齐，并检验元器件质量。
(2) 根据原理图（图 2-33）画出接线图。
(3) 按照接线图进行规范布线。
(4) 自检控制布线的正确性和美观性。
(5) 可靠连接电动机及元器件不带电金属外壳的保护接地线。
(6) 经指导教师检查后，方可通电调试。
(7) 拆除导线及元件，整理工作台。

4. 注意事项

(1) 在整个过程中必须保证清洁、干净，防止有杂物进入电动机。
(2) 连接线必须正确无误，而且要牢固并包好绝缘。

5. 项目内容与评分标准

项目内容与评分标准见表 2-2。

表 2-2　项目内容与评分标准

项目内容	配分	评分标准	扣分
拆卸	30	(1) 拆卸方法步骤不对每处扣 5~10 分 (2) 拆卸时损坏零部件每处扣 5~20 分 (3) 拆卸时损坏定子绕组扣 10~30 分	
电容器及定子绕组好坏的判定	10	(1) 电容器好坏判定有误扣 5~10 分 (2) 定子绕组好坏判定有误扣 5~10 分	
装配及线路接线	40	(1) 装配步骤不正确扣 5~10 分 (2) 装配时损伤零部件扣 5~20 分 (3) 装配线路不正确扣 5~10 分 (4) 装配质量不合格扣 5~10 分	
装配后的试运转	10	通电试运行不正常每次扣 10 分	
安全、文明生产	10	每一项不合格扣 5 分	
定额时间 180 min		每超时 5 min 以内，扣 5 分	
备注		除定额时间外，各项目的最高扣分不得超过配分数	
开始时间		结束时间　　　　　　　　　　　　实际时间	

思考与练习

2.1　从转子结构来分，异步电动机可分为哪几类？

2.2　笼型异步电动机与绕线转子异步电动机结构上的主要区别是什么？

2.3　三相异步电动机主要由哪些部分组成？各部分的作用是什么？

2.4　为什么三相异步电动机定子铁芯和转子铁芯均由硅钢片叠压而成？能否用钢板或整块钢制作？为什么？

2.5　什么叫旋转磁场？它是怎样产生的？

2.6　三相异步电动机旋转磁场的转速由什么决定？工频下的 2、4、6、8、10 极异步电动机的同步转速各是多少？

2.7　旋转磁场的旋转方向由什么决定？如何改变旋转磁场的方向？

2.8　简述三相异步电动机的工作原理，并解释"异步"的含义。

2.9　三相异步电动机为什么又称作三相"感应"电动机？

2.10　什么叫三相异步电动机的转差率？额定转差率一般是多少？启动瞬间的转差率是多少？

2.11　一台三相异步电动机的额定转速 $n_N = 1\,460$ r/min，$f_1 = 50$ Hz，$2p = 4$，求额定转差率 s_N。

2.12　Y100L2-4 型三相异步电动机额定功率 $P_N = 3.0$ kW，电压 $U_1 = 380$ V，转速 $n_N = 1\,440$ r/min，功率因数 $\cos\varphi = 0.82$，效率 $\eta = 81\%$，$f = 50$ Hz，试计算三相异步电动机的额定电流 I_N、额定转差率 s_N。

2.13 何谓三相异步电动机的固有机械特性和人为机械特性？

2.14 三相异步电动机能够在低于额定电压的情况下运行吗？为什么？

2.15 三相异步电动机对启动的要求是什么？

2.16 什么是启动？什么是三相异步电动机的直接启动？三相异步电动机直接启动时，为什么启动电流很大，而启动转矩却不大？

2.17 三相笼型异步电动机的常用的降压启动方法有哪几种？各有何优缺点？各适用于什么范围？

2.18 什么叫制动？三相异步电动机的制动有哪两类？电气制动有哪些制动运转状态？

2.19 当三相异步电动机拖动位能性负载时，为了限制负载下降时的速度，可采用哪几种制动方法？如何改变制动运行时的速度？

2.20 什么叫调速？三相异步电动机的调速方法有哪几种？这几种方法各有什么特点？

2.21 如何实现变极调速？变极调速时为什么要改变定子电源的相序？

2.22 一台三相异步电动机，已知 $P_N = 100$ kW，$n_N = 720$ r/min，$\lambda_T = 2.8$。试求它的最大转矩 T_m，最大转矩时的转差率 s_m 和启动转矩 T_{st}。

2.23 一台三相异步电动机，已知 $U_N = 380$ V，$I_N = 20$ A，△接法，$\cos\varphi_N = 0.87$，$\eta_N = 87.5\%$，$n_N = 1\,450$ r/min，$I_{st}/I_N = 7$，$k_T = \dfrac{T_{st}}{T_N} = 1.4$，$\lambda_T = 2$。试求：(1) 电动机轴上输出的额定转矩 T_N。(2) 若要能保证满载启动，电网电压不能低于多少伏？(3) 若采用 Y-△降压启动，I_{st} 等于多少？能否半载启动？

2.24 单相异步电动机主要分为哪几种类型？各适用于什么场合？说明单相电容运行异步电动机的启动原理？

2.25 一台吊扇采用电容运转单相异步电动机，通电后无法启动，而用手拨动风叶后即能运转，问主要是由哪些故障造成的？

2.26 如何改变单相异步电动机的旋转方向？

2.27 单相交流异步电动机有哪些调速方法？说明这些调速方法的原理。

2.28 三相异步电动机启动时，如果电源一相断线，这时电动机能否启动？如果绕组一相断线，这时电动机能否启动？Y 连接和△连接情况是否一样？如果运行中电源或绕组一相断线，电动机能否继续旋转？有何不良后果？

项目三 三相异步电动机的基本控制线路

本项目主要介绍三相异步电动机基本控制线路的作用原理以及常用低压电器的结构和作用原理，通过本项目学习达到以下目标。

教学目标：

熟悉电气图形符号与文字符号的含义；了解电气原理图、接线图和布置图的概念；掌握电气原理图、接线图和布置图的绘制规则；会正确识别使用常用低压电器，熟悉它们的功能、基本结构、工作原理及型号意义，熟记它们的图形符号和文字符号；熟练识读电动机单向旋转和正、反转控制线路，位置控制、自动往返控制线路，顺序控制、多地控制线路。熟悉三相异步电动机的启动、制动、调速控制线路。

技能目标：

通过识图训练，学会正确识读电路图；通过电动机启动停止、正反转控制线路的安装与操作，学会各种常用低压电器的使用，熟悉电动机基本控制线路的一般安装步骤和工艺要求，能正确安装电动机启动停止、正反转控制线路；通过工作台自动循环往返控制线路、电动机顺序启动逆序停止控制线路的安装与操作，学会正确安装、调试和检修自动往返控制线路、顺序控制线路；通过自耦变压器降压启动控制线路、Y-△降压启动控制线路的安装与操作，熟悉三相异步电动机降压启动的方法，能正确安装和检修基本降压启动控制线路；通过单向启动反接制动控制线路的安装与检修，掌握三相异步电动机常用的电气制动控制线路的控制方法。

任务一 电气控制线路图、接线图和布置图的识读

学习目标：

掌握低压电器的基本知识、电气图形符号和文字符号、电气图的分类与作用。

技能要点：

通过识图训练，能正确识读一般电路图。

一、低压电器的基本知识

（一）低压电器的定义

凡是自动或手动接通和断开电路，以及能实现对电路或非电对象进行切换、控制、保护、检测、变换和调节的电器元件统称为电器。低压电器是指用于交流额定电压 1 200 V 及以下、直流额定电压 1 500 V 及以下的电路中起通断、保护、控制或调节作用的电器设备。

低压电器的用途广泛,功能多样,种类繁多,结构各异。

(二) 低压电器的分类

1. 按用途分类

(1) 控制电器:用于各种控制电路和生产设备自动控制系统中的电器。例如接触器、控制继电器、启动器等。

(2) 主令电器:用于自动控制系统中发送控制指令的电器。如按钮开关、主令开关、行程开关等。

(3) 保护电器:用于保护电路及用电设备的电器。如熔断器、热继电器、避雷器等。

(4) 配电电器:用于电能输送和分配的电器。如断路器、刀开关等。

(5) 执行电器:用于完成某种动作或传动功能的电器。如电磁铁、电磁离合器等。

2. 按工作原理分类

(1) 电磁式电器:依据电磁感应原理来工作的电器。如交、直流接触器、各种电磁式继电器等。

(2) 非电量控制电器:电器的工作是靠外力或某种非电物理量的变化而动作的电器。如刀开关、速度继电器、压力继电器、温度继电器等。

3. 按动作方式分类

(1) 手动电器:用手或依靠机械力进行操作的电器,如手动开关、控制按钮、行程开关等主令电器。

(2) 自动电器:借助于电磁力或某个物理量的变化自动进行操作的电器,如接触器、各种类型的继电器等。

4. 按触点类型分类

(1) 有触点电器:利用触点的接通和分断来切换电路,如接触器、刀开关、按钮等。

(2) 无触点电器:无可分离的触点。主要利用电子元件的开关效应,即导通和截止来实现电路的通、断控制,如接近开关、霍尔开关、电子式时间继电器、固态继电器等。

(三) 低压电器的作用

在电力拖动控制系统中,低压电器主要用于对电动机进行控制、调节和保护。在低压配电电路或动力装置中,低压电器主要用于对电路或设备进行保护以及通断、转换电源或负载。

(四) 低压电器的基本结构

低压电器广泛应用于生产设备电气控制系统中,其中电磁式电器在低压电器中占有十分重要的地位,应用最为普遍。电磁式电器主要由电磁机构和触头系统组成。

1. 电磁机构

1) 电磁机构的结构形式

电磁机构由电磁线圈、铁芯和衔铁三部分组成。电磁机构又称为磁路系统,其主要作用是将电磁能转换为机械能并带动触头动作从而接通或断开电路。电磁线圈分有直流线圈和交流线圈两种。直流线圈须通入直流电,交流线圈须通入交流电。

2) 电磁机构的工作特性

(1) 交流电磁机构的吸力特性:在交流电磁机构中,交流电磁铁芯在吸合衔铁的过程中,随着气隙的减小,磁路的磁阻显著减小,线圈的电感和感抗显著增大,因而使电流显著减小,所以在线圈通电而衔铁尚未闭合时的励磁电流比吸合后工作时的励磁电流大得多。如果衔铁被卡住不能吸合或过分频繁操作,可能因长时期通过大电流而烧毁线圈,所以在可靠性要求较高或操作频繁的场合,一般不宜采用交流电磁机构。

(2) 直流电磁机构的吸力特性:在直流电磁机构中,电磁线圈中的励磁电流是恒定不变的,其大小取决于励磁线圈上所加的直流电压 U 和线圈电阻 R 的大小。当衔铁吸合后,空气间隙将消失,磁路的磁阻要显著减小,因而磁通 Φ 将增大,所以衔铁闭合前后的电磁吸力变化较大。由于直流电磁线圈中的电流不变,所以直流电磁机构适用于动作频繁的场合。但是直流电磁机构的通电线圈断电时,由于磁通的急剧变化,在线圈两端会感应出很大的反电动势,其值可达线圈额定电压的 10 倍以上,很容易将线圈烧毁,所以通常在线圈的两端要并联一个放电回路。

3) 交流电磁机构中短路环的作用

当线圈中通入交变电流时,铁芯中出现交变的磁通,其电磁吸力是脉动的,每周期内两次为零,两次达到最大值,这样在动铁芯(衔铁)与静铁芯间因吸引力时大时小而引起振动,产生噪声。为此在铁芯的端面套上一个短路铜环(也称分磁环)以消除振动。铁芯端面加上短路环,交变磁通被分为通过短路环的 Φ_1 和不通过短路环的 Φ_2 两部分;交变磁通 Φ_1 使短路环内产生感应电动势和电流,此感应电流产生的磁通 Φ_k 阻碍 Φ_1 的变化,使通过短路环的磁通 Φ_1 和 Φ_2 之间有一个相位差存在,因此由 Φ_1 和 Φ_2 产生的电磁吸力 F_1 和 F_2 也存在相位差,即两电磁吸力不会同时为零,也不会同时达到最大值。作用在衔铁上的电磁吸引力为 F_1 与 F_2 的合力,只要合力大于复位弹簧的反作用力,即可消除振动和噪声。

2. 触头系统

触头是有触点电器的执行部分,通过触头的闭合、断开控制电路接通和断开。按触头的接触情况可分为点接触式、线接触式和面接触式,如图 3-1 所示。按其结构形式可分为桥式触点和指形触点两种。

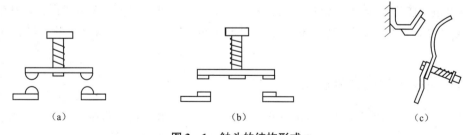

图 3-1 触头的结构形式

(a) 点接触式;(b) 线接触式;(c) 面接触式

(五) 低压电器的发展

近几年低压电器行业出现了前所未有的发展机遇。低压电器的发展,取决于国民经济的发展和现代工业自动化发展的需要，以及新技术、新工艺、新材料的研究与应用，目前正朝着高性能、高可靠性、小型化、数模化、模块化、组合化和零部件通用化的方向发展。我国低压电器市场容量是巨大的，而且处于上升阶段，前景非常乐观。

高性能：额定短路分断能力与额定短时耐受电流进一步提高，并实现 $I_{cu} = I_{cs}$，如施耐德公司的 MT 系列产品，其运行短路分断和极限短路分断能力最高达到 150 kA。

高可靠性：产品除要求较高的性能指标外，又可做到不降容使用，可以满容量长期使用而不会发生过热，从而实现安全运行。

智能化：随着专用集成电路和高性能的微处理器的出现，断路器实现了脱扣器的智能化，使断路器的保护功能大大加强，可实现过载长延时、短路短延时、短路瞬时、接地、欠压保护等多种功能，还可以在断路器上显示电压、电流、频率、有功功率、无功功率、功率因数等系统运行参数，并可以避免在高次谐波的影响下发生误动作。

现场总线技术：低压电器新一代产品实现了可通信、网络化，能与多种开放式的现场总线连接，进行双向通信，实现电器产品的遥控、遥信、遥测、遥调功能。现场总线技术的应用，不仅能对配电质量进行监控，减少损耗，而且，现场总线技术能对同一区域电网中多台断路器实现区域连锁，实现配电保护的自动化，进一步提高配电系统的可靠性。工业现场总线领域使用的总线有 Profibus、Modbus、DeviceNet 等，其中 Modbus 与 Profibus 的影响较大。

模块化、组合化：将不同功能的模块按照不同的需求组合成模块化的产品，是新一代电器产品的发展方向。如 ABB 推出的 Tmax 系列，热磁式、电子式、电子可通信式脱扣器都可以互换。附件全部采用模块化结构，不需要打开盖子就可以安装。

采用绿色材料：产品材料的选用、制造过程及使用过程不污染环境，符合欧盟环保指令。

二、电气图形符号和文字符号

电气控制系统是由许多电气元件按照一定要求连接而成。随着科学技术的发展，系统和设备越来越复杂，功能越来越完善。人们对操作和维修却要求越来越简单、易行，希望通过阅读技术文件能正确掌握操作技术和维修方法。因此，需要将电气控制系统中各种电气元件及其连接方式用一定图形表示出来，这就是电气控制系统图。电气控制系统图是一种工程图，是用来表达电气控制系统的设计意图，便于电气控制工作原理分析、安装、调整、使用和维修的技术文件资料。它需要用统一的工程语言形式来表达，这个统一的工程语言就是根据国家电气制图标准，用标准的图形符号、文字符号及规定的原则绘制的图。

电气图中的符号有图形符号、文字符号和回路标号等。

（一）图形符号

图形符号通常用于图样或其他文件，用以表示一个设备或概念的图形、标记或字符。图形符号含有符号要素、一般符号和限定符号。

1. 符号要素

符号要素是一种具有确定意义的简单图形，必须同其他图形结合才构成一个设备或概念的完整符号。如接触器常开主触点的符号就由接触器触点功能符号和常开触点符号组合而成。

2. 一般符号

一般符号是指用以表示一类产品和此类产品特征的一种简单的符号，如电动机可用一个圆圈表示。

3. 限定符号

限定符号是一种加在其他符号上提供附加信息的符号。

运用图形符号绘制电气图时应注意以下几点：

（1）符号尺寸大小、线条粗细依国家标准可放大与缩小，但在同一张图样中，统一符号的尺寸应保持一致，各符号之间及符号本身比例应保持不变。

（2）标准中示出的符号方位，在不改变符号含义的前提下，可根据图面布置的需要旋转，或成镜像位置，但是文字和指示方向不得倒置。

（3）大多数符号都可以附加上补充说明标记。

（4）对标准中没有规定的符号，可选取 GB 4728《电气图用图形符号》中给定的符号要素、一般符号和限定符号，按其中规定的原则进行组合。

（二）文字符号

文字符号用于电气技术领域中技术文件的编制，也可以标注在电气设备、装置和元器件上或近旁，以表示电气设备、装置和元器件的名称、功能、状态和特性。

文字符号分为基本文字符号和辅助文字符号，常用文字符号可查表。

1. 基本文字符号

基本文字符号有单字母符号与双字母符号两种。单字母符号按拉丁字母顺序将各种电气设备、装置和元器件划分为 23 大类，每一类用一个专用单字母符号表示，如 "C" 表示电容器类、"R" 表示电阻器类等。

双字母符号由一个表示种类的单字母符号与另一个字母组成，且以单字母符号在前、另一个字母在后的次序排列，如 "F" 表示保护器件类，则 "FU" 表示为熔断器，"FR" 表示为热继电器。

2. 辅助文字符号

辅助文字符号用来表示电气设备、装置和元器件以及电路的功能、状态和特征。如 "L" 表示限制，"RD" 表示红色等。辅助文字符号也可以放在表示种类的单字母符号之后组成双字母符号，如 "YB" 表示电磁制动器，"SP" 表示压力传感器等。辅助字母还可以单独使用，如 "ON" 表示接通，"M" 表示中间线，"PE" 表示保护接地等。

（三）接线端子标记

（1）三相交流电路引入线采用 L_1、L_2、L_3、N、PE 标记，直流系统的电源正、负线分别用 L+、L- 标记。

（2）分级三相交流电源主电路采用三相文字代号 U、V、W 的前面加上阿拉伯数字 1、2、3 等来标记。如 1U、1V、1W、2U、2V、2W 等。

（3）各电动机分支电路各接点标记采用三相文字代号后面加数字来表示，数字中的个位数表示电动机代号，十位数字表示该支路各结点的代号，从上到下按数值大小顺序标记。如 U_{11} 表示 M_1 电动机的第一相的第一个节点代号，U_{21} 表示 M_1 电动机的第一相的第二个节点代号，以此类推。

（4）三相电动机定子绕组首端分别用 U_1、V_1、W_1 标记，绕组尾端分别用 U_2、V_2、W_2 标记，电动机绕组中间抽头分别用 U_3、V_3、W_3 标记等。

（5）控制电路采用阿拉伯数字编号。标注方法按"等电位"原则进行，在垂直绘制的电路中，标号顺序一般按自上而下、从左至右的规律编号。凡是被线圈、触点等元件所间隔的接线端点，都应标以不同的线号。

三、电气图的分类与作用

将电气控制系统中各种电气元件及其连接用一定图形表示出来的就是电气控制系统图。它主要有电气原理图、电器布置图、电气接线图等。

1. 电气原理图

电气原理图是指用国家标准规定的图形符号和文字符号代表各种元件，依据控制要求和各电器的动作原理，用线条代表导线连接起来。它包括所有电气元件的导电部件和接线端子，但不按电气元件的实际位置来画，也不反映电气元件的尺寸及安装方式。绘制电气原理图必须遵循的国家标准为：GB/T 4728《电气图用图形符号》、GB/T 6988《电气技术用文件的编制》及 GB 7159《电气技术中的文字符号制订通则》、GB/T 4026《电器设备接线端子和特定导线线端的识别及应用字母数字系统的通则》。

绘制电气原理图应遵循以下原则：

（1）电气控制电路一般分为主电路和辅助电路。辅助电路又可分为控制电路、信号电路、照明电路和保护电路等。

主电路是指从电源到电动机的大电流通过的电路，其中电源电路用水平线绘制，受电动力设备及其保护电器支路应垂直于电源电路画出。

控制电路、照明电路、信号电路及保护电路等应垂直地绘于两条水平电源线之间。耗能元件的一端应直接连接在电位低的一端，控制触点连接在上方水平线和耗能元件之间。

不论主电路还是辅助电路，各元件一般应按动作顺序从上到下，从左到右依次排列，电路可以水平布置，也可以垂直布置。

（2）在电气原理图中，所有电器元件的图形、文字符号、接线端子标记必须采用国家规定的统一标准。

（3）采用电器元件展开图的画法。同一电器元件的各部分可以不画在一起，但需用同一文字符号标出。若有多个同一种类的电器元件，可在文字符号后加上数字序号，如 KM_1、KM_2。

（4）在原理图中，所有电器按自然状态画出。所有按钮、触点均按电器没有通电或没有外力操作，触点没有动作的原始状态画出。

（5）在原理图中，有直接电联系的交叉导线连接点，要用黑圆点表示。无直接联系的交叉导线连接点不画黑圆点。

（6）在原理图上将图分成若干个图区，并标明该区电路的用途和作用。在继电器、接触器线圈下方列出触点表，说明线圈和触点的从属关系。图3－2所示为某车床电气原理图。

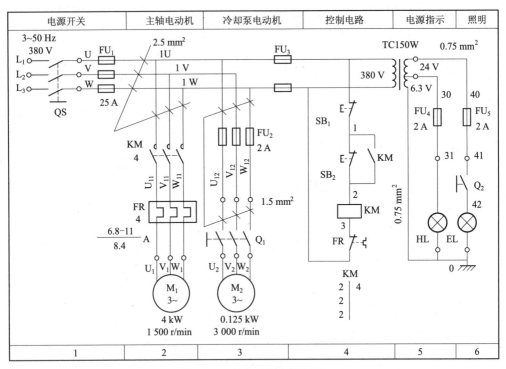

图3－2　某车床电气原理图

2．电器布置图

电器布置图是表示电气设备上所有电器元件的实际位置，为电气控制设备的安装、维修提供必要的技术资料。电气元件均用粗实线绘制出简单的外形轮廓，机床的轮廓线用细实线或点划线。图3－3所示为某车床电器安装位置图，图3－4所示为某车床电气控制平面布置图。

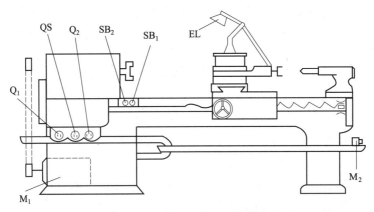

图3－3　某车床电器位置安装图

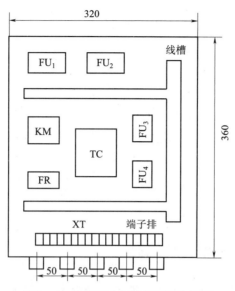

图 3-4 某车床电气控制平面布置图

3. 电气接线图

电气接线图主要用于安装接线、线路检查、线路维修和故障处理。绘制接线图的原则是：

(1) 应将各电气元件的组成部分画在一起，布置尽量符合电器的实际情况。

(2) 各电器的图形符号、文字符号及接线端子标记均与电气原理图一致。

(3) 同一控制柜上的电气元件可直接相连，控制柜与外部器件相连，必须经过接线端子板，且互连线应注明规格，一般不表示实际走线。图 3-5 所示为某车床电气控制互连图。

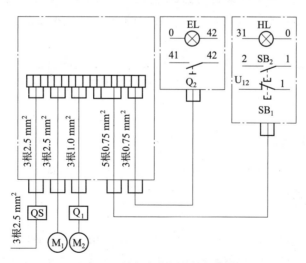

图 3-5 某车床电气控制互连图

任务二 电动机单向旋转和正、反转控制线路

学习目标：

了解刀开关、组合开关、熔断器、低压断路器、控制按钮、交流接触器和热继电器的结构和作用原理；掌握电动机单向点动、单向连续运转和三相异步电动机正、反转控制线路的工作原理；学会异步电动机基本控制线路的识读和电气故障检修的一般步骤与方法。

技能要点：

会进行三相异步电动机启、停控制线路的接线与操作和三相异步电动机正、反转控制线路的安装与操作。

一、电动机单向旋转控制电路

工厂的电气设备（如机床等）大多是采用电动机来拖动的，而电动机尤其是三相异步电动机，大多是由开关、接触器、继电器、按钮和行程开关等电器元件组成的电气控制线路来进行控制的。利用常用低压电器，就可以构成各种不同的控制线路，满足生产机械对电气控制系统所提出的要求。实际控制系统中，无论多么复杂的线路，都是由一些基本控制环节按需要组合而成的。

电动机的启动，是指电动机接通电源后由静止状态逐渐加速到稳定运行状态的过程。将额定电压直接加到电动机的定子绕组上使电动机启动的方式，称为直接启动或全电启动。这种方法的优点是所用电器设备少，电路简单，是一种简单经济的启动方法，但由于直接启动时其启动电流为电动机额定电流的 4~7 倍，过大的启动电流会使电网电压降低，而直接影响在同一电网上工作的其他电气设备的稳定运行，所以允许直接启动的电动机容量受到一定的限制。通常电动机容量不超过电源变压器容量的 15% 时，或当电动机容量较小时，都允许直接启动。

三相交流异步电动机单向启动的控制方式很多，而不同的场合和不同的要求应采用不同的控制方式。常用的有开关控制电路和接触器控制电路。接触器控制有点动和长动控制电路。

（一）开关控制电路

开关控制电路主要由刀开关、低压断路器实现控制，由熔断器实现短路保护。下面我们先来学习一些常用的低压电器。

1. 刀开关

刀开关是一种结构最简单且应用最广泛的手动低压电器，主要用作隔离、接通和分断电路用。有时也可用来控制小容量电动机的启动、停止和正、反转。刀开关的种类很多，常用的刀开关有以下几个：

1）瓷底胶盖闸刀开关

瓷底胶盖刀开关又称开启式负荷开关。由于它结构简单、价格便宜、使用维修方便，故得到广泛应用。该开关主要用作电气照明电路和电热电路、小容量电动机电路的不频繁控制，也可用作分支电路配电控制。图3-6所示为HK系列刀开关的外形和结构图及电气符号。

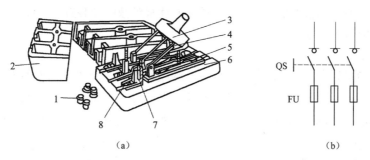

图3-6 HK系列刀开关的外形和结构图及电气符号
（a）外形结构图；（b）电气符号
1—胶盖紧固螺钉；2—胶盖；3—瓷柄；4—动触头；5—出线座；6—瓷底；7—静触头；8—进线座

它由刀开关和熔断器组成，均装在瓷底板上。刀开关装在上部，由进线座和静触头组成。熔断器装在下部，由出线座、熔丝和动触头组成。动触头上端装有瓷质手柄便于操作，上下两部用两个胶盖及紧固螺钉固定，将开关零件罩住防止电弧或触及带电体伤人。闸刀开关在安装时，手柄要向上，不得倒装或平装，以避免由于重力自动下落而引起误动合闸。接线时，应将电源接在进线端（上端），负载接在出线端（下端），这样拉闸后刀开关的刀片与电源隔离，既便于更换熔丝，又可防止可能发生的意外事故。

2) 铁壳开关

铁壳开关又称半封闭式负荷开关。一般在小型电力排灌、电热器、电气照明线路的配电设备中，用于不频繁地接通与分断电路，也可以直接用于异步电动机的非频繁全压启动控制。图3-7所示为HH系列铁壳开关的外形和结构图及电气符号。

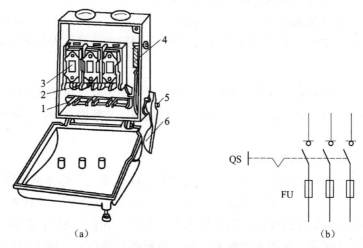

图3-7 HH系列铁壳开关的外形和结构图及电气符号
（a）外形结构图；（b）图形和文字符号
1—闸刀；2—夹座；3—熔断器；4—速断弹簧；5—转轴；6—手柄

铁壳开关的操作机构有两个特点：一是采用弹簧储能分、合闸操作机构；手柄转轴与底座之间装有一个速断弹簧，用钩子扣在转轴上，当扳动操作手柄分闸或合闸时，开始阶段U形双刀片并不移动，只拉伸了弹簧，储存了能量，当转轴转到一定角度时，弹簧储存的能量瞬间爆发出来，就使U形刀片快速从夹座拉开或将U形刀片迅速推入夹座，因此触头的动作速度很快，且与操作速度无关。二是铁壳开关具有机械联锁装置，当铁盖打开时，不能进行合闸操作；而合闸后铁盖不能打开。

3) 组合开关

组合开关又称转换开关，是刀开关的另一种结构形式，其控制容量比较小，结构紧凑，常用于空间比较狭小的场所，如机床配电箱等。组合开关一般用于电气设备的非频繁操作、切换电源和负载以及控制小容量感应电动机和小型电器。图3-8所示为HZ系列组合开关的外形结构图及电气符号。

它的特点是用动触片的左右旋转来代替闸刀的推合和拉开，结构较为紧凑。三极组合开关共有六个静触头和三个动触片。静触头的一端固定在胶木边框内，另一端伸出盒外，以便和电源及用电器相连接。三个动触片装在绝缘垫板上，并套在方轴上，通过手柄可使方轴做90°正、反向转动，从而使动触片与静触头保持闭合或分断。在开关的顶部还装有扭簧贮能机构，使开关能快速闭合或分断。常用的产品有HZ5、HZ10和HZ15系列。

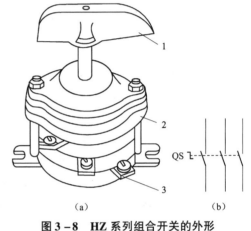

图3-8 HZ系列组合开关的外形结构图及电气符号

(a) 外形图；(b) 图形文字符号
1—手柄；2—外壳；3—静触头

刀开关的选用原则：

(1) 根据使用场合，选择刀开关的类型、极数及操作方式。

(2) 刀开关的额定电压应大于或等于线路电压。

(3) 刀开关的额定电流应大于或等于线路的额定电流。对于电动机负载，开启式刀开关额定电流可取电机额定电流的3倍；封闭式刀开关额定电流可取为额定电流的1.5倍。

2. 熔断器

熔断器是一种简单而有效的保护电器，在电器设备中主要起短路保护作用。熔断器具有结构简单、体积小、重量轻、使用维护方便、价格低廉、分断能力较强、限流能力良好等优点，因此得到广泛应用。

1) 熔断器的结构和工作原理

熔断器一般由熔体和安装熔体的绝缘底座（支撑件）组成。熔体是熔断器的核心部件，由易熔金属材料铅、锌、锡、铜、银及其合金制成，形状常为丝状、片状或网状等。由铅锡合金和锌等低熔点金属制成的熔体，因不易灭弧，多用于小电流电路；由铜、银等高熔点金属制成的熔体，易于灭弧，多用于大电流电路。熔断器在使用时，熔体与被保护电路串联，当电路为正常电流时熔体温度较低，当电路发生短路故障或严重过载时，过大的电流流过熔体，熔体自身产生的热量使温度急剧上升而熔断，从而切断电路，起到保护作用，这也是熔断器的工作原理。

熔断器的种类很多，按其结构可分为半封闭插入式熔断器、有填料螺旋式熔断器、有填料封闭管式熔断器、无填料封闭管式熔断器、有填料管式快速熔断器、半导体保护熔断器和自复式熔断器等。

在工厂电器设备自动控制中，半封闭插入式熔断器、螺旋式熔断器使用最为广泛。

（1）插入式熔断器。插入式熔断器如图3-9（a）所示。常用的型号有RC1A系列，主要用于小容量低压分支电路的短路保护，因其分断能力较小，多用于照明电路和小型动力电路中。

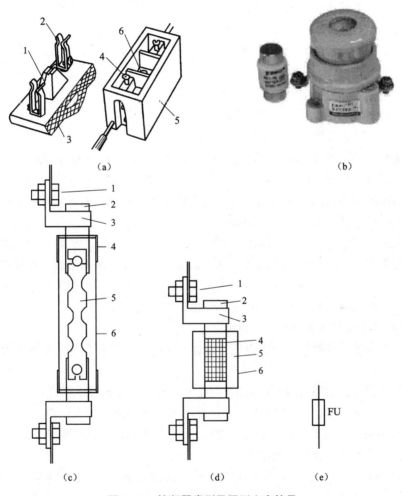

图3-9 熔断器类型及图形文字符号

（a）RC系列瓷插式熔断器结构；

1—熔丝；2—动触头；3—瓷盖；4—静触头；5—瓷体；6—空腔

（b）RL系列螺旋式熔断器外形图；

（c）RM10型密封管式熔断器；

1—接线端；2—插刀；3—插座；4—钢帽；5—熔体；6—绝缘筒

（d）RT型有填料密封管式熔断器；

1—接线端；2—插刀；3—插座；4—网状熔体；5—石英砂填料；6—卷套管

（e）图形文字符号

(2) 螺旋式熔断器。螺旋式熔断器如图 3-9 (b) 所示。瓷质熔芯内装有熔体，并填充石英砂，用于熄灭电弧，分断能力强。熔体上的上端盖有一熔断指示器，一旦熔体熔断，指示器马上弹出，可透过瓷帽上的玻璃孔观察到。常用产品有 RL6、RL7 和 RLS2 等系列，其中 RL6 和 RL7 多用于机床配电电路中；RLS2 为快速熔断器，主要用于保护半导体元件。

(3) RM10 型密封管式熔断器。RM10 型密封管式熔断器为无填料管式熔断器，如图 3-9 (c) 所示。主要用于供配电系统作为线路的短路保护及严重过载保护，它采用变截面片状熔体和密封纤维管。在短路电流通过时熔体较窄处产生的热量最大，先熔断，因而可产生多个熔断点使电弧分段，以利于灭弧。短路时其电弧燃烧密封纤维管产生高压气体，以便将电弧迅速熄灭。

(4) RT 型有填料密封管式熔断器。RT 型有填料密封管式熔断器如图 3-9 (d) 所示。熔断器瓷管内装有石英砂，用来冷却和熄灭电弧，熔体为网状，短路时可使电弧细分，由石英砂将电弧冷却熄灭，可将电弧在短路电流达到最大值之前迅速熄灭，以限制短路电流。此为限流式熔断器，常用于大容量电力网或配电设备中。常用产品有 RT12、RT14、RT15 等系列。图 3-9 (e) 所示为熔断器的图形文字符号。

(5) 快速熔断器。它主要用于半导体整流元件或整流装置的短路保护。由于半导体元件的过载能力很低。只能在极短时间内承受较大的过载电流，因此要求短路保护具有快速熔断的能力。快速熔断器的结构和有填料封闭式熔断器基本相同，但熔体材料和形状不同，它是以银片冲制的有 V 形深槽的变截面熔体。

(6) 自复式熔断器。采用金属钠做熔体，在常温下具有高电导率。当电路发生短路故障时，短路电流产生高温使钠迅速汽化，汽态钠呈现高阻态，从而限制了短路电流。当短路电流消失后，温度下降，金属钠恢复原来的良好导电性能。自复式熔断器只能限制短路电流，不能真正分断电路。其优点是不必更换熔体，能重复使用。

2) 熔断器的主要技术参数

熔断器的主要技术参数包括额定电压、熔体额定电流、熔断器额定电流以及极限分断能力等。

(1) 额定电压 U_N：指保证熔断器能长期正常工作的最高电压。

(2) 熔体额定电流 I_{RN}：指熔体长期通过此电流而不熔断的最大电流。

(3) 熔断器额定电流 I_N：指保证熔断器能长期正常工作的额定电流。配用的熔体的额定电流应小于或等于熔断器的额定电流。

(4) 极限分断能力：指熔断器在额定电压下所能开断的最大短路电流。分断能力的大小与熔断器的灭弧能力有关，而与熔体的额定电流值无关。在电路中出现的最大电流一般是指短路电流值，所以，熔断器的极限分断能力必须大于线路中可能出现的最大短路电流值。

3) 熔断器的选择

熔断器的选择包含熔断器类型的选择和额定参数的选择。

(1) 熔断器类型的选择：

熔断器的类型应根据使用场合、线路的要求以及安装条件进行选择，在工厂电器设备自动控制系统中，RC 系列和 RL 系列熔断器使用较为广泛；在较大容量的电动机和供配电系统中，则较多选用具有较高分断能力的 RM10 和 RT 系列的熔断器；在半导体电路中，主要选用快速熔断器作短路保护。

（2）熔断器额定参数的选择：

① 熔断器的额定电压 U_N 的选择。

熔断器的额定电压应大于或等于线路的工作电压 U_L，即

$$U_N \geq U_L$$

② 熔断器的额定电流 I_N 的选择。

实际就是选择支持件的额定电流，要求其必须大于或等于所装熔体的额定电流 I_{RN}，即

$$I_N \geq I_{RN}$$

③ 熔体额定电流 I_{RN} 的选择。

按照熔断器保护对象的不同，熔体额定电流的选择方法也不同。主要是下面几种：

一是熔断器保护如照明线路、电炉等电阻性负载时，熔体额定电流等于或稍大于电路的额定工作电流就可以，即

$$I_{RN} \geq I_L$$

二是当熔断器保护单台电动机时，考虑到电动机启动电流的冲击，熔体不会因电动机的启动而熔断，熔体的额定电流可按下式选取：即

$$I_{RN} \geq (1.5 \sim 2.5) I_N$$

式中，I_{RN} 为熔体额定电流；I_N 为电动机额定电流。如果电动机轻载启动或启动时间较短，系数可取小些；相反，如果电动机是重载启动或启动时间较长，系数要取得大些。

三是当熔断器保护多台电动机时，熔体的额定电流可按下式选取：即

$$I_{RN} \geq (1.5 \sim 2.5) I_{N\,max} + \Sigma I_N$$

式中，$I_{N\,max}$ 为容量最大的一台电机的额定电流。ΣI_N 为其余电动机额定电流之和。

四是当熔断器用于配电线路时，通常采用多级熔断器保护；发生短路故障时，各级熔断器之间必须满足选择性配合，远离电源端的前级熔断器必须首先熔断，把故障切除，防止熔断器越级熔断而扩大停电范围，保证无故障线路能正常运行，一般后一级熔体的额定电流比前一级熔体的额定电流至少要大一个等级。

3．低压断路器

低压断路器也称自动开关或自动空气开关。它既是控制电器，同时又具有保护电器的功能。当电路中发生短路、过载等故障时，能自动切断电路。在正常情况下也可用作不频繁地接通和断开电路或控制电动机。低压断路器的功能相当于刀开关、熔断器、热继电器、过电流继电器组合，是一种既有手动开关作用，又能自动进行过载和短路保护的开关电器，是低压配电线路和电力拖动系统中非常重要的一种电器。

低压断路器具有操作方便、安全、工作可靠、动作值可调、分断能力高、兼顾多种保护功能、动作后不需要更换元件等优点，目前被广泛应用。

1）低压断路器的结构组成

低压断路器主要由主触头及灭弧装置、脱扣器、自由脱扣机构和操作机构等组成。低压断路器的原理示意图如图 3-10 所示，

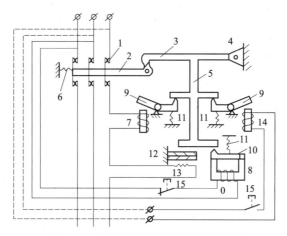

图 3 – 10　低压断路器结构原理示意图

1—主触头；2—锁键；3—搭扣（自由脱扣机构）；4—转轴；5—杠杆；6—复位弹簧；
7—过电流脱扣器；8—欠电压脱扣器；9，10—衔铁；11—弹簧；12—热脱扣器双金属片；
13—热脱扣器加热电阻丝；14—分励脱扣器；15—释放按钮

低压断路器结构图及图形文字符号如图 3 – 11 所示。

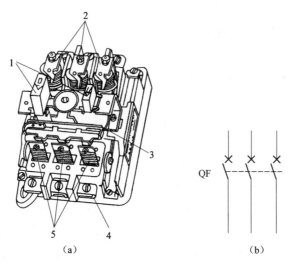

图 3 – 11　低压断路器结构图及图形文字符号

（a）结构图；（b）图形文字符号

1—按钮；2—电磁脱扣器；3—自由脱扣器；4—接线柱；5—热脱扣器

（1）主触头及灭弧装置：主触头用来接通和分断主电路，装有灭弧装置用于灭弧。

（2）脱扣器：包括过电流脱扣器、欠电压脱扣器、热脱扣器，是断路器的感受元件，当电路出现故障时，脱扣器感测到故障信号后，经自由脱扣机构使断路器主触头分断。

（3）自由脱扣机构（搭钩、转轴、杠杆）和操作机构（锁扣、弹簧）：自由脱扣机构是用来联系操作机构与主触头的机构，当操作机构处于闭合位置时，也可操作分励脱扣器（按下按钮 15，使分励脱扣器得电）进行脱扣，将主触头分开。

2）低压断路器的工作原理

低压断路器的三个主触头串接于三相电路中，通过手动或电动操作机构使断路器主触头闭合，将电路接通。触头闭合后，自由脱扣机构将触头锁在合闸位置上。当电路发生短路、过载或欠电压等故障时，通过各自的脱扣器使自由脱扣机构动作，自动跳闸以实现故障的保护作用。分励脱扣器则作为远距离控制分断电路之用。

（1）过电流脱扣器用于线路的短路和过电流保护，当线路的电流大于整定的电流值时，过电流脱扣器所产生的电磁力使搭钩脱扣，动触点在弹簧的拉力下迅速断开，实现短路或过电流故障时的自动跳闸功能。

（2）热脱扣器用于线路的过负荷保护，工作原理和热继电器相同，当电路过负荷时，热脱扣器的热元件发热使双金属片上弯曲增大，推动自由脱扣机构动作，使搭钩脱扣，实现过负荷时的自动跳闸功能。

（3）欠电压脱扣器用于电压过低或失压保护，欠电压脱扣器的线圈直接接在电源上，正常时处于吸合状态，断路器可以正常合闸；当停电或电压过低时，欠压脱扣器的吸力小于弹簧的反力，弹簧使动铁芯向上使搭钩脱扣，实现欠电压时的自动跳闸功能。

（4）分励脱扣器用于远距离控制跳闸，在正常工作时，其线圈是断电的，当需要远距离控制时，在远方按下按钮15，分励脱扣器得电产生电磁力，衔铁带动自由脱扣机构动作使断路器脱扣跳闸。

4．开关控制电路

学习了刀开关、熔断器、低压断路器三种常用低压电器，就可以通过操纵刀开关、组合开关或低压断路器等手动电器来实现电动机电源的接通与断开。图3－12所示为电动机启动、运行的几种手动控制方式。这种电路只有接通、断开主电路，没有控制电路，所以无法实现自动控制。

图3－12（a）所示为刀开关控制电动机起停电路。若为胶盖闸刀开关，由于其断流能力低，所控制的电动机功率不能超过5.5 kW。若采用铁壳开关控制，由于其灭弧能力较强、动作迅速，因此可用于控制28 kW以下的电动机的直接启动。

图3－12（b）所示为断路器控制电动机起停电路。断路器除具有手动操作功能外，在电路出现故障时还能通过脱扣器实现自动保护功能。可通过合理选用带脱扣器的断路器以实现对电动机的各种保护，如用带过电流脱扣器和热脱扣器的断路器除能实现手动接通和断开电路外，还能对电路进行短路和过载保护。

用刀开关控制电动机的启动时，不能用热继电器对电动机实现过载保护，只能采用熔断器实现短路保护，且电路无失压与欠压保护，对电动机的保护性能较差。同时，由于直接对主电路进行操作，安全性能也较差，操作频率低，不能实现远距离控制，只适合电动机容量较小、启动、换向不频繁的场合。

（二）接触器控制电路

接触器是一种自动控制电器，电流通断能力大，操作频率高且可实现远距离控制。接触器和按钮组成的控制电路是目前广泛采用的电动机控制方式。下面先来学习接触器、控制按钮、热继电器。

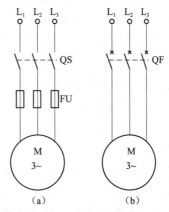

图3－12 电动机直接起动开关控制电路
(a) 刀开关控制电路；(b) 断路器控制电路

1. 接触器

接触器是一种用来自动接通或断开大电流电路的电器。它可以频繁地接通或分断交、直流电路，并可实现远距离控制，配合继电器可以实现定时操作，联锁控制，还具有失压及欠压保护，广泛应用于自动控制电路中，其主要控制对象是电动机，也可用于控制其他电力负载，如电热器、照明、电焊机、电容器组等。接触器具有控制容量大、过载能力强、寿命长、设备简单经济等特点，是电力拖动自动控制线路中使用最广泛的控制电器元件之一。

按照所控制电路的种类，接触器可分为交流接触器和直流接触器两大类。

1）交流接触器

（1）交流接触器的结构。交流接触器主要由以下四部分组成。

① 电磁机构：电磁机构由线圈、动铁芯（衔铁）和静铁芯组成，其作用是将电磁能转换成机械能，产生电磁吸力带动触头动作。

② 触头系统：包括主触头和辅助触头。主触头用于通断主电路，通常为三对常开触头（也有四对、五对主触头）。辅助触头用于控制电路，起电气联锁作用，故又称联锁触头，通常有两对常开触头和两对常闭触头。

③ 灭弧装置：容量在 10 A 以上的接触器都有灭弧装置，对于小容量的接触器，常采用双断口触点灭弧、电动力灭弧、相间弧板隔弧及陶土灭弧罩灭弧。对于大容量的接触器，采用纵缝灭弧罩及栅片灭弧。

④ 其他部件：包括反作用弹簧、缓冲弹簧、触点压力弹簧、传动机构及外壳等。

（2）交流接触器工作原理。线圈通电后，在铁芯中产生磁通及电磁吸力。此电磁吸力克服弹簧反力将活动衔铁吸合，通过传动机构带动触头动作，常闭触头断开，常开触头闭合，自锁、互锁或接通线路。线圈失电或线圈两端电压显著降低时，电磁吸力小于弹簧反力，使得衔铁释放，触头复位，断开线路或解除自锁、互锁。

（3）交流接触器的分类。

按主触头极数分：可分为单极、双极、三极、四极和五极接触器。单极接触器主要用于单相负荷，如照明负荷、弧焊机等；双极接触器用于绕线式异步电机的转子回路中，启动时用于短接启动绕组；三极接触器用于三相负荷，如在电动机的控制及其他场合，使用最为广泛；四极接触器主要用于三相四线制的照明线路，也可用来控制双回路电动机负载；五极交流接触器用来组成自耦补偿启动器或控制双速笼型电动机，变级调速时用于双星绕组接法。

按灭弧介质分：可分为空气式接触器、真空式接触器等。依靠空气绝缘的接触器用于一般负载，而采用真空绝缘的接触器常用在煤矿、石油、化工行业及电压等级在 660 V 和 1 140 V 等一些特殊的场合。

按有无触点分：可分为有触点接触器和无触点接触器。常见的接触器多为有触点接触器，而无触点接触器属于电子技术应用的产品，一般采用晶闸管作为回路的通断元件。由于可控硅导通时所需的触发电压很小，而且回路通断时无火花产生，因而常用于操作频率高的设备和易燃、易爆、无噪声的场合。

图 3-13 所示为交流接触器的外形结构与原理示意图。

（4）交流接触器的基本参数。

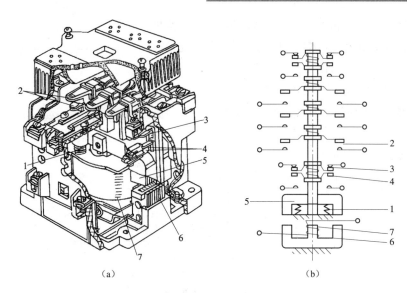

图 3-13 交流接触器外形结构与原理示意图
(a) 外形结构图；(b) 原理示意图
1—恢复弹簧；2—主触点；3—辅助动断触点；4—辅助动合触点；5—动铁芯；6—静铁芯；7—线圈

① 额定电压 U_N：指主触点额定工作承受的最大电压，应等于负载的额定电压。一只接触器常规定几个额定电压，同时列出相应的额定电流或控制功率。通常，最大工作电压即为额定电压，常用的额定电压值有 220 V、380 V、660 V 等。

② 额定电流 I_N：指接触器主触头在额定工作条件（额定电压、操作频率、触头寿命等）下允许通过的电流值。我国常用额定电流等级为 10 A、20 A、40 A、60 A、100 A、150 A、250 A、400 A、630 A 等。

③ 通断能力：通断能力以电流大小来衡量，可分为最大接通电流和最大分断电流。最大接通电流是指触头闭合时不会造成触头熔焊时的最大电流值；最大分断电流是指触头断开时能可靠灭弧的最大电流值。通断能力与接触器的结构及灭弧方式有关。

④ 动作电压值：可分为吸合电压和释放电压。吸合电压是指接触器可以吸合动作时线圈两端的最小电压值。释放电压是指接触器吸合后，接触器释放时线圈两端的最大电压。一般规定，吸合电压不低于线圈额定电压的 85%，释放电压不高于线圈额定电压的 70%。

⑤ 励磁线圈额定电压：接触器正常工作时，励磁线圈上所加的电压值。一般该电压数值以及线圈的匝数、线径等数据均标明于线包上，而不是标于接触器外壳铭牌上。励磁线圈额定电压有不同等级，有 36 V、127 V、220 V 和 380 V 等，使用时应加以注意。

⑥ 操作频率：接触器在接通电源到吸合瞬间，励磁线圈中通过的电流要比额定电流大 5~7 倍，如果操作频率过高，则会使线圈严重发热，直接影响接触器的正常使用甚至烧坏线圈。为此，规定了接触器的允许操作频率，一般为每小时允许操作的次数。

⑦ 使用寿命：包括电寿命和机械寿命。机械寿命是指不需修理的情况下所能承受的不带负载的操作次数，目前接触器的机械寿命可达 600 万~1 000 万次；电寿命是指在规定使用类别和正常操作条件下不需修理或更换零件的负载操作次数，一般电寿命约为机械寿命的 1/20 倍。

2）直流接触器

直流接触器的结构和工作原理基本与交流接触器相同。在结构上也是由电磁机构、触点系统和灭弧装置等部分组成。由于直流电弧比交流电弧难以熄灭，因此直流接触器常采用磁吹式灭弧装置灭弧。

(1) 接触器的图形文字符号与型号说明。

接触器的图形文字符号如图 3-14 所示。

接触器的型号说明如下：

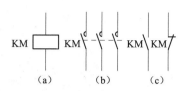

图 3-14 接触器的图形文字符号
(a) 接触器线圈符号；(b) 主触头符号；
(c) 辅助触头符号

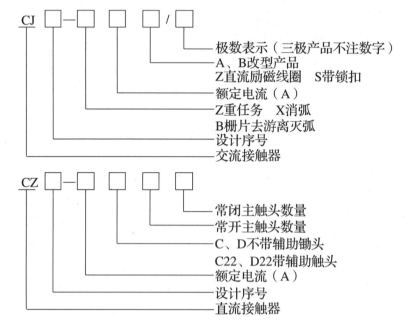

例如，CJ10Z-40 为交流接触器，设计序号 10，重任务型，额定电流 40 A，三个主触点。CJ12T-250B 为改型后的交流接触器，设计序号 12，额定电流 250 A，三个主触点。

(2) 接触器的选用。

交流接触器的选用，应根据负荷的类型和工作参数合理选用。

① 根据接触器控制负载的实际工作任务的繁重程度和性质选择接触器的类型。

② 额定电压应大于或等于主电路工作电压。

③ 额定电流应大于或等于被控电路的额定电流。对于电动机负载，应按电动机额定功率选取接触器的电流等级，同时要留有一定的余量。

④ 要根据控制的要求确定励磁线圈的额定电压与频率。

2．控制按钮

控制按钮是一种结构简单、应用非常广泛的主令电器，一般情况下它不直接控制主电路的通断，而在控制电路中发出手动"指令"去控制接触器、断电器等电器，再由它们去控制主电路。控制按钮的触头允许通过的电流很小，一般不超过 5 A。

1) 控制按钮的结构和工作原理

控制按钮由按钮帽、复位弹簧、桥式触点和外壳等组成，通常做成复合式，即具有常闭触点（动断触点）和常开触点（动合触点），如图 3-15 所示。

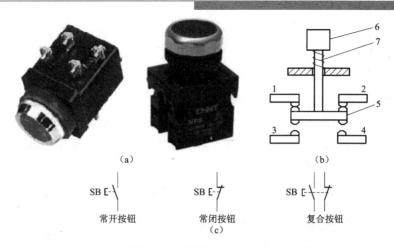

图 3-15 控制按钮外形结构示意图及图形文字符号
(a) 按钮实物图；(b) 按钮结构示意图；(c) 图形文字符号
1，2—常闭触头；3，4—常开触头；5—动触头；6—按钮帽；7—复位弹簧

按下按钮时，先断开常闭触点，后接通常开触点；按钮释放后，在复位弹簧的作用下，按钮触点自动复位的先后顺序与按下按钮时相反，即常开触点先恢复断开，常闭触点后恢复闭合，通常，在无特殊说明的情况下，有触点电器的触点动作顺序均为"先断后合"。

在电气控制线路中，常开按钮常用来控制电动机启动，也称启动按钮；常闭按钮常用于控制电动机停车，也称停车按钮；复合按钮用于联锁控制电路中。

2）控制铵钮的种类

按保护形式分：有开启式、保护式、防水式、防腐式等。

按结构形式分：有嵌压式、紧急式、钥匙式、旋钮式、带信号灯式、带灯揿钮式等。

按颜色分：有红、黑、绿、白、灰等。

常用的控制按钮有 LA2、LA10、LA18、LA20 系列。LA2 系列为仍在使用的老产品，新产品有 LA18、LA19、LA20 等系列。其中 LA18 系列采用积木式结构，触点数目可按需要拼装至六常开六常闭，一般装成二常开二常闭。LA19、LA20 系列有带指示灯和不带指示灯两种，前者按钮帽用透明塑料制成，兼作指示灯罩。

3）按钮的颜色

红色按钮用于"停止""断电"或"事故"。绿色按钮优先用于"启动"或"通电"，但也允许选用黑、白或灰色按钮。一钮双用的"启动"与"停止"或"通电"与"断电"，即交替按压后改变功能的，不能用红色按钮，也不能用绿色按钮，一般应用黑色、白色或灰色按钮。

按压时运动，抬起时停止运动（如点动、微动），应用黑色、白色、灰色或绿色按钮，最好是黑色按钮，而不能用红色按钮。

用于单一复位功能的，用蓝色、黑色、白色或灰色按钮。具有"复位""停止"与"断电"功能的用红色按钮。灯光按钮不得用作"事故"按钮。

4）按钮的选择原则

（1）根据使用场合，选择控制按钮的种类，如开启式、防水式、防腐式等。

（2）根据用途，选用合适的型式，如钥匙式、紧急式、带灯式等。

（3）按控制回路的需要，确定不同的按钮数，如单钮、双钮、三钮、多钮等。

(4) 按工作状态指示和工作情况的要求，选择按钮及指示灯的颜色。

3. 热继电器

电动机在实际运行中（如拖动生产机械进行工作的过程中），若机械出现不正常的情况或电路异常使电动机遇到过载，则电动机转速会下降、定子绕组中的电流将增大，使电动机的绕组温度升高。若过载电流不大且过载的时间较短，电动机绕组不超过允许温升，这种过载是允许的。但若过载时间较长，过载电流较大，电动机绕组的温升就会超过允许值，使电动机绕组绝缘加速老化，缩短电动机的使用寿命，严重时甚至会烧毁电动机。因此必须对电动机进行过载保护。热继电器就是利用电流的热效应原理，在出现电动机不能承受的过载时切断电动机电路，为电动机提供过载保护的电器。热继电器型式多样，其中常用的有：双金属片式（利用双金属片受热弯曲去推动杠杆使触头动作）、热敏电阻式（利用电阻值随温度变化而变化的特性制成的热继电器）、易熔合金式（利用过载电流发热使易熔合金达到某一温度值时，合金熔化而使继电器动作）等。使用最多、最普遍的是双金属片式热继电器。目前，双金属片式热继电器多为三相式，有带断相保护和不带断相保护两种。

1) 双金属片热继电器的结构及工作原理

热继电器的结构原理图和文字符号如图3-16所示。

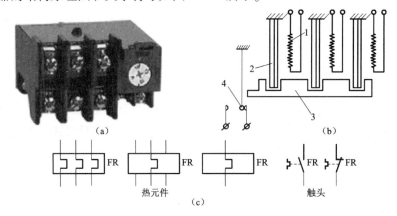

图 3-16 热继电器结构原理图和电气符号
(a) 实物图；(b) 工作原理图；(c) 图形文字符号
1—热元件；2—双金属片；3—推动机构；4—动断触头

热继电器主要由主双金属片、热元件、复位按钮、动作机构、触点系统、电流调节旋钮、复位机构、温度补偿元件等组成。

热继电器的工作原理如下：热元件由发热电阻丝做成，并绕在主双金属片外表面，串接于电动机的主电路中，通过热元件的电流就是电动机的工作电流。主双金属片是一种热感测元件，由两种热膨胀系数不同的金属辗压而成，当双金属片受热时，会出现弯曲变形。在电动机正常运行时，热元件产生的热量虽能使双金属片弯曲，但还不足以使热继电器的触点动作。当电动机过载时，双金属片弯曲位移增大，推动导板使常闭触点断开，通过控制电路切断电动机的工作电源起到保护作用。

热继电器动作电流的调节是通过旋转电流调节凸轮来实现的。电流调节凸轮为一个偏心轮，旋转它可以改变动作机构和动触点之间的传动距离，距离越长，动作电流就越大；反之，动作电流就越小。

热继电器复位方式有自动复位和手动复位两种,将复位螺丝旋入,可使双金属片冷却后动触点自动复位;如将复位螺丝旋出,双金属片冷却后动触点不能自动复位,为手动复位方式。此方式下,必须按下手动复位按钮才能使触点手动复位。

热继电器的断相保护功能是由内、外导板组成的差动放大机构来实现的,其动作原理示意图如图3-17所示。

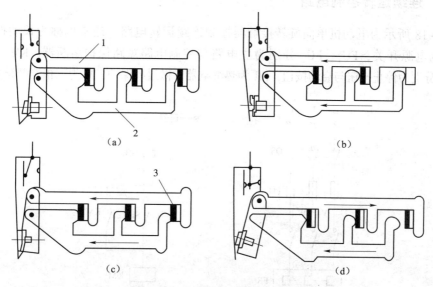

图 3-17 差动式断相保护装置示图
(a) 通电前; (b) 三相通有额定电流; (c) 三相均衡过载; (d) 一相断电故障
1—内导板; 2—外导板; 3—双金属片

当电动机三相均衡过载时,通过三个热元件的电流相等,三相双金属片都受热向左弯曲,推动外导板(同时带动内导板)向左移动超过临界位置,通过补偿双金属片和推杆等机械带动,常闭触点断开。当出现电源一相断线而造成缺相时,该相电流为零,该相的双金属片冷却复位,使内导板向右移动,另两相的双金属片因电流增大而弯曲程度增大,使外导板更向左移动,由于内外两导板一左一右地反向移动,产生差动作用,导致相对移动量增大,并在杠杆的放大作用下,在出现断相故障后很短的时间内热继电器就迅速动作,常闭触头断开,切断控制回路,使交流接触器断电释放,电动机断电停车而得到保护。

2) 热继电器的型号

常用的热继电器产品有 JR16、JR20、JR36、JRS1、T 等系列, JR16、JR20、JR36、JRS1 系列热继电器具有断相保护、温度补偿、整定电流可调、手动复位功能。T 系列产品,规格齐全,整定电流可达 500 A,常与新型 B 系列交流接触器配套使用。

3) 热继电器的选择原则

热继电器主要用于电动机的过载保护,使用中应考虑电动机的工作环境、启动情况、负载性质等因素,具体应按以下几个方面来选择:

(1) 热继电器结构形式的选择:星形接法的电动机可选用两相或三相结构热继电器,三角形接法的电动机应选用带断相保护装置的三相结构热继电器。

(2) 热继电器的动作电流整定值一般为电动机额定电流的 1.05~1.1 倍。但对过载能力较差的电动机,通常按小于或等于电动机的额定电流来整定热继电器的动作电流。

(3) 对于重复短时工作的电动机(如起重机电动机),由于电动机不断重复升温,热继电器双金属片的温升跟不上电动机绕组的温升,电动机将得不到可靠的过载保护。因此,不宜选用双金属片热继电器,而应选用过电流继电器或能反映绕组实际温度的温度继电器来进行保护。

(三) 连续运转控制电路

图 3-18 所示为电动机单向旋转接触器控制连续运转电路。通常也称为长动控制电路。图中 QS 为电源开关,FU_1、FU_2 分别为主电路与控制电路短路保护熔断器,KM 为接触器,SB_1、SB_2 分别为停止按钮与启动按钮,FR 为热继电器,做过载保护,M 为三相笼型异步电动机。

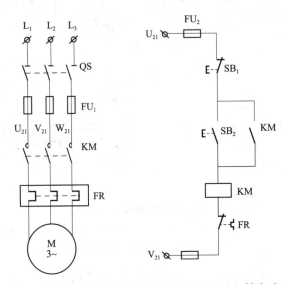

图 3-18 电动机单向旋转接触器控制连续运转电路

1. 电路工作原理

合上电源开关 QS:

由工作原理知,当松开启动按钮 SB_2 时,KM 线圈仍通过自身常开触头这一路径继续保持通电,从而使电动机获得连续运转。这种依靠接触器自身辅助触头保持线圈通电的电路称为自保电路(自锁电路),而这对常开辅助触头称为自保触头(自锁触头)。

2. 电路保护环节

(1) 短路保护:由熔断器 FU_1、FU_2 分别实现主电路与控制电路的短路保护。

(2) 过载保护:由热继电器 FR 实现电动机的长期过载保护。当电动机出现长期过载时,串接在电动机定子电路中的发热元件使双金属片受热弯曲,经联动机构使串接在控制电路中的常闭触头断开,切断接触器 KM 线圈电路,KM 复位,KM 主触头断开电动机电源,实现过载保护。

（3）欠压和失压保护：具有自保电路的接触器控制具有欠压与失压保护作用。欠压保护是指当电动机电源电压降低到一定值时能自动切断电动机电源的保护；失压（或零压）保护是指运行中的电动机电源突然断电而停转，而一旦恢复供电时，电动机不至于自行启动的保护。

（四）点动控制电路

生产机械不仅需要连续运转，同时在做调整工作时还需要点动控制，图3-19所示为电动机点动控制电路。点动控制电路与连续运行控制电路的根本区别在于有无自保电路，从主电路上看连续运转电路中应装设热继电器作长期过载保护，而对于点动电路中电动机不长期工作，主电路可不接热继电器。图3-19所示为点动控制电路的基本类型，其工作原理为：

合上电源开关QS：

按下SB→KM线圈得电→KM主触头闭合→电动机启动运转；

松开SB→KM线圈失电→KM主触头断开→电动机断电停转。

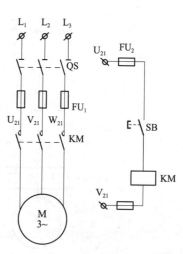

图3-19 电动机点动控制电路

这种只有按下SB时，电动机才旋转，放开SB时就停转的电路，称为点动或瞬动控制电路。

（五）点动与长动控制电路

点动与长动控制是异步电动机两种不同的控制方式，在实际工作中，单独的点动控制电路很少采用，通常都是点动与长动控制结合一起使用，如机床要对刀调整时，可进行点动控制；在切削加工时，应采用长动控制。所以将点动与长动控制结合起来使用，使同一台电动机既能点动又能长动，以满足控制的要求。

如图3-20（a）所示为既能点动也能长动的控制电路。其工作原理如下：

合上电源开关QS：

1. 点动控制

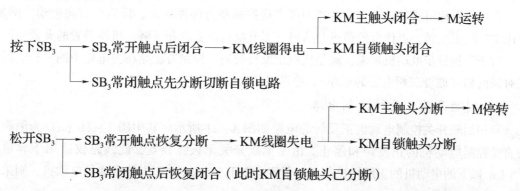

2. 连续控制

启动：按下SB_2 → KM线圈得电 → KM主触头闭合 ┐
　　　　　　　　　　　　　　　　└ KM自锁触头闭合自锁 ┘ → 电动机M启动连续运转

停止：按下SB_1 → KM线圈失电 → KM主触头断开 ┐
　　　　　　　　　　　　　　　　└ KM自锁触头分断解除自锁 ┘ → 电动机M失电停转

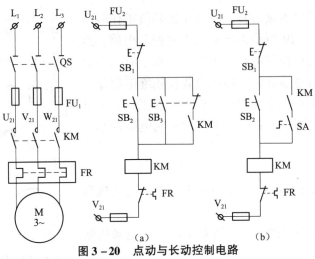

图3-20　点动与长动控制电路

必须指出，这种电路中，要求点动按钮的常闭触点恢复闭合的时间应大于接触器的释放时间，否则将使自锁回路接通而不能实现点动控制。通常接触器的释放时间很短，有几十毫秒，故上述电路一般是可以用的。但是在接触器遇到故障而使其释放时间大于点动按钮的恢复时间时，将会产生误动作。为此，将电路进一步改进为如图3-20（b）所示的既可以点动又可以长动的控制电路。这种电路在自锁触点的支路中串有转换开关SA。当开关SA断开时，切断了自锁电路，故为点动控制，可进行机床的对刀调整。当机床调整完毕要正常运行时，必须闭合开关SA，这样就接通了自锁电路，电动机启动时，按下SB_2，KM常开触点闭合自锁，便可连续运行。

二、三相异步电动机正反转控制电路

正反转也称可逆旋转，它在生产中可实现控制动力部件向正、反两个方向运动。例如，机床主轴的正反转，工作台的前进与后退，提升机构的上升和下降，机械装置的夹紧与松开等。对于三相异步电动机来说，就是实现正反转控制。控制方法是将主电路中的三相电源任意对调两相（改变三相电源的相序），电动机就会改变转向。

1. 倒顺开关正反转控制电路

利用倒顺开关控制电动机正反转的电路如图3-21所示。其中图3-21（a）为倒顺开关直接控制电动机的正反转和停止。由于倒顺开关无灭弧装置，此线路仅适用于容量在5.5 kW以下的电动机的正反转控制。对于容量大于5.5 kW，能直接启动的电动机，则采用

图 3-21（b）所示的电路来控制。在图 3-21（b）所示电路中，倒顺开关仅用来预选电动机的旋转方向，而由按钮来控制接触器接通与断开电源，实现电动机的启动与停止。所以其控制电路实质为电动机单向旋转控制电路，而主电路引入倒顺开关，实现其预先旋转方向的确定。此电路采用了接触器控制，并接入了热继电器 FR，所以电路具有长期过载保护和欠压与零压保护。此电路的不足是：旋转方向的改变，必须在切断电源后，通过倒顺开关改变旋转方向，再通过控制电路来完成。

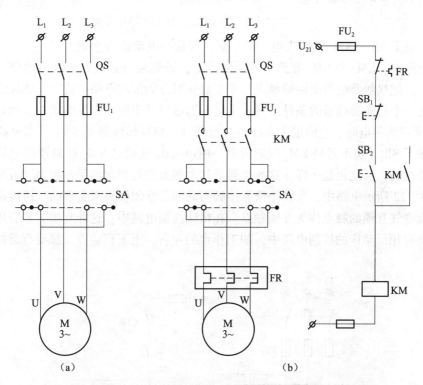

图 3-21　倒顺开关控制电动机的正反转电路
（a）由倒顺开关直接控制电动机的正反转；（b）由倒顺开关-接触器控制

2. 按钮、接触器控制的正反转控制电路

1）接触器互锁正反转控制电路

图 3-22 所示为接触器互锁正反转控制电路。图中 KM_1 为正转接触器，KM_2 为反转接触器。在主电路中，KM_1 的主触点和 KM_2 的主触点可分别接通电动机的正转和反转主电路。其工作原理为：

合上电源开关 QS：

正转控制：

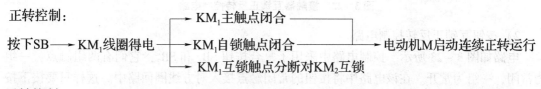

反转控制：

停止：按下 SB_3→KM_2 线圈失电→KM_2 触点复位→电动机 M 停转

从主电路看，KM_1 和 KM_2 显然不能同时得电，否则会引起电源的严重短路。所以，在控制电路中，把接触器的常闭辅助触点互相串联在对方的控制电路中进行互锁控制。这种电路中，任何一个接触器接通的条件是另一个接触器必须处于断电释放的状态。例如正转接触器 KM_1 线圈接通得电时，它的辅助常闭触点被断开，将反转接触器 KM_2 线圈回路切断。此时，即使按下 SB_2，也不可使 KM_2 线圈得电，所以 KM_2 线圈在 KM_1 接触器得电的情况下是无法接通得电的。反之也是一样。这种接触器辅助触点的互相制约关系称为"互锁"。

在图 3-22 所示电路中，互锁是依靠接触器的辅助常闭触头来实现的，所以也称为电气互锁。实现电气互锁的触点称为互锁触点。在机床控制电路中，这种互锁关系应用是极其广泛的。只要有相反动作的控制电路中，如工作台的左右、上下移动等，都要有类似这种互锁的控制。

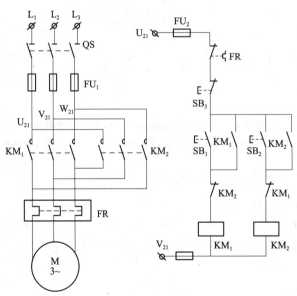

图 3-22　接触器互锁正反转控制电路

2）按钮互锁正反转控制电路

电路如图 3-23 所示。控制电路中采用了复合按钮 SB_1 和 SB_2，它们有两组触点：一组为常闭，一组为常开。在该电路中将按钮的常闭触点接入对方线圈回路中。这样只要按下按钮，就自然切断了对方线圈回路，从而实现互锁。这种互锁是利用手动控制按钮这种机械的方法来实现的，为了区别与接触器触点的互锁（电气互锁），所以称按钮互锁为机械互锁。

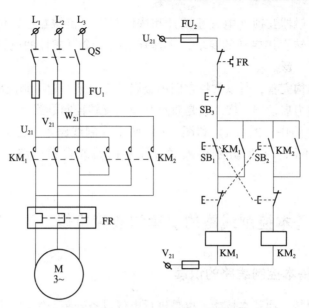

图 3-23 按钮互锁正反转控制电路

但只有按钮进行互锁，电路是不可靠的。在实际应用中可能出现这样的情况，由于负载短路或大电流的长期作用，接触器的主触点被强烈的电弧"烧焊"在一起，或者是接触器的机构失灵、老化或剩磁的原因，使衔铁总是卡住在吸合的状态，这都可能使主触点不能断开，这时如果操作相反旋转方向的按钮，使另一接触器也得电吸合，就会使主电路短路，造成重大事故。所以，这种控制线路的安全性较低，实际中不宜采用。

3）双重互锁正反转控制电路

图 3-24 所示为双重互锁正反转控制电路，也称为防止相间短路的正反转控制电路。

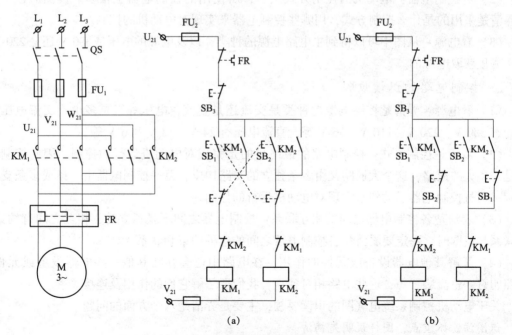

(a)　　　　　　　　　(b)

图 3-24 双重互锁正反转控制电路

该电路结合了接触器互锁（电气互锁）和按钮互锁（机械互锁）的优点，是一种比较完善的既能实现正反转直接启动的要求，又具有较高安全可靠性的电路。这种电路操作方便、安全可靠、应用广泛。

由于这种线路结构完善，所以常将它们用金属外壳封装一起，制成成品直接供给用户使用，其名称为可逆磁力启动器，实质就是双重互锁正反转控制电路。

图3-24所示电路中，图（a）和图（b）两个控制线路不同之处在于复合按钮中的常闭触点串联位置不同，它们分别串入对方线圈回路或自锁回路，同样都能达到互锁目的。

三、电动机基本控制线路的识读和故障检修

（一）电动机基本控制线路的识读

会看图和看懂图是一项基本技能，也是进行电气设备安装、维护和检修的前提条件。电动机电气控制图一般由三部分组成，即电源电路、主电路和辅助电路（包括控制电路、信号电路和照明电路）。识读电路图要了解电路图的绘制方法，也要对常用电气设备的图形符号和文字符号十分熟悉。

读图的基本步骤是先看主电路，后看辅助电路，识读应按以下步骤进行：

1. 主电路的识读步骤

（1）看电气设备：要从图中看清楚有几个用电设备，弄清楚每一设备的类别、用途、接线方式及一些特殊要求等。

（2）看控制电器：电动机的控制方式很多，所使用的控制电器也很多。读图时，一定要弄清楚采用的是什么控制方式，用哪些控制电器来实现对电动机的控制。

（3）看电源：从图中可以得到主电路电源的种类，以及电源的电压是380 V还是220 V；是从哪里获取电源的。

2. 控制电路的识读步骤

（1）看电源：弄清楚控制电源的种类是交流还是直流，电压等级是多少。交流电压常用的有380 V、220 V、110 V、36 V等，直流电压有24 V、12 V和6 V等。

（2）看清楚控制方式：控制电路的最终目的是完成对电动机运行的控制，因此控制电路是一条大的通路，这个大通路又由多条独立的支路构成，每一控制电器由一条或多条支路控制，通过控制电器的动作来实现对电动机运行的控制。

（3）看清楚各控制电器之间的相互联系：控制电器之间不是孤立的，相互之间有约束、有联系，读图时，一定要看清楚各控制电器之间的这种约束和联系。

（4）了解其他电器设备或元件的作用：在电路中还会存在其他一些电器设备或元件，如照明灯、整流装置等，这些电路相对独立，我们要了解它们的作用及连接关系。

关于电动机控制系统电气图的识读要领，主要是弄清楚八个方面的问题：

识图注意抓重点，图样说明先搞清。

主辅电路有区别，交流直流要分清。

读图次序应遵循，先主后辅思路清。
细细解读主电路，设备电源当查清。
辅助电路较复杂，各条回路须理清。
各个元件有联系，功能作用应弄清。
控制关系讲条件，动作情况看得清。
综合分析与归纳，一个图样识得清。

说明：识图注意抓重点，图样说明先搞清——图样说明包括图样目录、技术说明、元件明细表和施工说明书等。识图时，首先看图样说明，搞清设计内容和施工要求，这有助于了解图样的大体情况，抓住识图重点。

读图次序应遵循，先主后辅思路清——读图的基本步骤是先看主电路，后看辅助电路，并根据辅助电路各分回路中控制元件的动作情况，研究辅助电路如何对控制电路进行控制。

细细解读主电路，设备电源当查清——电动机所在的电路是主电路，看图时首先要看清楚主电路中有几个用电器（如电动机、电炉等），它们的类别、用途、接线方式以及一些不同的要求等是什么。要看清楚主电路中的用电器是采用什么控制元件进行控制的，是用几个控制元件控制的。实际电路中对用电器的控制方式有多种，有的用电器只用开关控制，有的用电器用启动器控制，有的用电器用接触器或其他继电器控制，有的用电器用程序控制器控制，而有的用电器直接用功率放大集成电路控制。正是由于用电器种类繁多，因此对用电器的控制方式就有很多种，这就要求分析清楚主电路中的用电器与控制元件的对应关系。看清楚主电路中除用电器以外的其他元件，以及这些元件所起的作用。

辅助电路较复杂，各条回路须理清——弄清辅助电路中每个控制元件的作用，各控制元件与主电路中用电器的控制关系。辅助电路是一个大回路，而在大回路中经常包含着若干个小回路，在每个小回路中有一个或多个控制元件。一般情况下，主电路中的用电器越多，则辅助电路中的小回路和控制元件也就越多。

各个元件有联系，功能作用应弄清——在电路中，所有电气设备、装置和控制元件都不是孤立存在的，而是相互之间都有密切联系的，有的元件之间是控制与被控制的关系，有的是相互制约关系，有的是联动关系。在辅助电路中控制元件之间的关系也是如此。

控制关系讲条件，动作情况看得清——弄清辅助电路中各控制元件的动作情况和对主电路中用电器的控制作用是看懂电路图的关键。研究辅助电路中各个控制元件之间的约束关系，是分析电路工作原理和看电路图的重要步骤。

综合分析与归纳，一个图样识得清——在看电路图时，要学会综合分析与归纳，只有搞清各个电气元件的性能、相互控制关系以及在整个电路中的地位和作用，才能搞清电路的工作原理，否则无法看懂电路图。

（二）电动机基本控制线路的故障检修

下面以电动机单向旋转控制电路为例，简述电动机基本控制线路故障检修的一般步骤和方法（电路见图3-18）。

1. 用试验法观察故障现象，初步判定故障范围

试验法是在不扩大故障范围，不损坏电气设备和机械设备的前提下，对线路进行通电试

验，通过观察电气设备和电器元件的动作，看它是否正常，各控制环节的动作程序是否符合要求，找出故障发生部位或回路。

2. 用逻辑分析法缩小故障范围

逻辑分析法是根据电气控制线路的工作原理、控制环节的动作程序以及它们之间的联系，结合故障现象做具体的分析，迅速地缩小故障范围，从而判断出故障所在。这种方法是一种以准为前提，以快为目的的检查方法，特别适用于对复杂线路的故障检查。

3. 用测量法确定故障点

测量法是利用电工工具和仪表（如测电笔、万用表、钳形电流表、兆欧表等）对线路进行带电或断电测量，是查找故障点的有效方法。下面介绍电压分阶测量法和电阻分阶测量法，关于其他的测量方法将在以后介绍。

1）电压分阶测量法

测量检查时，首先把万用表的转换开关置于交流电压 500 V 的挡位上，然后按如下方法进行测量：

断开主电路，接通控制电路的电源。若按下启动按钮 SB_1 时，接触器 KM 不吸合，则说明控制电路有故障。

检测时，需要两人配合进行。一人先用万用表测量如图 3 - 25 所示 0 - 1 两点间的电压，若为 380 V，则说明控制电路的电源电压正常。然后另一人按下启动按钮 SB_1 不放，一人把黑表棒接到 0 点上，红表棒依次接到 2、3、4 各点上，分别测量出 0 - 2、0 - 3、0 - 4 两点间的电压。根据其测量结果即可找出故障点，见表 3 - 1。

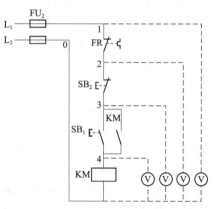

图 3 - 25　电压分阶测量法

表 3 - 1　电压分段测量法查找故障点

故障现象	测试状态	0 - 2	0 - 3	0 - 4	故障点
按下 SB_1 时 KM 不吸合	按下 SB_1 不放	0	0	0	FR 常闭触头接触不良
		380 V	0	0	SB_2 常闭触头接触不良
		380 V	380 V	0	SB_1 接触不良
		380 V	380 V	380 V	KM_2 常闭触头接触不良

这种测量方法像下（或上）台阶一样依次测量电压，所以叫电压分阶测量法。

2）电阻分段测量法

（1）测量检查时，首先切断电源，然后把万用表的转换开关置于倍率适当的电阻挡，然后按如图 3 - 26 所示方法进行测量。

（2）断开主电路，接通控制电路电源。若按下启动按钮 SB_1 时，接触器 KM 不吸合，则说明控制电路有故障。

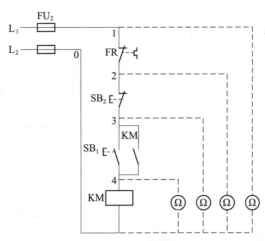

图 3-26　电阻分阶测量法

（3）检测时，首先切断控制电路电源（这点与电压分阶测量法不同），然后一人按下 SB_1 不放，另一人用万用表依次测量 0-1、0-2、0-3、0-4 各两点之间的电阻值，根据测量结果可找出故障点，见表 3-2。

表 3-2　电阻分阶测量法查找故障点

故障现象	测试状态	0-1	0-2	0-3	0-4	故障点
按下 SB_1 时 KM 不吸合	按下 SB_1 不放	∞	R	R	R	FR 常闭触头接触不良
		∞	∞	R	R	SB_2 触头接触不良
		∞	∞	∞	R	SB_1 触头接触不良
		∞	∞	∞	∞	KM 线圈断路

注：R 为 KM 线圈电阻值。

（4）根据故障点的不同情况，采取正确的维修方法排除故障。
（5）检修完毕，进行通电空载校验或局部空载校验。
（6）校验合格，通电正常运行。

在实际维修工作中，由于电动机控制线路的故障不是千篇一律的，即使同一种故障现象，发生的故障部位也不一定相同，因此，采用以上故障检修步骤和方法时，不要生搬硬套，而应按不同的故障情况灵活运用，妥善处理，力求迅速、准确地找出故障点，查明故障原因，及时正确地排除故障。

实训 3-1　电动机单向旋转接触器控制电路的安装

在学习了小容量三相异步电动机单相旋转直接启动控制电路的工作原理后，为接近实际，掌握控制线路的安装、调试，加深对实际应用中的电器元件、导线的认识，进行下列的实际操作。

1. 线路原理图

如图 3-27 所示，其中图 3-27（a）为电路原理图，图 3-27（b）为电器布置图，图 3-27（c）为接线图。

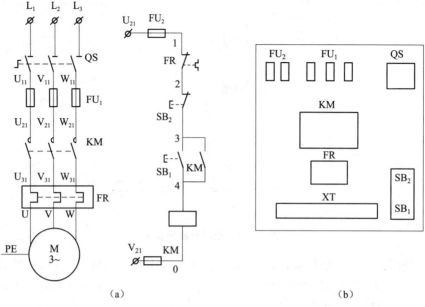

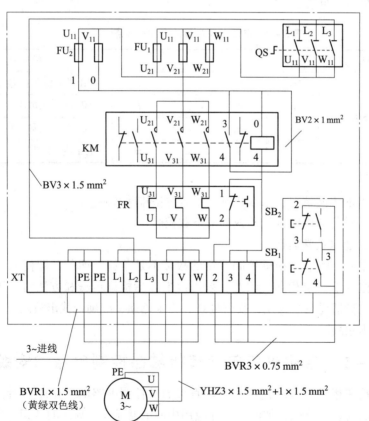

图 3-27 接触器自锁单向运转控制电路
(a) 原理图；(b) 电器布置图；(c) 安装接线图

2．实习目的

掌握单向旋转控制线路的安装、调试。

3．工具、仪表及器

(1) 工具：螺钉旋具、尖嘴钳、平口钳、斜口钳、剥线钳等。

(2) 仪表：MF47型万用表、兆欧表。

(3) 器材：

① 控制板一块。

② 导线规格：主电路采用 BV1.5 mm^2；控制回路采用 BV1 mm^2；按钮线采用 BVR0.75 mm^2；接地线采用 BVR1.5 mm^2（黄绿双色）。导线数量由教师根据实际情况确定。导线的颜色在初级阶段训练时，除接地线外，可不必强求，但应使主电路与控制电路有明显区别。

③ 电器元件明细表。电器元件明细见表 3－3。

表 3－3　电器元件明细

序号	代号	名称	型号	规格	数量
1	M	三相异步电动机	Y112M－4	4 kW，380 V，△接法，8.8 A，1 440 r/min	1
2	QS	组合开关	HZ10－25/3	三极，额定电流25 A	1
3	FU$_1$	螺旋式熔断器	RL1－60/25	500 V，60 A，配熔体额定电流25 A	3
4	FU$_2$	螺旋式熔断器	RL1－15/2	500 V，15 A，配熔体额定电流2 A	2
5	KM	交流接触器	CJ10－10	10 A，线圈电压 380 V	1
6	SB	按钮	LA10－3H	保护式，按钮数3（代用）	1
7	XT	端子板	JX2－1015	10 A，15 节，380 V	1
8	FR	热继电器	JR16－20/3	热元件编号10，热元件额定电流11 A	1
9		其他		紧固件、编码套管若干	

4．安装步骤和工艺要求

(1) 识读长动单向旋转控制线路，明确线路所用电器元件及作用，熟悉线路的工作原理。

(2) 按元件明细表配齐所用电器元件，并进行检验。

(3) 在控制板上按布置图安装电器元件，并贴上醒目的文字符号。

元件安装工艺要求如下：

① 熔断器的安装：熔断器的受电端子应安装在控制板的外侧，并使熔断器的受电端为底座的中心端。

② 各元件的安装位置应整齐，匀称，间距合理，便于元件的更换。

③ 紧固各元件时要用力均匀，紧固程度适当。

(4) 按接线图的走线方法进行板前明布线和套编码管。

布线工艺要求如下：

① 布线通道尽可能少，同路并行导线按主电路和控制电路分类集中，单层密排，紧贴安装面进行布线。

② 布线顺序一般以接触器为中心，由里到外，由低至高，按照先接控制电路，后接主

电路的次序进行，以不妨碍后续布线为原则。

③ 同一平面的导线应高低一致或前后一致，不能交叉。非交叉不可时，该根导线应在接线端子引出时，就水平架空跨越，也属于走线合理。

④ 布线时应横平竖直，分布均匀。变换走向时应垂直。

⑤ 同一元件、同一回路的不同接点的导线间距离应保持一致。

⑥ 布线时严禁损伤线芯和导线绝缘。

⑦ 导线与接线端子或接线桩连接时，不得压绝缘层，不反圈，不露铜过长。

⑧ 一个电器元件接线端子上的连接导线不得多于两根，每节接线端子板上的连接导线一般只允许连接一根。若有两根导线一定要接到同一端子上，则需要用并接头先将两根导线并在一起，然后再接到接线端子上。

⑨ 在每根剥去绝缘层导线的两端套上编码套管。所有从一个接线端子（或接线桩）到另一个接线端子（或接线桩）的导线必须连续，中间无接头。

（5）根据电路原理图检查控制板布线的正确性。

（6）安装电动机。

（7）连接电动机和按钮金属外壳的保护接地线。

（8）连接电源、电动机等控制板外部的导线。

（9）自检：

① 按电路图或接线图从电源端开始，逐端核对接线及接线端子处线号是否正确，有无漏接、错接之处。检查接点是否符合要求，压接是否牢固。接触应良好，以免带负载运行时产生闪弧现象。

② 用万用表检查线路的通端情况，检查时，应选用倍率适当的电阻挡，并进行校零，以防短路故障发生。对控制电路的检查（可断开主电路），将表棒分别搭在 U_{21}、V_{21} 线端上，读数应为 ∞。按下 SB_1 时，读数应为接触器线圈的直流电阻值。然后断开控制电路，检查主电路有无开路或短路现象。人为按下 KM 主触头架，测量 $U_{21} - U_{31}$、$V_{21} - V_{31}$、$W_{21} - W_{31}$ 的导通情况，它们都应该导通。然后松开 KM 主触头架，测量 $U_{21} - U_{31}$、$V_{21} - V_{31}$、$W_{21} - W_{31}$ 两点间应该是断开的。

（10）交验：交指导教师检查无误后方可通电试车。

（11）通电试车：

为保证人身安全，在通电试车时，要认真执行安全操作规程的有关规定，一人监护，一人操作，试车前应检查与通电试车有关的电气设备是否有不安全的因素存在，若查出应立即整改，然后方能试车。

① 通电试车前，必须征得教师同意，并由教师接通三相电源 L_1、L_2、L_3，同时指导教师在现场监护。

② 学生合上 QS，用测电笔检查熔断器出线端，氖管亮说明电源已接通。

③ 按下启动按钮 SB_1，观察接触器吸合是否正常，此时 KM 应吸合。观察电器元件动作是否灵活，有无卡阻及噪声过大等现象。

④ 松开 SB_1，接触器 KM 继续吸合，电动机单向旋转，按下停止按钮 SB_2，KM 断电松开，电动机自然停车。

⑤ 试车成功率以通电后第一次按下按钮时计算。

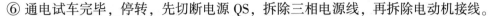

⑥ 通电试车完毕，停转，先切断电源 QS，拆除三相电源线，再拆除电动机接线。

5．注意事项

（1）电动机及按钮的金属外壳必须可靠接地。接至电动机的导线必须穿在导线通道内加以保护，或采用坚韧的四芯橡皮线或塑料护套线进行临时通电检验。

（2）电源进线应接在螺旋式熔断器的下接线座上，出线则应接在上接线座上。

（3）按钮内接线时，不可用力过猛，以防螺钉打滑。

（4）在试车过程中，若有异常现象应马上停车，不得对线路接线是否正确进行带电检查。

（5）训练应在规定定额时间内完成。

6．评分标准

评分标准见表 3-4。

表 3-4 评分标准

班级		姓名		
项目内容	配分	评分标准		扣分
安装元件	15	（1）不按电器布置图安装元件扣 15 分 （2）元件安装不紧固每只扣 4 分 （3）元件安装不整齐、不匀称、不合理每只扣 3 分 （4）损坏元件扣 15 分		
布线	35	（1）不按电气原理图接线，扣 25 分 （2）布线不符合要求：主电路每根扣 4 分 　　　　　　　　　　控制电路每根扣 2 分 （3）接点不符合要求，每个接点扣 1 分 （4）损伤导线绝缘或线芯，每根扣 5 分 （5）漏接接地线扣 10 分		
通电试车	50	（1）第一次试车不成功扣 20 分 （2）第二次试车不成功扣 35 分 （3）第三次试车不成功扣 50 分		
安全文明生产		违反安全文明生产规程扣 5~50 分		
定额时间 2.5 h		每超时 2 min 扣 1 分计算		
备注		各项扣分不得超过该项配分	成绩	
开始时间		结束时间	实际时间	

单向旋转控制电路，有刀开关控制电路，断路器控制电路，接触器控制电路。接触器控制电路有点动、长动电路和既能长动又能点动的控制电路。实际的控制电路一般是既能长动又能点动的控制电路，点动电路与长动电路的差异是有无自锁回路。要接成既能长动又能点动的电路，可以在自锁回路中串入一个选择开关。当开关打开时，相当于自锁回路去掉，电路实现点动控制，当开关闭合时，自锁回路接通，电路实现长动控制。安装单向旋转控制电路时，可在长动控制电路的基础上，保持原来的工艺，增加一个选择开关，来完成点动和长动功能。在指导老师的监护下，完成次电路的调试任务。

实训 3-2　三相异步电动机的正反转控制线路的安装

实现三相异步电动机正反转的控制电路很多，不同的使用场合应采用不同的控制线路。现进行三相异步电动机的正反转控制线路安装，目的是在了解电路原理后，掌握其安装方法。下面以双重互锁正反转控制电路为例，进行线路安装与检修。

1. 线路原理图

双重互锁正反转控制电路如图 3-28 所示。

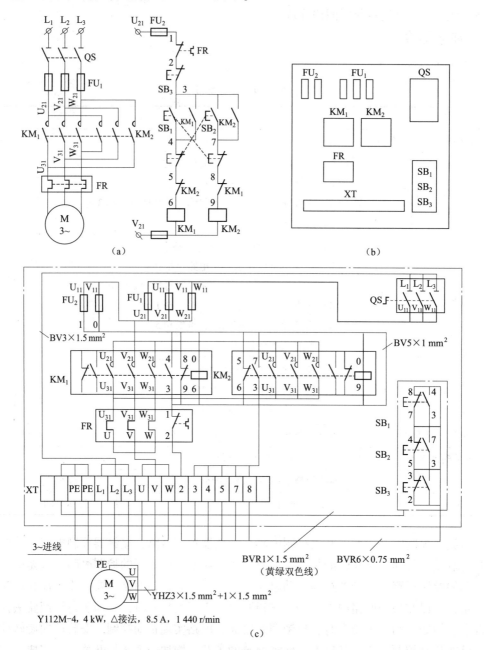

图 3-28　双重互锁正反转控制电路

(a) 电路图；(b) 电器布置图；(c) 安装接线图

2. 目的要求

掌握双重互锁正反转控制线路的正确安装及进行检修训练。

3. 工具、仪表及器材

(1) 工具：螺钉旋具、尖嘴钳、平口钳、斜口钳、剥线钳、测电笔、电工刀等。

(2) 仪表：MF47 型万用表，兆欧表，钳形电流表。

(3) 器材：控制板一块，连接导线和元器件；

导线规格：主电路采用 BV1.5 mm² 塑铜线；控制回路采用 BV1 mm² 塑铜线；按钮线采用 BVR0.75 mm²；接地线采用 BVR1.5 mm²（黄绿双色）。导线数量由教师根据实际情况确定。导线的颜色在初级阶段训练时，除接地线外，可不必强求，但应使主电路与控制电路有明显区别。电器元件明细见表 3-5。

表 3-5　电器元件明细

代号	名称	型号	规格	数量
M	三相异步电动机	Y112M-4	4 kW, 380 V, △接法, 8.8 A, 1 440 r/min	1
QS	组合开关	HZ10-25/3	三极，额定电流 25 A	1
FU_1	螺旋式熔断器	RL1-60/25	500 V, 60 A, 配熔体额定电流 25 A	3
FU_2	螺旋式熔断器	RL1-15/2	500 V, 15 A, 配熔体额定电流 2 A	2
KM_1、KM_2	交流接触器	CJ10-10	10 A，线圈电压 380 V	2
FR	热继电器	JR16-20/3	三极、20 A、额定电流 8.8 A	1
$SB_1 \sim SB_3$	按钮	LA10-3H	保护式、380 V、5 A、按钮数 3	1
XT	端子板	JX2-1015	10 A, 15 节, 380 V	1

4. 安装训练步骤和工艺要求

(1) 识读电路图，熟悉线路所用电器元件和作用，以及线路的工作原理。

(2) 检查电器元件的质量是否合格。

(3) 根据电器布置图，在控制板上按布置图固定元件，并贴上文字符号。

(4) 识读接线图，在控制板上按接线图的走线方法进行接线，板前明布线和套编码管。要做到布线横平竖直、整齐、分布均匀、紧贴安装面、走线合理；套编码管要正确；严禁损伤线芯和导线绝缘；接点牢固，不得松动，不得压绝缘层，不反圈及不露铜过长等。

(5) 根据电路原理图检查控制板布线的正确性。

(6) 安装电动机。

(7) 连接电动机和按钮金属外壳的保护接地线。

(8) 连接电源、电动机等控制板外部的导线。

(9) 自检：安装完毕的控制线路板，必须经过认真检查后，才允许通电试车，以防止接错、漏接等造成不能正常运转或短路事故。

(10) 校验：交指导教师检查无误后方可通电试车。

(11) 通电试车完毕，停转、切断电源。先拆除三相电源线，再拆除电动机负载线。

5. 注意事项

（1）螺旋式熔断器的接线要正确，以确保用电安全。

（2）接触器连锁触头接线必须正确，否则将会造成主电路中两相电源短路事故。

（3）通电试车时，应先合上 QS，再按下 SB_1（或 SB_2）及 SB_3，看控制是否正常，并在按下 SB_1 后再按下 SB_2，观察有无联锁作用。

（4）安装接线和通电试车应在规定时间内完成，同时要作到安全操作和文明生产。训练结束后，安装的控制板留用。

6. 安装训练评分标准

安装训练评分标准见表 3-6。

表 3-6 评分标准

内容	配分	评分标准		扣分
装前检查	15	(1) 电动机检查，每漏一处扣 5 分 (2) 电器元件漏检或错检，每漏一处扣 2 分		
安装元件	15	(1) 不按电器布置图安装元件扣 15 分 (2) 元件安装不紧固每只扣 4 分 (3) 元件安装不整齐、不匀称、不合理每只扣 3 分 (4) 损坏元件扣 15 分		
布线	30	(1) 不按接线图接线，扣 25 分 (2) 布线不符合要求：主电路每根扣 4 分 　　　　　　　　　　控制电路每根扣 2 分 (3) 接点不符合要求，每个接点扣 2 分 (4) 损伤导线绝缘或线芯，每根扣 5 分 (5) 漏接接地线扣 10 分		
通电试车	40	(1) 热继电器未整定或整定错扣 5 分 (2) 熔体规格配错，主、控电路各扣 5 分 (3) 第一次试车不成功扣 20 分 　　　第二次试车不成功扣 30 分 　　　第三次试车不成功扣 40 分		
安全文明生产		违反安全文明生产规程扣 5~40 分		
定额时间 3.5 h		每超时 2 min，总分扣除 1 分		
备注		各项扣分不得超过该项配分	成绩	
开始时间		结束时间	实际时间	

7. 检修训练

1) 故障设置

在控制电路或主电路中人为设置电气自然故障两处。

2）教师示范检修

教师进行示范检修时，边讲边做，并把下述检修步骤及要求贯穿其中，直至故障排除。

（1）用实验法观察故障现象。主要注意观察电动机的运行情况、接触器的动作情况和线路的工作情况等，如发现有异常情况，应马上断电检查。

（2）用逻辑分析法缩小故障范围，并在电路图上用虚线标出故障部位的最小范围。

（3）用测量法正确、迅速地找出故障点。

（4）根据故障点的不同情况，采用正确的修复方法，迅速排除故障。

（5）排除故障后通电试车。

3）学生检修

教师示范检修后，再由指导教师重新设置两个故障点，让学生进行检修。在学生进行检修的过程中，教师可进行启发性的示范指导。

4）注意事项

（1）要认真听取和仔细观察指导教师在示范过程中的讲解与检修操作。

（2）要熟练掌握电路图中各个环节的作用。

（3）在排除故障过程中，故障分析的思路和方法要正确。

（4）工具和仪表使用要正确。

（5）带电检测故障时，必须有指导教师在现场监护，一定要确保用电安全。

（6）排除故障要求在规定的时间内完成。

5）检修训练评分标准

检修训练评分标准见表 3-7。

表 3-7　评分标准

项目内容	配分	评分标准	扣分
故障分析	30	（1）故障分析、排除故障思路不正确，每个扣 5~10 分 （2）标错电路故障范围，每个扣 10~15 分	
排除故障	70	（1）停电不验电扣 5 分 （2）测量仪器和工具使用不正确，每次扣 5 分 （3）排除故障的顺序不正确扣 10 分 （4）不能查出故障，每个扣 40 分 （5）查出故障点，但不能排除，每个故障扣 20 分 （6）产生新的故障： 　　不能排除，每个扣 40 分 　　能够排除，每个扣 10 分 （7）损坏电器元件，每个扣 10~20 分	
安全文明生产		违反安全文明操作规程扣 10~70 分	
定额时间 1 h		修复故障过程中若超时，以每超时 1 min 扣 5 分计算	
备注		除定额时间外，各项内容的最高扣分不得超过该项配分数	成绩
开始时间		结束时间	实际时间

任务三 电动机的位置控制、自动循环往返控制、顺序控制和多地控制线路

学习目标：

熟悉行程开关结构和作用原理；会分析位置控制线路、自动循环往返控制线路、顺序控制线路、多地控制线路的工作原理。

技能要点：

掌握工作台自动循环往返控制线路的安装与操作方法；会进行两台电动机顺序启动逆序停止控制线路的安装与操作。

一、电动机的位置控制电路

（一）行程开关

行程开关又称限位开关，工作原理和按钮相似，区别在于它不是靠手的按压，而是利用生产机械的运动部件碰压而使触点动作，将机械信号转变为电信号，对控制电路发出接通、断开或变换某些电路参数的指令，以实现自动控制。它用于控制生产机械的运动方向、速度、位置、行程大小及限位保护等。

1. 行程开关的结构和动作原理

为了适应各种条件下的操作，行程开关有很多结构形式，常用的有直动式（按钮式）和旋转式（滚轮式），滚轮又分为单轮和双轮两种。图 3-29 所示为常用行程开关的外形和图形文字符号。

图 3-29　常用行程开关的外形和图形文字符号

（a）外形结构；（b）图形文字符号

1) 直动式（按钮式）行程开关

其结构如图 3-30 所示，其动作原理与按钮开关相同，但其触点的分合速度取决于生产机械的运行速度，不宜用于速度低于 0.4 m/min 的场所。

2) 滚轮式行程开关

其结构原理如图3-31所示,当被控机械上的挡铁压到滚轮上时,杠杆连同转轴一起转动,推动撞块,当撞块被压到一定位置时,推动微动开关的动触点,使常开触点闭合,常闭触点断开。当运动机械返回时,在复位弹簧的作用下,各部分动作部件复位。

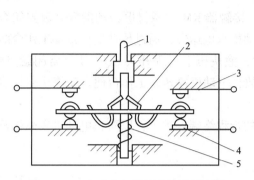 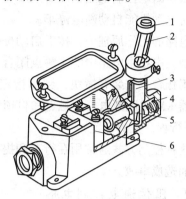

图3-30 直动式行程开关结构示意图　　　　图3-31 滚轮式行程开关
1—顶杆;2—弹簧片;3—常开触头;　　　　1—滚轮;2—杠杆;3—转轴;
4—常闭触头;5—弹簧　　　　　　　　　　4—复位弹簧;5—撞块;6—微动开关

双滚轮(羊角式)行程开关在挡块离开后不能自动复位,必须由挡块从反方向碰撞后,开关才能复位,它具有两个稳态位置,有"记忆"曾被撞击的动作顺序的作用,在某些情况下可以简化线路。

2. 行程开关型号

行程开关型号的含义如下所示:

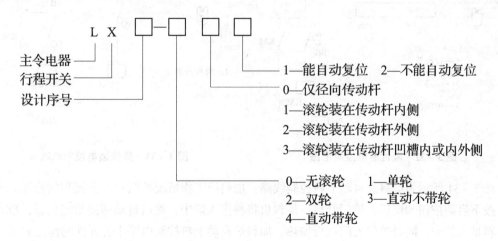

(二) 位置控制电路

位置控制也称限位控制,这种控制线路广泛地应用在运料机、锅炉上煤机和某些机床进给限位运动的电气控制中,其生产机械运动部件的运动状态的转换是靠部件运行到一定位置时,由行程开关(位置开关)发出信号进行自动控制的。例如,行车运动到终端位置时的自动停车;工作台在指定区域内的自动往返移动;自动线上自动定位的工序转换等,都是由运动部件运动的位置或行程来控制的,这种控制又称行程控制。

位置控制是以行程开关代替按钮作用来实现对电动机的启动、停止控制的,它可分为限位断电、限位通电和自动往复循环等控制。

1. 限位断电控制电路

限位断电控制电路如图3-32所示。工作台（运动部件）在电动机拖动下，到达预定位置时电动机能自动断电停车。

电路的工作原理为：按下启动按钮SB_2，接触器KM线圈得电，辅助常开触点闭合，实现自锁，串在主电路中的主触点闭合，使电动机得电运转，通过传动机构带动工作台向前运动。工作台上安装有撞块，到达指定位置时，撞块压下行程开关SQ，使其常闭触点断开，接触器KM线圈断电，主触点和自锁触点释放，电动机停转，工作台便自动停止在指定位置（压下行程开关的位置）。

这种控制方式通常用在行车和提升设备的行程终端保护上，以防止电动机未来得及切断电源而造成事故。

2. 限位通电控制电路

限位通电控制电路如图3-33所示，其功能是运动部件在电动机的拖动下，到达预先指定的位置后，能够自动接通接触器的控制电路。其中图3-35（a）为限位通电的点动控制电路，图3-35（b）为限位通电的长动控制电路。电路工作原理为：当电动机拖动的生产机械运动到指定位置时，撞块压下行程开关SQ，使接触器KM线圈得电而形成新的控制操作。例如，加速、返回、延时停车等。这种控制电路使用在各种运动方式中起转换作用。

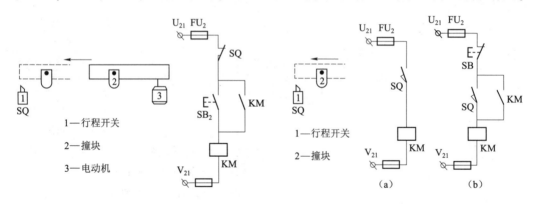

图3-32　限位断电控制电路　　　　　图3-33　限位通电控制电路

图3-34所示为加料炉自动上料控制线路，加料炉工作情况按图示工艺流程的程序完成操作，按下启动按钮SB_2后，炉门开启，推料机将料推入炉中，然后自动回到指定位置，准备下次将料推入炉中，同时炉门关门进行加热。加料炉自动上料控制电路中各元件的作用如下：

KM_1——炉门电动机正转接触器（炉门打开）；

KM_2——推料电动机正转接触器（推料机前进）；

KM_3——推料电动机反转接触器（推料机后退）；

KM_4——炉门电动机反转接触器（炉门关闭）；

SB_1——停止按钮；

SB_2——启动按钮；

SQ_1——炉门打开到位，推料机电动机正转，推料机前进；

SQ$_2$——推料机前进到位，推料电动机正转变反转，推料机后退；
SQ$_3$——推料机退到位，推料电动机停，炉门电动机反转，炉门关闭；
SQ$_4$——炉门关闭到位，炉门电动机停止；
M$_1$——炉门电动机；
M$_2$——推料电动机。

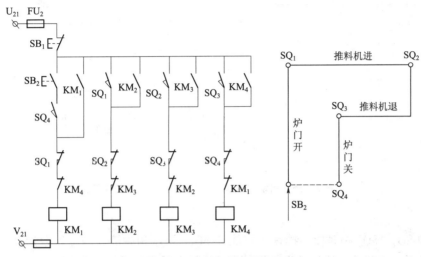

图 3-34 加料机自动上料控制电路

电路的工作原理为：在炉门关闭时，行程开关 SQ$_4$ 受压，它的常开触点闭合；当按下启动按钮 SB$_2$ 时，炉门电动机正转接触器 KM$_1$ 线圈得电自锁，炉门电动机正转，开启炉门，当炉门全部开启后，撞块压下行程开关 SQ$_1$，其常闭触点断开，切断接触器 KM$_1$ 的线圈回路，使 KM$_1$ 触点释放，开启炉门电动机停止，SQ$_1$ 的常开触点闭合，使推料电动机正转接触器 KM$_2$ 线圈得电，推料电动机正转，拖动推料机前进，将料推入炉中。推料机前进到位后，撞块压下行程开关 SQ$_2$，SQ$_2$ 的常闭触点断开，接触器 KM$_2$ 线圈断电，KM$_2$ 触点释放，推料机停止，SQ$_2$ 的常开触点闭合，使推料电动机反转接触器 KM$_3$ 线圈得电，推料电动机反转，拖动推料机后退。直到推料机退回原位时，撞块压下行程开关 SQ$_3$，使 SQ$_3$ 的常闭触点断开，接触器 KM$_3$ 线圈断电，KM$_3$ 触点释放，推料机停止后退。SQ$_3$ 的常开触点闭合，炉门电动机反转接触器 KM$_4$ 线圈得电，炉门电动机反转，使炉门关闭。直到撞块压下行程开关 SQ$_4$，使 SQ$_4$ 的常闭触点断开，接触器 KM$_4$ 线圈断电，KM$_4$ 触点释放，炉门关闭电动机停止；SQ$_4$ 的常开触点闭合，为下次自动推料做好准备。

二、电动机自动循环往返控制电路

自动往复循环控制电路和工作示意图如图 3-35 所示。

为了使电动机的正反转控制与工作台的左右运动相配合，在控制线路中设置了四个行程开关 SQ$_1$、SQ$_2$、SQ$_3$、SQ$_4$，并把它们安装在工作台需限位的地方。其中 SQ$_1$、SQ$_2$ 用来自动换接电动机正反转控制电路，实现工作台的自动往返；SQ$_3$ 和 SQ$_4$ 用作终端保护，以防止 SQ$_1$、SQ$_2$ 失灵，工作台越过限定位置而造成事故。在工作台边的 T 形槽中装有两块挡铁，挡

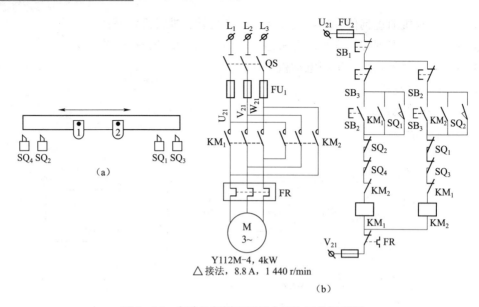

图 3-35 自动往复循环控制电路和工作示意图
(a) 示意图；(b) 原理图

铁 1 只能和 SQ_2、SQ_4 相碰撞，挡铁 2 只能和 SQ_1、SQ_3 相碰撞。当工作台运动到所限位置时，挡铁碰撞行程开关，使其触头动作，自动换接电动机正反转控制电路，通过机械传动机构使工作台自动往返运动。工作台行程可通过移动挡铁位置来调节，拉开两块挡铁间的距离，行程变短，反之则变长。线路的工作原理如下：先合上电源开关 QS。

自动往返运动：

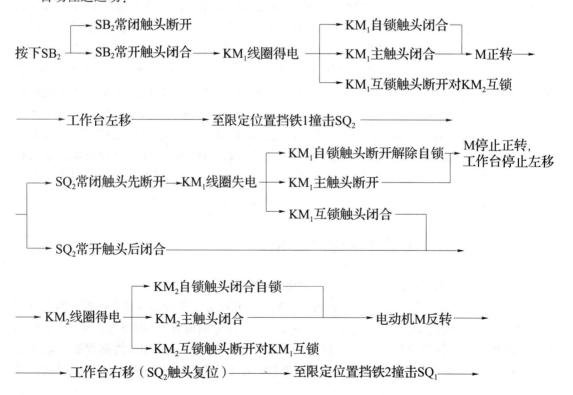

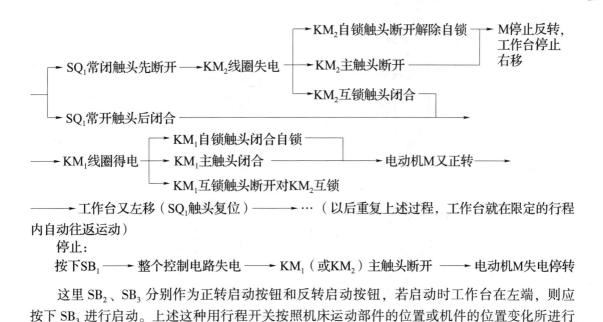

停止：

按下SB_1 ⟶ 整个控制电路失电 ⟶ KM_1（或KM_2）主触头断开 ⟶ 电动机M失电停转

这里SB_2、SB_3分别作为正转启动按钮和反转启动按钮，若启动时工作台在左端，则应按下SB_3进行启动。上述这种用行程开关按照机床运动部件的位置或机件的位置变化所进行的控制，称作按行程原则的自动控制，或称行程控制。行程控制是机床和机床自动线应用最为广泛的控制方式之一。

三、电动机顺序控制

在装有多台电动机的生产机械上，各电动机所起的作用不同，有时需要按一定的顺序启动才能保证操作过程的合理和工作的安全可靠。例如，在铣床上就要求先启动主轴电动机，然后才能启动进给电动机。又如，带有液压系统的机床，一般都要先启动液压泵电动机，然后才能启动其他电动机。这些顺序关系反映在控制电路上，称为顺序控制或条件控制电路。

图3-36所示为两台电动机M_1和M_2的顺序控制电路。该电路的特点是，电动机M_2的控制电路是接在接触器KM_1的常开辅助触点之后，这就保证了只有当KM_1接通，M_1启动后，M_2才能启动。而且，如果由于某种原因（如过载或失压等）使KM_1失电，M_1停转，那么M_2也立即停止。所以，该电路为M_1启动后，M_2才能启动，且M_1和M_2只能同时停止。

图3-37所示为另外两种顺序控制电路（主电路同上）。图3-37（a）的特点是：将接触器KM_1的另一常开触点串联在接触器KM_2线圈的控制电路中，同样保持了图3-36的顺序控制作用，即接通KM_1启动M_1后，才能启动M_2，M_1停止则M_2也停止，但该电路可以实现M_2单独停止。图3-37（b）的特点是，在SB_{11}停止按钮两端并联了一个KM_2的常开触点，所以只有先使接触器KM_2线圈断电，即电动机M_2停止，然后才能操作SB_{11}，断开接触器KM_1线圈电路，使电动机M_1停止。即M_1、M_2能单独启动，M_2能单独停止，但M_1必须在M_2停止后才能停止。

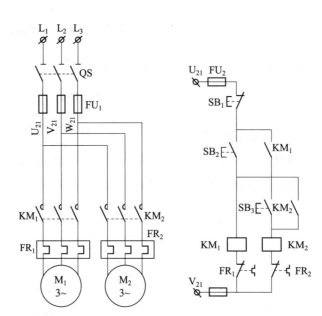

图 3-36 顺序控制电路

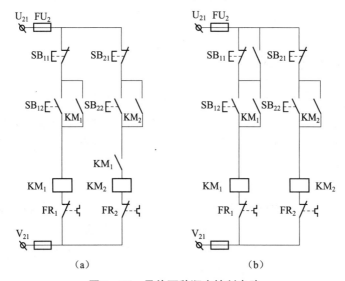

图 3-37 另外两种顺序控制电路

四、电动机的多地控制线路

在大型机床设备中,为了操作方便,常常要求在两个或两个以上的地点都能进行操作,采用多地控制电路。图 3-38 所示为实现两地控制一台电动机运行的操作电路,即在各操作地点各安装一套按钮,其接线原则是各按钮的常开触头并联连接,常闭触头串联连接在接触器的线圈回路中。

多人操作的大型冲压设备或多工位操作的流水作业线,为保证操作安全,要求几个操作者都发出指令信号(按下启动按钮)后,才能启动设备进行工作。这种控制线路称为多条件控制线路，此时应将各按钮的常开触头和常闭触头串联连接在接触器的线圈回路中，如图 3-39 所示。该电路的接线原则是各按钮的常开、常闭触头均串联，自锁回路并在串联常开触点的两端。

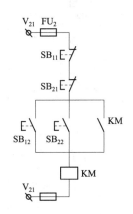

图 3-38 两地控制电路

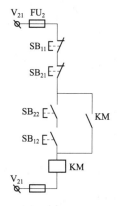

图 3-39 两条件控制电路

实训 3-3　工作台自动循环往返控制线路的安装

在生产实际中，有些生产机械（如磨床）的工作台要求在一定行程内自动往返运动，以便实现对工件的连续加工，提高生产效率，这就需要电气控制线路能控制电动机实现自动转换正反转。下面以工作台自动循环往返控制线路为例，进行线路安装与检修。

1. 线路原理图和元件布置图

工作台自动循环往返控制线路安装图如图 3-40 所示。

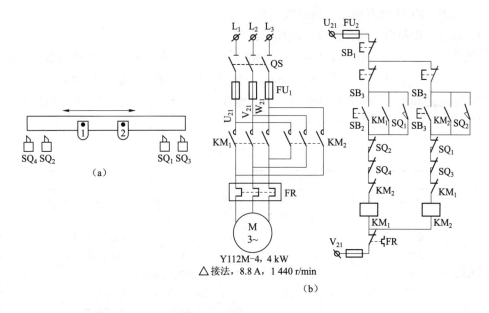

图 3-40　工作台自动循环往返控制线路安装图
(a) 示意图；(b) 原理图

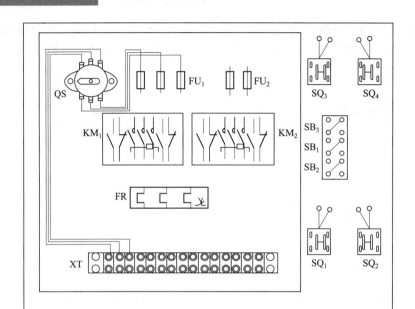

(c)

图 3-40 工作台自动循环往返控制线路安装图（续）

(c) 元件布置图

2. 目的要求

掌握工作台自动循环往返控制线路的正确安装及检修方法。

3. 工具、仪表及器材

(1) 工具：螺钉旋具、尖嘴钳、平口钳、斜口钳、剥线钳、测电笔、电工刀等。

(2) 仪表：MF47 型万用表，兆欧表，钳形电流表。

(3) 器材：控制板一块，连接导线和元器件；

导线规格：主电路采用 BV1.5 mm^2 塑铜线；控制回路采用 BV1 mm^2 塑铜线；按钮线采用 BVR0.75 mm^2；接地线采用 BVR1.5 mm^2（黄绿双色）。导线数量由指导老师根据实际情况确定。导线的颜色在初级阶段训练时，除接地线外，可不必强求，但应使主电路与控制电路有明显区别。电器元件明细见表 3-8。

表 3-8 电器元件明细

代号	名称	型号	规格	数量
M	三相异步电动机	Y112M-4	4 kW, 380 V, △接法, 8.8 A, 1 440 r/min	1
QS	组合开关	HZ10-25/3	三极，额定电流 25 A	1
FU_1	螺旋式熔断器	RL1-60/25	500 V, 60 A, 配熔体额定电流 25 A	3
FU_2	螺旋式熔断器	RL1-15/2	500 V, 15 A, 配熔体额定电流 2 A	2
KM_1、KM_2	交流接触器	CJ10-10	10 A, 线圈电压 380 V	2
FR	热继电器	JR16-20/3	三极、20 A, 额定电流 8.8 A	1
$SB_1 \sim SB_3$	控制按钮	LA10-3H	保护式 380 V、5 A, 按钮数 3	1
XT	接线端子板	JX2-1015	10 A, 15 节, 380 V	1
$SQ_1 \sim SQ_4$	行程开关	LX19-121	5 A, AC, 380 V	4

4．安装训练步骤和工艺要求

（1）检验所有电器元件的质量。

（2）根据元件布置图在控制板上安装走线槽和所有电器元件，并贴上醒目的文字符号；工艺要求：安装走线槽时，应做到横平竖直、排列整齐匀称、安装牢固、便于走线。

（3）按图 3-36 所示电路图进行板前线槽配线，并在导线端部套编码管。

（4）根据图 3-36 所示电路图检查控制板内布线的正确性。

（5）安装电动机。

（6）连接电动机的按钮等金属外壳的保护接地。

（7）连接电源、电动机等控制外部的导线。

（8）自检。

（9）交检。

（10）交检合格后通电试车。

5．注意事项

（1）行程开关可以先安装好，不占定额时间。

（2）通电校验时，必须先手动行程开关试验各行程开关控制和终端保护动作是否正常可靠。

（3）走线槽安装后可不必拆卸，以供后面课题训练使用，安装线槽的时间不计入定额时间内。

（4）通电校验时，必须有指导老师在现场监护，学生应根据电路的控制要求独立进行校验，若出现故障也应自行排除。

（5）安装训练应在规定的定额时间内完成，同时要做到安全操作和文明生产。

6．安装训练评分标准

安装训练评分标准见表 3-9。

表 3-9 评分标准

内容	工作台自动往返控制电路		
班级		姓名	
项目内容	配分	评分标准	扣分
装前检查	10	电器元件漏检或错检每处扣 2 分	
安装元件	15	（1）不按布置图安装扣 10 分 （2）元件安装不牢固每只扣 4 分 （3）元件安装不整齐、不匀称、不合理扣 3 分 （4）损坏元件每只扣 5~15 分	
布线	35	（1）不按电路图接线扣 25 分 （2）布线不符合要求扣 2 分 （3）接点松动，漏铜过长、反圈、压绝缘层每点扣 2 分 （4）损伤导线每处扣 5 分 （5）漏套线号管每处扣 1 分 （6）漏接地线扣 20 分	

续表

内容	工作台自动往返控制电路			
班级		姓名		
项目内容	配分	评分标准		扣分
通电试车	40	(1) 元件整定值整定错误或未整定每只扣5分 (2) 配错熔体主、控电路各扣4分 (3) 第一次试车不成功扣10分 　　第二次试车不成功扣20分 　　第三次试车不成功扣30分		
安全文明生产	违反安全文明生产扣20～50分			
定额时间	6课时	每超过5分钟扣2分		
开始时间		结束时间	超时	
成绩				
备注				

7. 检修训练

（1）故障设置：在控制电路或主电路中人为设置电气自然故障两处。

（2）教师示范检修：进行示范检修时，做到边讲边做，并把下述检修步骤及要求贯穿其中，直至故障排除。

① 用实验法观察故障现象。主要注意观察电动机的运行情况、接触器的动作情况和线路的工作情况等，如发现有异常情况，应马上断电检查。

② 用逻辑分析法缩小故障范围，并在电路图上用虚线标出故障部位的最小范围。

③ 用测量法正确、迅速地找出故障点。

④ 根据故障点的不同情况，采用正确的修复方法，迅速排除故障。

⑤ 排除故障后通电试车。

（3）学生检修。

教师示范检修后，再由指导教师重新设置两个故障点，让学生进行检修。在学生进行检修的过程中，教师可进行启发性的示范指导。

（4）注意事项。

① 要认真听取和仔细观察指导教师在示范过程中的讲解和检修操作。

② 要熟练掌握电路图中各个环节的作用。

③ 在排除故障过程中，故障分析的思路和方法要正确。

④ 工具和仪表使用要正确。

⑤ 带电检测故障时，必须有指导教师在现场监护，一定要确保用电安全。

⑥ 排除故障要求在规定的时间内完成。

（5）检修训练评分标准。检测训练评分标准见表3－10。

表 3-10 评分标准

项目内容	配分	评分标准	扣分
故障分析	30	(1) 故障分析、排除故障思路不正确,每个扣 5~10 分 (2) 标错电路故障范围,每个扣 10~15 分	
排除故障	70	(1) 停电不验电扣 5 分 (2) 测量仪器和工具使用不正确,每次扣 5 分 (3) 排除故障的顺序不正确扣 10 分 (4) 不能查出故障,每个扣 40 分 (5) 查出故障点,但不能排除,每个故障扣 20 分 (6) 产生新的故障: 　　不能排除,每个扣 40 分 　　能够排除,每个扣 10 分 (7) 损坏电器元件,每个扣 10~20 分	
安全文明生产	违反安全文明操作规程扣 10~70 分		
定额时间 1 h	修复故障过程中若超时,以每超时 1 min 扣 5 分计算		
备注	除定额时间外,各项内容的最高扣分不得超过该项配分数	成绩	
开始时间		结束时间	实际时间

实训 3-4　两台电动机顺序启动逆序停止控制线路的安装

在电动机的控制电路中,根据生产的需要,有时要求多台电动机能够协调动作,同时要求各台电动机能按一定的顺序进行启动或停止,这就需要电动机能够进行顺序启动和顺序停止控制。下面我们来进行此线路安装与检修。

1. 线路原理图、元件布置图和接线图

两台电动机顺序启动逆序停止控制线路如图 3-41 所示。

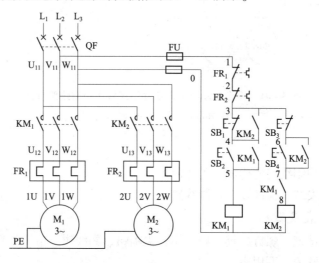

(a)

图 3-41　两台电动机顺序启动逆序停止控制线路

(a) 电路图

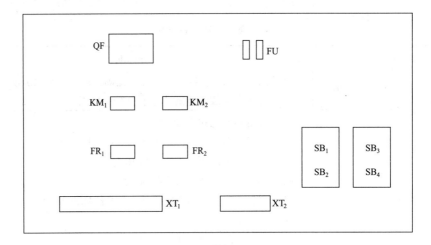

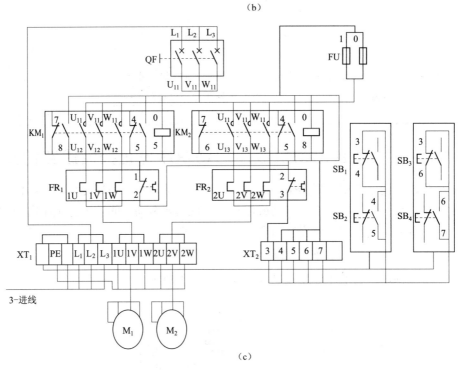

图 3-41 两台电动机顺序启动逆序停止控制线路（续）
(b) 元件布置图；(c) 安装接线图

2．目的要求

(1) 熟知顺序控制线路的构成、工作原理。
(2) 学会正确安装与检修顺序控制线路。

3．工具、仪表及器材

(1) 工具：测试笔、螺钉旋具、斜口钳、尖嘴钳、剥线钳、电工刀等。
(2) 仪表：兆欧表、万用表。
(3) 器材：控制板一块（包括所用的低压电器器件）、配套规格导线若干、编码套管。
导线规格：主电路采用 BV1.5 mm² 塑铜线；控制回路采用 BV1 mm² 塑铜线；按钮线采

用 BVR0.75 mm²；接地线采用 BVR1.5 mm²（黄绿双色）。导线数量由教师根据实际情况确定。导线的颜色在初级阶段训练时，除接地线外，可不必强求，但应使主电路与控制电路有明显区别。电器元件明细见表 3 – 11。

表 3 – 11　电器元件明细

代号	名称	型号	规格	数量
M_1	三相异步电动机	Y – 112M – 4	4 kW、380 V、11.6 A、△接法、1 440 r/min	1
M_2	三相异步电动机	Y90S – 2	1.5 kW、380 V、3.4 A、Y接法、2 845 r/min	1
QF	低压断路器	DZ5 – 20/330	三极、25 A	1
FU	熔断器	RL1 – 15/2	500 V、15 A、配熔体 2 A	2
KM_1、KM_2	交流接触器	CJ10 – 20	20 A、线圈电压 380 V	2
FR_1	热继电器	JR16 – 20/3	三极、20 A、整定电流 11.6 A	1
FR_2	热继电器	JR16 – 10/3	三极、10 A、整定电流 8.3 A	1
$SB_1 \sim SB_4$	按钮	LA10 – 3H	保护式、复合按钮（停车用红色）	4
XT_1	端子排	JX2 – 1015	10 A、15 节、380 V	1
XT_2	端子排	JX2 – 1010	10 A、10 节、380 V	1

4. 安装训练步骤和工艺要求

（1）根据图 3 – 41 绘制元件位置图和电气接线图。

（2）按图 3 – 41 所示配齐所有电器元件，并进行检验。

① 电器元件的技术数据（如型号、规格、额定电压、额定电流）应完整并符合要求，外观无损伤。

② 电器元件的电磁机构动作是否灵活、有无衔铁卡阻等不正常现象，用万用表检测电磁线圈的通断情况以及各触头的分合情况。

③ 接触器的线圈电压和电源电压是否一致。

④ 对电动机的质量进行常规检查（每相绕组的通断，相间绝缘，相对地绝缘）。

（3）在控制板上按元件位置图安装电器元件，工艺要求如下：

① 组合开关、熔断器的受电端子应安装在控制板的外侧。

② 每个元件的安装位置应整齐、匀称、间距合理，便于布线及元件的更换。

③ 紧固各元件时要用力均匀，紧固程度要适当。

（4）按接线图的走线方法进行板前明线布线和套编码套管，板前明线布线的工艺要求同前。

（5）根据电气接线图检查控制板布线是否正确。

（6）连接电动机和按钮金属外壳的保护接地线（若按钮为塑料外壳，则按钮外壳不需接地线）。

（7）连接电源、电动机等控制板外部的导线。

（8）自检。

① 按电路原理图或电气接线图从电源端开始，逐段核对接线及接线端子处是否正确，有无漏接、错接之处。检查导线接点是否符合要求，压接是否牢固。接触应良好，以免带负载运行时产生闪弧现象。

② 用万用表检查线路的通断情况。检查时，应选用倍率适当的电阻挡，并进行校零，以防短路故障发生。对控制电路的检查（可断开主电路），可将表笔分别搭在 U_{11}、V_{11} 线端上，读数应为"∞"。按下 SB 时，读数应为接触器线圈的电阻值，然后断开控制电路再检查主电路有无开路或短路现象，此时可用手动来代替接触器通电进行检查。

③ 用兆欧表检查线路的绝缘电阻应不得小于 0.5 MΩ。

(9) 自检后，经指导老师确认，进行通电试车。

5. 注意事项

(1) 按钮内接线时，用力不可过猛，以防螺钉打滑。

(2) 红色按钮不允许当启动按钮用。

(3) 热继电器的热元件应串接在主电路中，其常闭触头应串接在控制电路中，两者缺一不可，否则不能起到过载保护作用。

(4) 控制板采用板前接线，接到电动机和按钮的导线必须经过接线端子引出。

(5) 通电试车时，不得对线路进行带电改动。出现故障时应及时切断电源，再进行检修，检修完毕后再次向指导老师提出通电请求，直到试车达到满意为止。

(6) 本次实训项目完成后，经指导老师确认并评定成绩后，才能进行下一个实训项目。

6. 安装训练评分标准

安装训练评分标准见表 3 – 12。

表 3 – 12　评分标准

内容		工作台自动往返控制电路	
班级		姓名	
项目内容	配分	评分标准	扣分
装前检查	10	电器元件漏检或错检每处扣 2 分	
安装元件	15	(1) 不按布置图安装扣 10 分 (2) 元件安装不牢固每只扣 4 分 (3) 元件安装不整齐、不匀称、不合理扣 3 分 (4) 损坏元件每只扣 5～15 分	
布线	35	(1) 不按电路图接线扣 25 分 (2) 布线不符合要求扣 2 分 (3) 接点松动，漏铜过长、反圈、压绝缘层每点扣 2 分 (4) 损伤导线每处扣 5 分 (5) 漏套线号管每处扣 1 分 (6) 漏接地线扣 20 分	

续表

内容	工作台自动往返控制电路			
班级			姓名	
项目内容	配分	评分标准		扣分
通电试车	40	(1) 元件整定值整定错误或未整定每只扣 5 分 (2) 配错熔体主、控电路各扣 4 分 (3) 第一次试车不成功扣 10 分 　　第二次试车不成功扣 20 分 　　第三次试车不成功扣 30 分		
安全文明生产	违反安全文明生产扣 20~50 分			
定额时间	6 课时	每超过 5 min 扣 2 分		
开始时间		结束时间	超时	
成绩				
备注				

7. 检修训练

(1) 故障设置。在控制电路或主电路中人为设置电气自然故障两处。

(2) 教师示范检修。教师进行示范检修时，边讲边做，并把下述检修步骤及要求贯穿其中，直至故障排除。

① 用实验法观察故障现象。主要注意观察电动机的运行情况、接触器的动作情况和线路的工作情况等，如发现有异常情况，应马上断电检查。

② 用逻辑分析法缩小故障范围，并在电路图上用虚线标出故障部位的最小范围。

③ 用测量法正确、迅速地找出故障点。

④ 根据故障点的不同情况，采用正确的修复方法，迅速排除故障。

⑤ 排除故障后通电试车。

(3) 学生检修。教师示范检修后，再由指导教师重新设置两个故障点，让学生进行检修。在学生进行检修的过程中，教师可进行启发性的示范指导。

(4) 注意事项。

① 要认真听取和仔细观察指导教师在示范过程中的讲解和检修操作。

② 要熟练掌握电路图中各个环节的作用。

③ 在排除故障过程中，故障分析的思路和方法要正确。

④ 工具和仪表使用要正确。

⑤ 带电检测故障时，必须有指导教师在现场监护，一定要确保用电安全。

⑥ 排除故障要求在规定的时间内完成。

(5) 检修训练评分标准。检修训练评分标准见表 3-13。

表 3-13 评分标准

项目内容	配分	评分标准	扣分
故障分析	30	(1) 故障分析、排除故障思路不正确，每个扣 5~10 分 (2) 标错电路故障范围，每个扣 10~15 分	
排除故障	70	(1) 停电不验电扣 5 分 (2) 测量仪器和工具使用不正确，每次扣 5 分 (3) 排除故障的顺序不正确扣 10 分 (4) 不能查出故障，每个扣 40 分 (5) 查出故障点，但不能排除，每个故障扣 20 分 (6) 产生新的故障： 　　不能排除，每个扣 40 分 　　能够排除，每个扣 10 分 (7) 损坏电器元件，每个扣 10~20 分	
安全文明生产		违反安全文明操作规程扣 10~70 分	
定额时间 1 h		修复故障过程中若超时，以每超时 1 min 扣 5 分计算	
备注		除定额时间外，各项内容的最高扣分不得超过该项配分数	成绩
开始时间		结束时间	实际时间

任务四　三相异步电动机的降压启动控制线路

学习目标：

熟悉中间继电器和时间继电器的结构及作用原理；掌握定子绕组串接电阻降压启动控制线路、自耦变压器降压启动控制线路、Y-△降压启动控制线路、延边三角形降压启动控制线路的原理分析方法。

技能要点：

会进行 Y-△降压启动控制线路的安装与检修。

三相异步电动机在目前仍为生产机械的主要动力，它广泛应用于各行各业的生产设备中。三相笼型交流异步电动机的启动问题是异步电动机运行中的一个特殊问题。在电网和负载两方面都允许全压启动的情况下，笼型异步电动机应该优先考虑直接启动。因为这种方法操纵控制方便，而且经济性能较好。

在前面介绍的各种控制线路在异步电动机启动时，电源电压直接加在电动机定子绕组上，都属于全压启动，也称为直接启动。直接启动的优点是控制电器设备少、电路简单、维护方便。但三相笼型异步电动机直接启动时的启动电流可达电动机额定电流的 4~7 倍，当电动机容量较大（超过 10 kW）时，不宜采用直接启动方式，一般应采用降压启动的方式启动。判断电动机能否直接启动还可以采用经验公式来确定：

$$\frac{I_{st}}{I_N} \leqslant \frac{3}{4} + \frac{S}{4P} \tag{3-1}$$

式中，I_{st} 为电动机全压启动电流，A；I_N 为电动机额定电流，A；S 为电源变压器的容量，kVA；P 为电动机额定功率，kW。

降压启动是利用启动设备将电源电压适当降低后加到电动机定子绕组上进行的启动，待电动机启动运转后，再使电动机定子绕组上的电压恢复到额定值正常运行。采用降压启动目的是减小较大的启动电流，以减少电动机启动时对电网电压的影响。由于电动机转矩与电压的平方成正比，所以降压启动也将导致电动机的启动转矩大为降低。因此，降压启动方式适用于空载或轻载场合的启动。

常见的三相异步电动机降压启动的方法有以下几种：定子绕组中串入电阻或电抗降压启动，Y-△降压启动，自耦变压器降压启动和延边三角形降压启动等。在介绍各种降压启动方式前，先讨论相关继电器的知识。

一、继电器

继电器是一种根据电量（如电压、电流）或非电量（如温度、压力、转速、时间等）的变化接通或断开控制电路，实现自动控制和保护电力拖动装置的电器。

1. 继电器的分类

（1）按输入信号的性质可分为：电压继电器、中间继电器、电流继电器、时间继电器、温度继电器、速度继电器、压力继电器等；

（2）按工作原理可分为：电磁式继电器、感应式继电器、电动式继电器、热继电器和电子式继电器等；

（3）按输出形式可分为：有触点和无触点两类。

（4）按用途可分为：控制继电器和保护继电器。

（5）按输入量变化形式可分为：有无继电器和量度继电器。

① 有无继电器是根据输入量的有或无来动作的，无输入量时继电器不动作，有输入量时继电器动作，如中间继电器、时间继电器等。

② 量度继电器是根据输入量的变化来动作的，工作时其输入量是一直存在的，只有当输入量达到一定值时继电器才动作，如电流继电器、电压继电器、热继电器、速度继电器、压力继电器等。

2. 电磁式继电器

电磁式继电器是应用得最早、最多的一种形式。其结构和工作原理与接触器基本相同。在结构上都是由电磁系统、触点系统等组成，它们的输出都是用触点的动作来控制电路的通或断。电磁式继电器具有结构简单，价格低廉，使用维护方便，触点容量小（一般在5 A以下），触点数量多且无主、辅之分，无灭弧装置，体积小，动作迅速、准确，控制灵敏、可靠等特点，广泛地应用于低压控制系统中。按继电器反映的参数可分为：电流继电器、电压继电器、中间继电器。

1) 电流继电器

电流继电器的输入量是电流,它是根据输入电流大小而动作的继电器。电流继电器的线圈匝数少、导线粗、阻抗小,串入电路中用来感测电路的电流变化,触点接于控制电路,为执行元件。电流继电器可分为欠电流继电器和过电流继电器。

欠电流继电器用于欠电流保护或控制,如直流电动机励磁绕组的弱磁保护、电磁吸盘中的欠电流保护等。吸引电流为线圈额定电流的30%~65%,释放电流为额定电流的10%~20%,因此,在电路正常工作时,欠电流继电器处于吸合动作状态,常开触点闭合,常闭触点断开;当电路出现不正常现象导致电流下降或消失,继电器中流过的电流小于释放电流时继电器释放,控制电路失电,从而控制接触器及时分断电路。

过电流继电器用于过电流保护或控制,如起重机电路中的过电流保护。过电流继电器在电路正常工作时不动作,整定范围为110%~400%额定电流,当电流超过动作电流整定值时才动作,其常开触点闭合,常闭触点断开,使控制电路做出应有的反应。

常用的电流继电器的型号有JL14、JL15、JT3系列等,其电气符号如图3-42所示。

2) 电压继电器

电压继电器的输入量是电压,它是根据输入电压的大小而动作的继电器。其线圈匝数多、导线细、阻抗大,并联接入电路中用来感测电路的电压变化,触点接于控制电路,为执行元件。与电流继电器类似,电压继电器也分为欠电压继电器和过电压继电器两种。

过电压继电器用于线路的过电压保护,其吸合整定值为被保护线路额定电压的105%~115%,当被保护的线路电压正常时,衔铁不动作;当被保护线路的电压高于额定值,达到过电压继电器的整定值时,衔铁被吸合,带动触点机构动作,控制电路失电,控制接触器及时分断被保护电路。

欠电压继电器用于线路的欠电压保护,其释放整定值为线路额定电压的40%~70%,当被保护线路电压正常时,衔铁可靠吸合;当被保护线路电压降至欠电压继电器的释放整定值时,衔铁释放,触点机构复位,控制接触器及时分断被保护电路。

零电压继电器是当电路电压降低到额定电压的5%~25%时释放,对电路实现零电压保护,用于线路的失压保护。

电压继电器常用在电力系统继电保护中,在机电设备电气控制电路中,常用的电压继电器的型号有JT3、JT4系列等,其电气符号如图3-43所示。

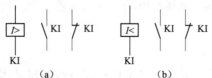

图3-42 电流继电器的电气符号　　图3-43 电压继电器的电气符号
(a) 过电流继电器;(b) 欠电流继电器　　(a) 过电压继电器;(b) 欠电压继电器

3) 中间继电器

中间继电器实质上是电压继电器的一种,其线圈结构、与测量电路的连接和电压继电器基本相同，有所不同的是中间继电器根据输入电压的有或无而动作，一般触头对数多（多至 8 对），触点容量较大（额定电流为 5~10 A），动作灵敏（动作时间不大于 0.05 s）。中间继电器体积小，其主要用途是当其他继电器的触头数或触头容量不够时，可借助中间继电器来扩大它们的触头对数和触头容量，起到中间放大和转换的作用。常用的中间继电器型号有 JZ7 系列交流中间继电器和 JZ8 系列交直流两用中间继电器等。其电气符号如图 3 – 44 所示。

JZ7 系列中间继电器的技术数据见表 3 – 14，适用于交流 380 V、电流 5 A 以下的控制电路。

表 3 – 14　JZ7 系列中间继电器的技术数据

型号	触头额定电压/V	触头额定电流/A	触头数量		吸引线圈额定电压/V	额定操作频率 / (次·h^{-1})
			常开	常闭		
JZ7 – 44	380	5	4	4	12、36、110、127、220、380	1 200
JZ7 – 62			6	2		1 200
JZ7 – 80			8	0		1 200

4) 电磁式继电器的主要技术参数

(1) 额定参数：是指继电器的线圈和触头在正常工作时允许的电压或电流值。

(2) 动作参数：即继电器的吸合值和释放值。对电压继电器为吸合电压和释放电压，对电流继电器为吸合电流和释放电流。

(3) 整定值：根据要求对继电器的动作参数进行人工调整的值。

(4) 返回参数：是指继电器的释放值与吸合值的比值，用 K 表示。不同的应用场合要求继电器的返回参数不同。

(5) 动作时间：有吸合时间和释放时间两种。吸合时间是指线圈接收电信号起，到衔铁完全吸合所需的时间；释放时间是指从线圈断电到衔铁完全释放所需的时间。

5) 电磁式继电器的整定

继电器的吸合值和释放值可以根据保护要求在一定范围内调整，现以图 3 – 45 所示的直流电磁式继电器为例加以说明。

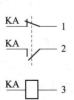

图 3 – 44　中间继电器电气符号
1—常闭触头；2—常开触头；3—线圈

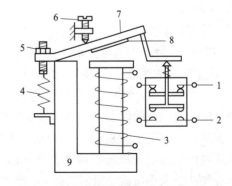

图 3 – 45　直流电磁式继电器结构示意图
1—常闭触头；2—常开触头；3—线圈；4—反力弹簧；
5—调节螺母；6—调节螺栓；7—衔铁；8—非磁性垫片；9—铁轭

（1）转动调节螺母，调整反力弹簧的松紧程度可以调整动作电流（电压）。弹簧反力越大，吸合电流（电压）和释放电流（电压）就越大，反之就越小。

（2）改变非磁性垫片的厚度。非磁性垫片越厚，衔铁吸合后磁路的气隙和磁阻就越大，释放电流（电压）也就越大，反之越小，而吸引值不变。

（3）调节螺丝，可以改变初始气隙的大小。在反作用弹簧力和非磁性垫片厚度一定时，初始气隙越大，吸引电流（电压）就越大，反之就越小，而释放值不变。

6）电磁式继电器的选用

（1）根据电路所需的控制功能选择类型（如电流继电器、电压继电器、中间继电器）。

（2）根据负载电源性质选择交流或直流继电器。

（3）电磁式继电器的电压等级、触点对数、触点形式及额定电流应满足电路控制要求。

3．时间继电器

当接收或除去输入信号，经过一段时间后执行机构才动作的继电器称为时间继电器。时间继电器是一种利用电磁原理或机械动作原理实现触点延时接通或断开的自动控制电器，在控制电路中用于时间的控制。其种类很多，按其动作原理和构造不同，可分为电磁式、空气阻尼式、电动式和晶体管式等类型；按延时方式可分为通电延时型和断电延时型。机电设备电气控制线路中应用较多的是空气阻尼式时间继电器，晶体管式时间继电器也得到越来越广泛的应用，下面介绍 JS7 型空气阻尼式时间继电器的工作原理。

1）空气阻尼式时间继电器结构与工作原理

空气阻尼式时间继电器是利用空气阻尼原理获得延时的。它由电磁机构、触头系统、气室、传动机构四部分组成。延时方式有通电延时和断电延时两种。根据电路需要改变时间继电器的电磁机构的安装方向，即可实现通电延时和断电延时的互换。其外形和结构图如图3-46所示。

其工作原理如下：

图3-47（a）所示为通电延时型时间继电器线圈不得电时的情况，当线圈通电后，动铁芯吸合，带动 L 形传动杆向右运动，使

图3-46　JS7-A系列空气阻尼式时间继电器外形和结构图

1—线圈接线桩；2—线圈；3—微动开关－瞬动触点；4—微动开关－延时触点；5—延时调节螺杆；6—气囊

瞬动触点受压，其触点瞬时动作。活塞杆在塔形弹簧的作用下，带动橡皮膜向右移动，弱弹簧将橡皮膜压在活塞上，橡皮膜左方的空气不能进入气室，形成负压，只能通过进气孔进气，因此活塞杆只能缓慢地向右移动，其移动的速度和进气孔的大小有关（通过延时调节螺丝调节进气孔的大小可改变延时时间）。经过一定的延时后，活塞杆移动到右端，通过杠杆压动微动开关（通电延时触点），使其常闭触头断开，常开触头闭合，起到通电延时作用。

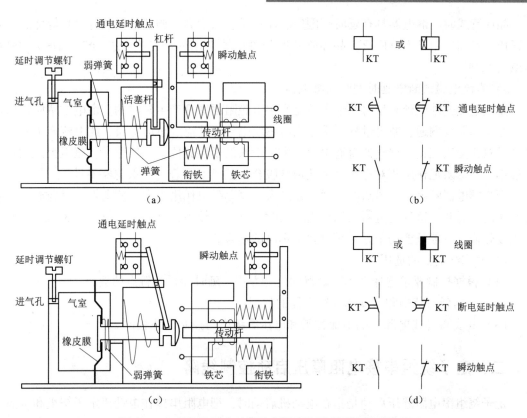

图 3-47 空气阻尼式时间继电器动作原理图及图形符号
(a) 通电延时继电器动作原理图；(b) 通电延时继电器图形符号；
(c) 断电延时继电器动作原理图；(d) 断电延时继电器图形符号

当线圈断电时，电磁吸力消失，动铁芯在反力弹簧的作用下释放，并通过活塞杆将活塞推向左端，这时气室内中的空气通过橡皮膜和活塞杆之间的缝隙排掉，瞬动触点和延时触点迅速复位，无延时。

如果将通电延时型时间继电器的电磁机构反向安装，就可以改为断电延时型时间继电器，如图 3-46 (c) 中断电延时型时间继电器所示。线圈不得电时，塔形弹簧将橡皮膜和活塞杆推向右侧，杠杆将延时触点压下（注意，原来通电延时的常开触点现在变成断电延时的常闭触点，原来通电延时的常闭触点现在变成断电延时的常开触点），当线圈通电时，动铁芯带动 L 形传动杆向左运动，使瞬动触点瞬时动作，同时推动活塞杆向左运动，如前所述，活塞杆向左运动不延时，延时触点瞬时动作。线圈失电时动铁芯在反力弹簧的作用下返回，瞬动触点瞬时动作，延时触点延时动作。

时间继电器线圈和延时触点的图形符号都有两种画法，线圈中的延时符号可以不画，触点中的延时符号一般画在左边（也有画在右边的，现在不采用），右开口圆弧为通电延时型，左开口圆弧为断电延时型，如图 3-47 (b)、(d) 的图形符号所示。

空气阻尼式时间继电器的优点是结构简单、延时范围大、寿命长、价格低廉，还附有不延时的瞬动触点，所以应用较为广泛。其缺点是准确度低、延时误差大（±10% ~ ±20%）、无调节刻度指示，一般适用延时精度要求不高的场合。

2）晶体管式时间继电器

晶体管式时间继电器具有延时范围广、体积小、精度高、调节方便及寿命长等优点，发展很快，目前应用已十分广泛。晶体管式时间继电器常用的产品有 JSJ、JSB、JJSB、JS14、JS20 等系列。

3）直流电磁式断电延时型时间继电器

直流电磁式断电延时型时间继电器是利用电磁阻尼原理产生延时的。由电磁感应定律可知，在继电器线圈通、断电过程中铜套内将感应电势，并流过感应电流，此电流产生的磁通总是反对原磁通变化。继电器得通电时，由于衔铁处于释放位置，气隙大，磁阻大，磁路的磁通小，铜套阻尼作用相对也小，因此衔铁吸合时延时不显著（一般忽略不计）。

而当继电器断电时，磁路的磁通变化量大，铜套阻尼作用也大，使衔铁延时释放而起到延时作用。因此，这种继电器仅用作断电延时，且延时较短，延时时间仅为 0.3~5 s，而且准确度较低，一般只能用于延时短且要求不高的场合。

4）时间继电器的选用

（1）根据控制要求选择其延时触点的延时方式、延时和瞬时触点的数目；

（2）根据延时范围和精度选择继电器的类型；

（3）其线圈（或电源）的电流种类和电压等级应与控制电路相同。

二、定子绕组串接电阻降压启动控制线路

定子绕组串电阻降压启动是指在电动机启动时，把电阻串接在电动机定子绕组和电源之间，通过电阻的分压作用，来降低定子绕组上的启动电压，待电动机启动后，再将电阻短接，使电动机在额定电压下正常运行的启动方式。

1．时间继电器自动控制电路

图 3-48 所示为电动机定子绕组串电阻降压启动时间继电器自动控制的电路。电动机启动时，在三相定子电路中串入电阻，使电动机定子绕组电压降低，启动后将电阻短接，使电动机在正常电压下运行。

这种启动方式不受电动机接线形式的限制，设备简单，因而在中小型机床中常有应用。图中 KM_1 为接通电源接触器，KM_2 为短接电阻接触器，KT 为启动控制时间继电器，R 为减压启动电阻。其工作原理如下：

降压启动：

合上电源开关 QS，

停止时按下 SB_2 即可。

这种线路，电动机进入正常运行后，KM_1、KT 和 KM_2 始终通电工作，不但消耗电能，缩短电器寿命，而且增加了出现故障的概率。若发生时间继电器触点不动作故障，则 KM_2 线圈不能得电，电动机将长期在降压下运行，造成电动机不能正常工作，甚至烧毁电动机。

项目三 三相异步电动机的基本控制线路

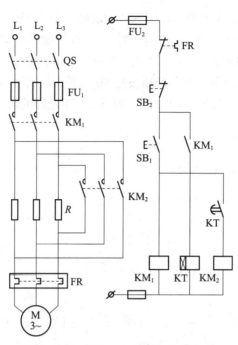

图 3-48 时间继电器自动控制电路

将电路改为如图 3-49 所示的改进电路,主电路中 KM_2 的三对主触点上接线端与 KM_1 上接线端接在一起,下接线端接在电阻的下端,把接触器 KM_1 的三对主触点和 R 一起并接进去,这样接触器 KM_1 和时间继电器 KT 只作短时间的降压启动用,待电动机全压运行后就全部从线路中切除,从而延长了接触器 KM_1 和时间继电器 KT 的使用寿命,不仅减少了电能损耗,而且提高了电路的可靠性。线路工作原理如下:

降压启动:

先合上电源开关 QS,

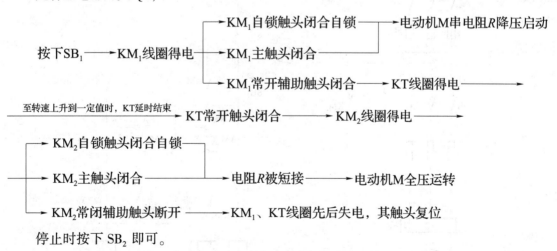

停止时按下 SB_2 即可。

2. 具有手动和自动控制的定子串电阻降压启动控制电路

图 3-49 所示电路,仍未克服时间继电器发生触点不动作故障的缺陷,故将电路进一步改成图 3-50 所示的具有手动和自动控制的串电阻降压启动电路。它是在图 3-49 所示电路的

基础上增设了一个选择开关 SA 和升压按钮 SB_3 构成的。SA 手柄有两个位置,当 SA 手柄置于 M 位时为手动控制,当手柄置于 A 位时为自动控制。在控制回路中设置的 KM_2 自锁触点与联锁触点,使电路的可靠性得到提高。一旦发生 KT 的延时时间到后,常开触点闭合不上的故障时,可以将 SA 手柄扳在 M 位,按下升压按钮 SB_3,使 KM_2 线圈得电吸合,电动机便可进入全压运行。所以该电路克服了图 3－48 和图 3－49 所示控制电路的缺点,使电路更加安全可靠。

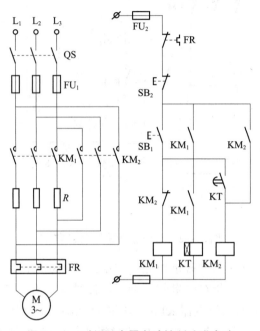

图 3－49　时间继电器自动控制改进电路

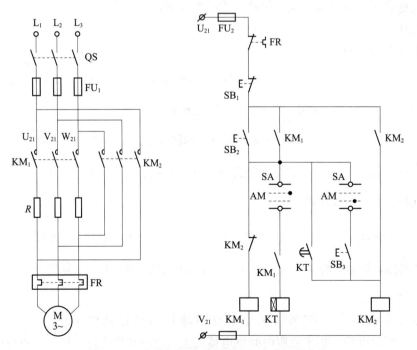

图 3－50　自动与手动串电阻降压启动控制电路

三、丫 - △（星形 - 三角形）降压启动控制电路

丫 - △降压启动是指电动机启动时，把定子绕组接成星形，以降低启动电压，限制启动电流，待电动机启动后，再把定子绕组改接成三角形，使电动机全压运行。凡是在正常运行时定子绕组做三角形连接的异步电动机，均可采用这种降压启动方法。电动机启动时，接成星形，加在每相定子绕组上的启动电压只有三角形接法时的 $1/\sqrt{3}$，启动电流为三角形接法时的 $1/3$，启动转矩也只有三角形接法时的 $1/3$。所以这种降压启动的方法，只能用于轻载或空载场合的启动。常用的丫 - △降压启动控制线路有以下几种：

1. 手动控制丫 - △降压启动电路

图 3 - 51 所示为早期使用的双投闸刀开关手动控制丫 - △降压启动的控制电路。其工作原理如下：

启动时，先合上电源开关 QS_1，然后把闸刀开关 QS_2 扳到"启动"位置，电动机定子绕组就接成"丫"降压启动，当电动机转速上升到接近额定值时，再将闸刀开关 QS_2 扳到运行位置，电动机定子绕组改成"△"全压正常运行。这种控制电路，要求熟练的操作人员操作，才能保证电动机能正常启动运行。

2. 按钮切换控制电路

上述电路，不仅操作费劲并麻烦，而且启动时间的长短受操作人员熟练程度的影响，为此改进为如图 3 - 52 所示的按钮切换丫 - △降压启动控制电路。线路工作原理如下：

合上电源开关 QS，

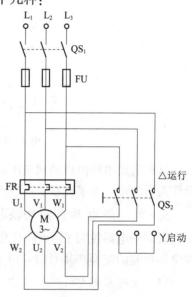

图 3 - 51 手动丫 - △降压启动控制电路

当电动机转速升高到一定值时，

按下SB_2 → SB_2常闭触点先断开 → KM_Y线圈失电 → KM_Y主触头分断，解除丫形连接
　　　　　　　　　　　　　　　　　　　　　　　　　　KM_Y互锁触点闭合解除互锁
　　　　　　SB_2常开闭触点后闭合 → $KM_△$线圈得电 → $KM_△$互锁触头分断对KM_Y互锁
　　　　　　　　　　　　　　　　　　　　　　　　　　$KM_△$主触头闭合
→ 电动机M接成△全压运行

停止时按下 SB_3 即可。

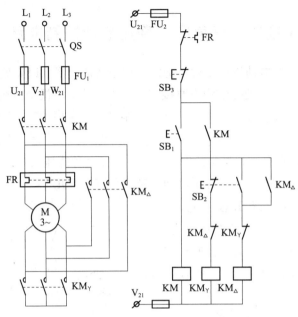

图 3-52 按钮切换 Y-△ 降压启动控制电路

这种启动电路由启动到全压运行，需要两次操作按钮，不太方便，并且切换时间仍然由操作人员决定。为了克服上述缺点，采用时间继电器自动切换控制电路。

3. 时间继电器自动切换控制电路

时间继电器控制 Y-△ 降压启动控制线路已经形成定形产品，图 3-53 所示为采用时间继电器控制的定型产品 QX3-13 型 Y-△ 降压启动器的控制电路，其工作原理为：

合上电源开关 QS，

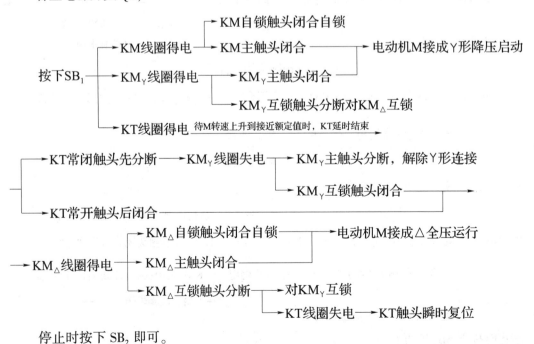

停止时按下 SB_2 即可。

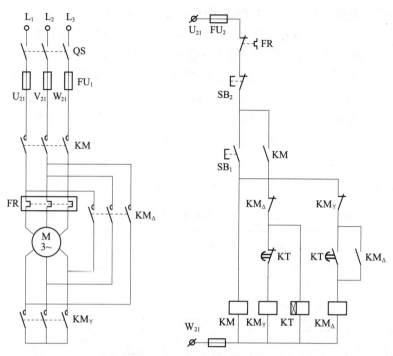

图 3-53 时间继电器自动切换 Y-△ 降压启动控制电路

四、延边三角形降压启动控制电路

Y-△降压启动方法虽然简便，但由于启动转矩小，其应用受到一定的限制。为了克服 Y-△降压启动时转矩较小的缺点，采用延边三角形启动方法。延边三角形降压启动是在 Y-△降压启动方法的基础上加以改进而成的一种新的启动方法。但这种启动方法适用于定子绕组为特殊设计的三相异步电动机，它的定子绕组有九个接线头（通常的电动机定子绕组为六个接线头），如图 3-54 所示。

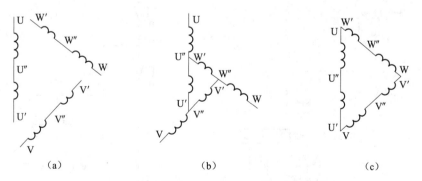

图 3-54 延边三角形接法的电动机定子绕组的连接方式
(a) 原始状态；(b) 启动时；(c) 正常运行时

电动机启动时，把三相定子绕组的一部分接成三角形，另一部分接成星形，使整个绕组接成如图 3-54（b）所示电路。由于该电路像一个三角形的三边延长以后的图形，所以称为延边三角形启动电路。从图 3-54（b）中可以看出，星形接法部分的绕组，既是各相定子绕组的一部分，同时又兼作另一相定子绕组的降压绕组。其优点是在 U、V、W 三相接入 380 V 电源时，每相绕组上所承受的电压比三角形接法时的相电压要低，比星形接法时的相电压要高，因此启动转矩也大于 Y-△降压启动时的转矩。接成延边三角形时每相绕组的相电压、启动电流和启动转矩的大小，是根据每相绕组的两部分阻抗的比例（称为抽头比）的改变而变化的。在实际应用中，可根据不同的使用要求，选用不同的抽头比进行降压启动，待电动机启动旋转以后，再将绕组接成三角形，如图 3-54（c）所示，使电动机在额定电压下正常运行。

电动机接成延边三角形时，每绕组各种抽头比的启动特性见表 3-15。

表 3-15 延边三角形电动机定子绕组不同抽头比的启动特性

定子绕组抽头比 $K = Z_1 : Z_2$	相似于自耦变压器的抽头百分比/%	启动电流为额定电流的倍数 I_{st}/I_N	延边三角形启动时每相绕组电压/V	启动转矩为全压启动时的百分比/%
1:1	71	3~3.5	270	50
1:2	78	3.6~4.2	296	60
2:1	66	2.6~3.1	250	42
当 Z_2 绕组为零时即为 Y 连接	58	2~2.3	220	33.3

从表 3-15 可以看出，采用延边三角形降压启动的优点是：不用自耦变压器，通过变换定子绕组的抽头比 K，就可以得到不同数值的启动电流和启动转矩，以满足不同的使用要求。

三相笼型异步电动机定子绕组接成延边三角形降压启动的控制电路如图 3-55 所示。

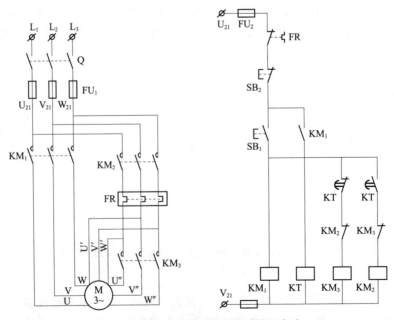

图 3-55 延边三角形降压启动控制电路

工作原理如下:
合上电源开关 Q,

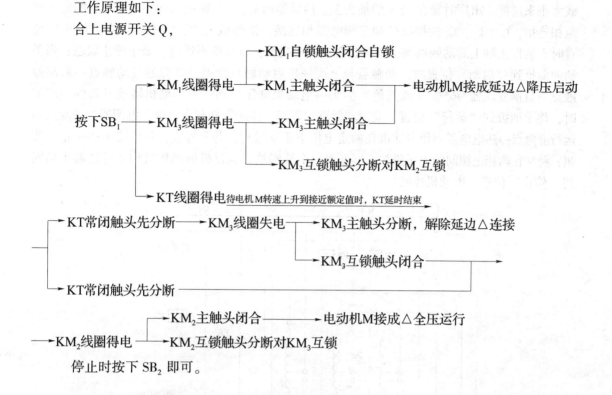

停止时按下 SB_2 即可。

五、自耦变压器降压启动控制电路

自耦变压器降压启动(又名补偿器降压启动)是利用自耦变压器来降低启动时加在电动机定子绕组上的电压,达到限制启动电流的目的。电动机启动时,定子绕组得到的电压是自耦变压器的二次电压,一旦启动完毕,自耦变压器便被切除,额定电压或者说自耦变压器的一次电压直接加到定子绕组上,这时电动机直接进入全电压正常运行。

自耦变压器降压启动常用一种叫作启动补偿器的控制设备来实现,可分为手动控制与自动控制两种。

1. 手动控制启动补偿器降压启动

自耦变压器降压启动原理图如图 3-56 所示。启动时,合上电源开关 QS_1,将开关 QS_2 扳向"启动"位置,使电源加到自耦变压器 T 上,而电动机定子绕组与自耦变压器的抽头连接,电动机进入降压启动阶段。待电动机转速上升至一定值时,再将 QS_2 迅速扳向"运行"位置,使电动机直接与电源相接,在额定电压下正常运行。工厂中常用的手动控制启动补偿器的成品有 QJ3 和 QJ5 等。图 3-57 为 QJ3 型手动控制补偿器控制电路原理图。

这种补偿器中,自耦变压器采用Y接法。各相绕组有原边电压的65%和80%两组抽头,可以根据启动时负

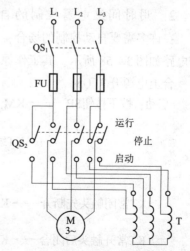

图 3-56 自耦变压器降压启动原理图

载大小来选择。出厂时接在65%的抽头上。启动器的U、V、W的接线柱和电动机的定子绕组相连接，L_1、L_2、L_3的接线柱和三相电源相连接。操作机构中，当手柄处在"停止"位置时，装在主轴上的动触点与上下两排触点都不接触，电动机不通电，处于停止状态；当手柄向前推到"启动"位置时，动触点与上面一排启动触点接触，电源通过动触点→启动静触点→自耦变压器→65%（或其他）抽头→电动机降压启动；当电动机转速升高到一定值时，将手柄扳到"运行"位置，此时动触点与下面一排运行静触点接触，电源通过动触点→运行静触点→热继电器→使电动机在额定电压下正常运行。若要停止，只要按下"停止"按钮，跨接在两相电源间的失压脱扣线圈断电，衔铁释放，通过机械操作机构使补偿器手柄回到"停止"位置，电动机停转。

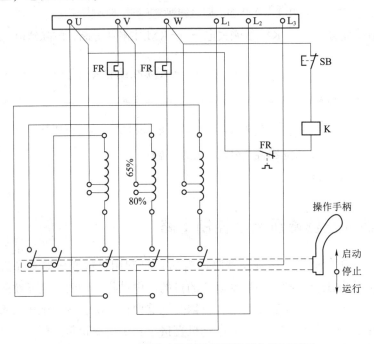

图3-57　QJ3型手动控制补偿器控制电路原理图

2. 用时间继电器控制的自动启动补偿器降压启动

在许多需要自动控制的场合，常采用时间继电器自动控制的启动补偿器降压启动。其控制电路如图3-58所示，其工作原理如下：

合上电源开关QS，

启动：按下按钮SB_1 ┬→ KM_1线圈得电 →电动机M通过自耦变压器作降压启动
　　　　　　　　　　└→ KT线圈得电 →KT瞬动常开触头闭合实现自锁

当电动机转速升高到一定值时，KT延迟时间到

┬→KT常闭触头先断开 →KM_1线圈失电 →自耦变压器脱离电源
└→KT常开触头后闭合 →KM_2线圈得电 →电动机直接接到电源，在额定电压下运行

停止时按下SB_2即可。

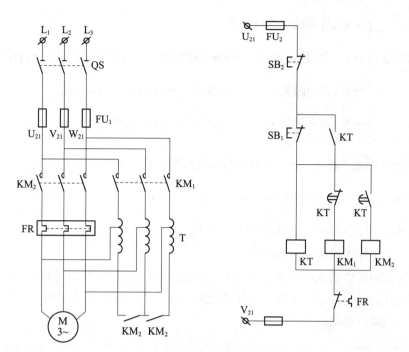

图 3-58 时间继电器控制启动补偿器降压启动电路

该控制电路一般只能用于控制 30 kW 以下的交流异步电动机。

我国生产的 XJ01 系列自动启动补偿器是目前广泛应用的自耦变压器降压启动的自动控制设备，适用于交流 380 V，功率为 14~300 kW 的三相鼠笼式异步电动机的降压启动用。

XJ01 系列自动启动补偿器是由自耦变压器、交流接触器、中间继电器、热继电器、时间继电器和按钮等电器元件组成的。对于 14~75 kW 的产品，采用自动控制方式；80~300 kW 的产品，具有手动和自动两种控制方法，通过转换开关进行切换。时间继电器的延时为可调节式，调节时间在 5~120 s 以内，可以按要求调节控制启动时间。自耦变压器备有额定电压 60% 及 80% 两挡抽头，出厂时接在 60% 的抽头上。补偿器设具有过载和失压保护，最大启动时间为 2 min（包括一次或连续数次启动时间的总和），若启动时间超过 2 min，则必须经过大于 4 h 的冷却时间后，才能再次启动。图 3-59 所示为 XJ01 自动启动补偿器控制电路。图中虚线框内的常开和常闭按钮是异地控制按钮。

整个控制电路分为三部分：主电路、控制电路和信号指示电路。其工作原理如下：

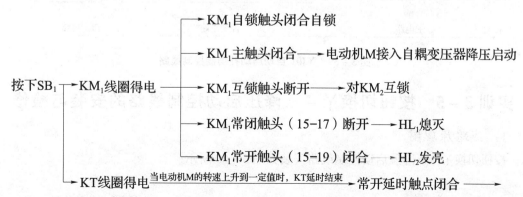

停止时,按下停止按钮 SB_2 即可。

自耦变压器降压启动的优点是:启动转矩和启动电流可以调节,但设备庞大,成本较高。因此,这种启动方法适用于额定电压为 220/380 V,绕组接法为 Y 和 △,容量较大的三相异步电动机的降压启动。

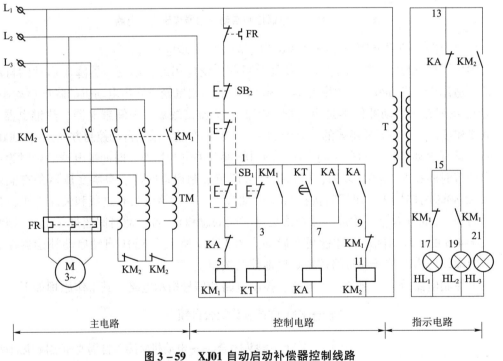

图 3-59 XJ01 自动启动补偿器控制线路

实训 3-5　按钮切换 Y-△ 降压启动控制线路的安装与检修

1. 线路原理图

按钮切换 Y-△ 降压启动控制线路安装如图 3-60 所示。

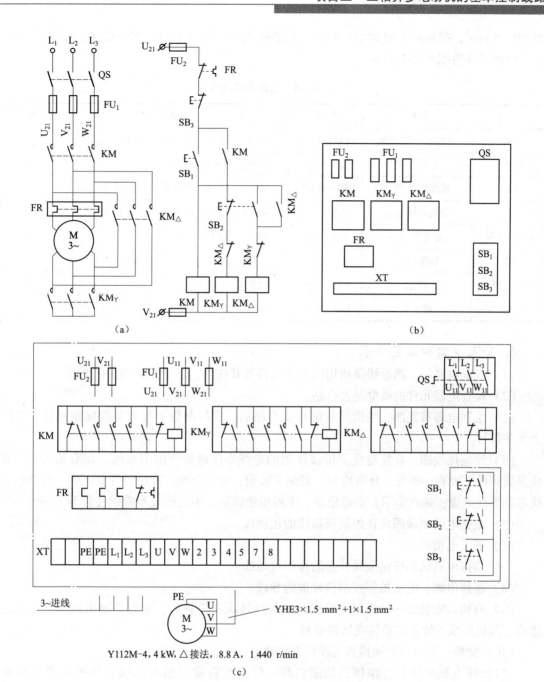

图 3-60 按钮切换 Y-△降压起动控制线路安装
(a) 电路图;(b) 电器布置图;(c) 安装接线图

2. 实习目的
掌握按钮控制 Y-△降压启动控制线路的安装与检修方法。

3. 工具、仪表及器材
(1) 工具:螺钉旋具、尖嘴钳、平口钳、斜口钳、剥线钳、电工刀等。
(2) 仪表:MF47 型万用表、兆欧表、钳形电流表。
(3) 器材:导线规格:主电路采用 BV1.5 mm²;控制回路采用 BV1 mm²;按钮线采用

BVR0.75 mm^2；接地线采用 BVR1.5 mm^2（黄绿双色）。导线数量由教师根据实际情况确定。电器元件明细见表 3–16。

表 3–16 电器元件明细

代号	名称	型号	规格	数量
M_1	三相异步电动机	Y112M–4	4 kW, 380 V, △接法, 8.8 A, 1 440 r/min	1
QS	组合开关	HZ10–25/3	三极，额定电流 25 A	1
FU_1	螺旋式熔断器	RL1–60/25	500 V, 60 A, 配熔体额定电流 25 A	3
FU_2	螺旋式熔断器	RL1–15/2	500 V, 15 A, 配熔体额定电流 2 A	2
$KM_1 \sim KM_3$	交流接触器	CJ10–10	10 A, 线圈电压 380 V	3
FR	热继电器	JR16–20/3	三极、20 A、额定电流 8.8 A	1
SB_1、SB_2	按钮	LA10–3H	保护式，按钮数 3	1
XT	端子板	JX2–1015	10 A, 15 节, 380 V	1

4. 安装步骤和工艺要求

（1）识读电路图，熟悉线路所用的电器元件及其作用，以及线路的工作原理。

（2）检查电器元件的质量是否合格。

（3）绘制电器布置图，经指导教师检查合格后，在控制板上按布置图固定元件，并贴上文字符号。

（4）绘制接线图，在控制板上按接线图的走线方法进行板前明布线，并套编码管。布线要做到横平竖直、整齐、分布均匀、紧贴安装面、走线合理；套编码管要正确；严禁损伤线芯和导线绝缘；接点牢固，不得松动，不得压绝缘层，不反圈及不露铜过长等。

（5）根据电路原理图检查控制板布线的正确性。

（6）安装电动机。

（7）连接电动机和按钮金属外壳的保护接地线。

（8）连接电源、电动机等控制板外部的导线。

（9）自检：安装完毕的控制线路板，必须经过认真检查后，才允许通电试车，以防止接错、漏接造成不能正常运转或短路事故。

（10）交验：交指导教师检查无误后方可通电试车。

（11）通电试车完毕，停机、切断电源。然后先拆除三相电源线，再拆除电动机负载线。

5. 注意事项

（1）用 Y–△降压启动控制的电动机，必须有六个出线端子，且定子绕组在△接法时的额定电压等于三相电源线电压。

（2）接线时要保证电动机△形接法的正确性，即接触器 $KM_△$ 主触头闭合时，应保证定子绕组的 U_1 与 W_2、V_1 与 U_2、W_1 与 V_2 相连接。

（3）接触器 KM_Y 的进线必须从三相定子绕组的末端引入，若误将其首端引入，则 KM_Y 在吸合时，会产生三相电源短路事故。一定要注意不能接错。

（4）通电校验前要再检查一下熔体规格及时间继电器、热继电器的各整定值是否符合要求。

（5）要做到在规定时间内完成，同时要做到安全操作和文明生产。

6. 考核评分标准

考核评分标准见表 3-17。

表 3-17 评分标准

项目内容	配分	评分标准	扣分
装前检查	15	（1）电动机质量检查，每漏一处扣 5 分 （2）电器元件漏检或错检，每处扣 2 分	
安装元件	15	（1）不按电器布置图安装元件扣 15 分 （2）元件安装不紧固每只扣 4 分 （3）元件安装不整齐、不匀称、不合理每只扣 3 分 （4）损坏元件扣 15 分	
布线	30	（1）不按电气原理图接线，扣 25 分 （2）布线不符合要求，主电路每根扣 4 分 　　　　　　　　　　控制电路每根扣 2 分 （3）接点不符合要求，每个接点扣 1 分 （4）损伤导线绝缘或线芯，每根扣 5 分 （5）漏接接地线扣 10 分	
通电试车	40	（1）热继电器未整定或整定错扣 5 分 （2）熔体规格配错，主、控电路各扣 5 分 （3）第一次试车不成功扣 20 分 　　　第二次试车不成功扣 30 分 　　　第三次试车不成功扣 40 分	
安全文明生产		违反安全文明生产规程扣 5～40 分	
定额时间 3.5 h		按每超时 2 min，总分扣 1 分计算	
备注		各项扣分不得超过该项配分	成绩
开始时间		结束时间	实际时间

7. 检修训练

（1）故障设置：在控制电路或主电路中人为设置电气自然故障两处。

（2）故障检修：其检修步骤及要求如下：

① 用通电试验法观察故障现象。主要注意观察电动机、各电器元件及线路的工作是否正常，若发现异常现象，应立即断电检查。

② 用逻辑分析法缩小故障范围，并在电路图上用虚线标出故障部位的最小范围。

③ 用测量法正确、迅速地找出故障点。

④ 根据故障点的不同情况，采用正确的修复方法，迅速排除故障。
⑤ 排除故障后通电试车。

(3) 注意事项
① 检修前要先掌握电路图中各个控制环节的作用和原理，并熟悉电动机的接线方法。
② 在检修过程中严禁扩大和产生新的故障，否则，要立即停止检修。
③ 在排除故障过程中，检修思路和方法要正确。
④ 带电检修故障时，必须有教师在现场监护，并要确保用电安全。
⑤ 排除故障要在规定的时间内完成。

(4) 评分标准
评分标准见表 3-18。

表 3-18 评分标准

项目内容	配分	评分标准	扣分
故障分析	30	(1) 故障分析、排除故障思路不正确，每个扣 5~10 分 (2) 标错电路故障范围，每个扣 15 分	
排除故障	70	(1) 停电不验电扣 5 分 (2) 测量仪器和工具使用不正确，每次扣 5 分 (3) 排除故障的顺序不正确扣 10 分 (4) 不能查出故障，每个扣 35 分 (5) 查出故障点，但不能排除，每个故障扣 20 分 (6) 产生新的故障： 　　不能排除，每个扣 35 分 　　已经排除，每个扣 15 分 (7) 损坏电动机扣 70 分 (8) 损坏电器元件，每个扣 5~20 分	
安全文明生产		违反安全文明生产规程扣 10~70 分	
定额时间 1 h		检查不允许超时，修复故障过程中的超时，按每超时 1 min 总分扣 5 分计算	
备注		除定额时间外，各项内容的最高扣分不得超过配分数	成绩
开始时间		结束时间	实际时间

任务五　三相异步电动机的制动控制线路

知识要点：
　　熟悉速度继电器、电磁抱闸、制动电磁铁的结构和作用原理；了解机械制动原理；掌握机电设备常用电气制动控制电路的原理。

技能要点：
　　掌握电动机单向启动反接制动控制线路的安装与检修方法；熟悉带变压器单相全波整

流,电动机单向启动能耗制动控制线路的安装与检修方法。

异步电动机断开电源以后,由于惯性作用不会马上停止转动,而需要继续转动一段时间才会完全停下来,这是自然停车。这种情况对某些生产机械是不适宜的,如万能铣床、卧式镗床、组合机床等机电设备都要求迅速停车和准确定位;又如起重机、卷扬机吊起和下放重物时都需要准确定位。这就要求对电动机采取有效措施,强迫其迅速停转。为满足生产机械的这种要求即对电动机进行制动。

所谓制动,就是给电动机一个转动方向相反的转矩迫使它迅速停转。制动的方式分为两大类:机械制动和电气制动。机械制动是采用机械抱闸或液压装置使电动机断开电源后迅速停转的方法,常用的机械制动方法有电磁抱闸和电磁离合器制动,电磁抱闸就是常用的制动方法之一。电气制动方法,首先将电动机定子从电源脱离,在停转的过程中接入能产生一个和电动机实际转动方向相反的电磁力矩作为制动力矩,迫使电动机迅速停转,机电设备中常用的电气制动方法有反接制动和能耗制动等。

一、机械制动控制

机械制动,应用较普遍的有电磁抱闸和电磁离合器两种,这两种方法的制动原理基本相同,下面介绍机械制动的工作原理。

1. 电磁抱闸的结构

电磁抱闸主要由两部分组成:制动电磁铁和闸瓦制动器。制动电磁铁由铁芯、衔铁和线圈三部分组成,线圈有单相和三相之分。闸瓦制动器包括闸轮、闸瓦、杠杆和弹簧等,闸轮和电动机装在同一轴上。制动强度可通过调整机械结构来改变。电磁抱闸分为断电制动型和通电制动型两种。断电制动型的性能是:当线圈失电时,闸瓦在弹簧作用下紧紧抱住闸轮制动。通电制动型的性能是:当线圈得电时,闸瓦紧紧抱住闸轮制动,当线圈失电时,闸瓦与闸轮分开,无制动作用。电磁抱闸结构示意图如图3-61所示。

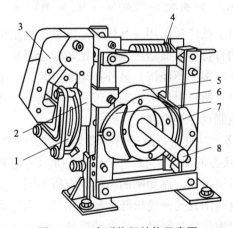

图3-61 电磁抱闸结构示意图

1—线圈;2—铁芯;3—衔铁;4—弹簧;5—闸轮;6—杠杆;7—闸瓦;8—轴

2. 机械制动控制电路

(1)断电制动控制电路。在电梯、起重机、卷扬机等一类升降机械上,采用的制动闸是平时处于"抱住"的制动装置，其控制电路如图 3-62 所示。其工作原理如下：

合上电源开关QS，
启动：按下启动按钮SB₁ → KM线圈得电 → ┌ KM自锁触头闭合自锁
　　　　　　　　　　　　　　　　　　　　├ KM主触头闭合 → 电动机M接通电源
　　　　　　　　　　　　　　　　　　　　└ 电磁抱闸线圈YA得电 →

→ 衔铁与铁芯闭合，制动器的闸瓦与闸轮分开，电动机启动运行。

制动：按下SB₂ → KM线圈失电 → ┌ KM自锁触头分断解除自锁
　　　　　　　　　　　　　　　　├ KM主触头分断 → 电动机M切断电源
　　　　　　　　　　　　　　　　└ 电磁抱闸线圈YA失电（衔铁与铁芯失去

电磁吸引力，在弹簧拉力的作用下，使闸瓦紧紧抱住闸轮，电动机被迅速制动而停转）

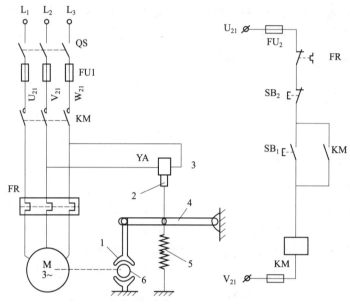

图 3-62　电磁抱闸断电制动控制电路
1—闸瓦；2—衔铁；3—线圈；4—杠杆；5—弹簧；6—闸轮

这种制动方法在起重机上被广泛采用。其优点是能够正确定位，同时可防止中途突然停电或受电气故障影响时重物自行坠落而造成事故，比较安全可靠。但缺点是电磁抱闸线圈耗电时间与电动机一样长，耗电多，不经济；另外在切断电源后，电动机轴就被制动刹住不能转动，做调整工作比较困难。所以对要求电动机停止时能调整工作位置的机电设备不宜采用这种制动方法，可采用通电制动控制电路。

（2）通电制动控制电路。对机床一类经常需要调整加工工件位置的机电设备，宜采用制动闸平时处于"松开"状态的制动装置。图 3-63 所示为电磁抱闸通电制动控制电路，该控制电路与断电制动型有所不同，制动闸的结构也有所不同。当电动机得电运行时，电磁抱闸线圈处于断电状态，这时闸瓦与闸轮松开无制动作用。当电动机断电需要制动时，电磁抱闸线圈得电，使闸瓦紧紧抱住闸轮制动。当电动机处于停止运行状态时，电磁抱闸线圈也无电，闸瓦与闸轮处于松开状态。这样，在电动机未通电时，操作人员可以用手扳动主轴进行调整工件和对刀等。

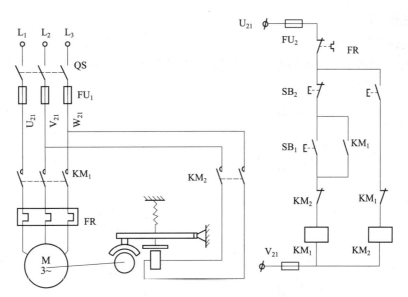

图 3-63 电磁抱闸通电制动控制电路

工作原理如下：合上电源 QS 开关，

启动：按下SB₁→KM₁线圈得电→┬→KM₁自锁触头闭合
　　　　　　　　　　　　　　├→KM₁主触头闭合 → 电动机M启动运行
　　　　　　　　　　　　　　└→KM₁互锁触头断开（KM₂不能得电动作，电磁抱闸线圈无电，衔铁与铁芯间没有电磁吸力，在弹簧拉力作用下，使闸瓦与闸轮分开，电动机不受制动影响而正常运行）

制动：

按下SB₂┬→SB₂常闭触点先断开→KM₁线圈失电┬→KM₁自锁触头分断解除自锁
　　　　│　　　　　　　　　　　　　　　├→KM₁主触头断开→电动机M失电
　　　　│　　　　　　　　　　　　　　　└→KM₁互锁触头复位┐
　　　　└→SB₂常开触点后闭合──────────────────────────→KM₂线圈得电→
→KM₂主触头闭合 → 电磁抱闸YA线圈得电（产生电磁吸力使铁芯与衔铁吸合，抱闸紧紧抱住闸轮进行制动，电动机被迅速制动而停转）

松开SB₂→SB₂常开触点复位→KM₂线圈断电→KM₂主触头断开→电磁抱闸YA线圈断电→
→抱闸松开

该控制电路的另一个优点是：只有将停止按钮 SB₂ 按到底，接通 KM₂ 线圈电路才有制动作用，松开 SB₂，制动就结束。所以，如果停车不需制动时，可不将 SB₂ 按到底，或按一下 SB₂ 立即松开，让电动机自然停车。这样，可以根据实际需要，采用制动与否，从而延长电磁抱闸的使用寿命。

二、电气制动控制电路

所谓电气制动，就是指在电动机在切断电源停转的过程中，产生一个和电动机实际旋转方向相反的电磁转矩，迫使电动机迅速制动的方法。电气制动常用的方法有反接制动、能耗制动、电容制动和再生发电制动等，机电设备中常用反接制动和能耗制动。

1. 反接制动

1) 反接制动基本原理

依靠改变电动机定子绕组的电源相序来产生制动力矩，迫使电动机迅速停转的方法，叫反接制动。其制动原理图如图 3-64 所示。

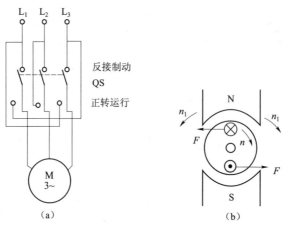

图 3-64 反接制动原理图

在图 3-64（a）中，当 QS 向上投合时，电动机定子绕组的电源相序为 L_1—L_2—L_3（正相序），电动机沿旋转磁场方向（顺时针方向）以 $n < n_1$ 的转速正常运行。在电动机需停转时，可拉开电源开关 QS，使电动机断开电源（此时电动机在惯性作用下按原方向继续旋转），随后，将电源开关 QS 迅速向下投合，使加到电动机定子绕组上的电源相序变为 L_3—L_2—L_1，产生的旋转磁场为逆时针方向。此时，转子将以 $n_1 + n$ 的相对速度按原转动方向切割旋转磁场，在转子绕组中产生感生电流，方向如图 3-64（b）所示。该电流受旋转磁场的作用产生电磁转矩，方向与电动机转动方向相反，使电动机受制动迅速停车。

必须注意的是：当电动机转速下降到接近零时，应立即切断电动机电源，否则电动机将反转。所以在反接制动控制电路中，为保证电动机的转速被制动到接近零时，能迅速切断电源，防止反向启动，是利用速度继电器（又称反接制动继电器）来自动地及时切断电源的。

2) 速度继电器

速度继电器是当转速达到规定值时动作的继电器，主要用于笼型异步电动机的反接制动控制，故又称为反接制动继电器。感应式速度继电器是靠电磁感应原理实现触点动作的。其外形、结构原理示意图及电气符号如图 3-65 所示。

从结构上看，速度继电器主要由定子、转子和触点机构三部分组成。定子与交流电动机相类似，是一个笼型空心圆环，由硅钢片冲压而成，并装有笼型绕组。转子是一个圆柱形永久磁铁。速度继电器的轴与电动机的轴相连接。转子固定在轴上，定子与轴同心。当电动机转动时，转子（圆柱形永久磁铁）随之转动产生一个旋转磁场，定子中的鼠笼型绕组切割磁力线而产生感应电动势和感应电流，此感应电流与永久磁铁的磁场作用产生转矩，使定子向轴的转动方向偏摆，通过定子摆锤推动簧片，使常闭触点断开、常开触点闭合。当电动机转速下降到一定数值时，转矩减小，定子摆锤在簧片弹力的作用下恢复原位，定子返回原位，触点也恢复到原来状态。

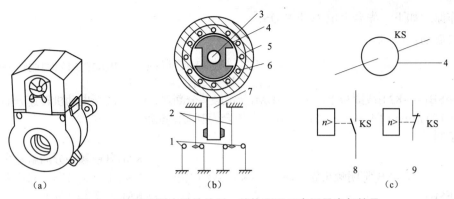

图 3-65 速度继电器的外形、结构原理示意图及电气符号

(a) 外形图; (b) 结构原理示图; (c) 图形文字符号

1—静触点; 2—动触点弹簧片; 3—电动机轴; 4—转子; 5—定子;
6—定子绕组; 7—胶木摆杆; 8—常开触点; 9—常闭触点

常用的感应式速度继电器有 JY1 和 JFZ0 系列。JY1 系列能在 3 000 r/min 以下可靠工作。JFZ0 型触点动作速度不受定子偏转快慢的影响,触点改用微动开关。JFZ0 系列 JFZ0-1 型适用于 300~1 000 r/min,JFZ0-2 型适用于 1 000~3 000 r/min。速度继电器有两对常开、常闭触点,分别对应于被控电动机的正、反转运行。触点额定电压为 380 V,额定电流为 2 A。速度继电器常用于铣床和镗床的反接制动控制电路中,一般情况下,速度继电器的触点在转速达 120 r/min 以上时能动作,100 r/min 以下时能正常复位。

3) 异步电动机单方向旋转的反接制动控制电路

图 3-66 所示为异步电动机单向旋转的反接制动控制电路的原理图。由于反接制动时电流比直接启动时的启动电流还要大,故在主电路中串入三个限流电阻 R。电路中,KM_1 为正常运转接触器,KM_2 为反接制动接触器,KS 为速度继电器,其轴与电动机轴相连(图中用虚线表示)。

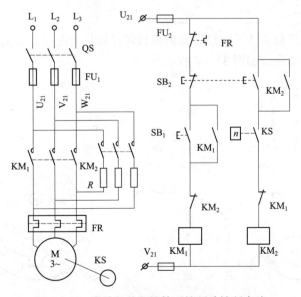

图 3-66 电动机单向旋转反接制动控制电路

工作原理如下：先合上电源开关 QS，

单向启动：

按下SB_1 → KM_1线圈得电 →
- KM_1自锁触头闭合自锁 → 电动机M启动运转 →
- KM_1主触头闭合
- KM_1互锁触头分断对KM_2互锁至电动机转速升高到一定值（150 r/min）时 → KS的常开触点闭合为制动做准备

反接制动：

按下SB_2 →
- SB_2常闭触头先分断 → KM_1线圈失电 →
  - KM_1自锁触头分断解除自锁
  - KM_1主触头分断，M暂失电
  - KM_1互锁触头闭合 →
- SB_2常开触头后闭合 →

→ KM_2线圈得电 →
- KM_2互锁触头分断对KM_1互锁
- KM_2自锁触头闭合自锁
- KM_2主触头闭合 → 电动机M串接电阻R反接制动至电动机转速下降到一定值（100 r/min左右）时 → KS常开触点分断 → KM_2线圈失电 →

- KM_2互锁触头闭合解除互锁
- KM_2自锁触头分断解除自锁
- KM_2主触头分断 → 电动机M脱离电源停转，反接制动结束

反接制动时，由于旋转磁场与转子的相对转速很高，故转子绕组中感应电流很大，致使定子绕组中的电流很大，一般约为电动机额定电流的 10 倍左右。因此，反接制动适用于 10 kW 以下小容量电动机的制动，并且对 4.5 kW 以上的电动机进行反接制动时，需在定子绕组回路中串入限流电阻 R，以限制反接制动电流。

反接制动的优点是制动力强，制动迅速。缺点是制动准确性差，制动过程中冲击强烈，易损坏传动零件，制动能量消耗大，不宜经常制动。因此，反接制动一般适用于制动要求迅速、系统惯性较大、不经常启动与制动的场合，如铣床、镗床、中型车床等主轴的制动控制。

2. 能耗制动

所谓能耗制动，就是将转子惯性转动的机械能量转化为电能，又消耗在转子的制动过程中的制动方法。其制动原理如图 3-67 所示。

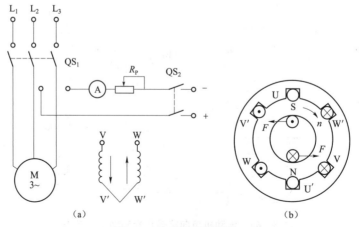

图 3-67 能耗制动原理

在进行能耗制动时，先将运转的电动机与三相交流电源脱离开来，此时电动机处于自然停车状态，然后将一直流电源接入电动机定子绕组的任意两相，使电动机产生一个静止的磁场。由于电动机转子因惯性仍然按原方向旋转，所以转子导体切割静止磁场的磁力线，从而在转子的导体中产生感应电流，根据右手定则，判别感应电流的方向如图 3-67（b）所示。这样转子导体就成为载流导体，当它作用于静止磁场中时，必然产生一个作用力 F，由左手定则判定作用力 F 的方向如图 3-67（b）中所示。可见，所产生的作用力在电动机轴上所形成的转矩是与转子惯性旋转方向相反的，所以是一个反向的制动转矩，能够迫使电动机迅速停车，达到制动目的。

能耗制动的制动转矩大小与通入直流电流的大小及电动机的转速有关。在同样转速下，通入的直流电流越大，制动力越大，制动作用越强。一般情况下，通入定子绕组的直流电流的大小一般是电动机空载电流的 3~5 倍，若通入的直流电流过大，也可能烧毁电动机的定子绕组。通入定子绕组的制动直流电流的大小，可通过调节直流电源电路中串接的可调电阻来实现。

能耗制动时，制动转矩大小也与转速有关，转速越高，切割磁力线的速度越快，产生的转子感应电流越大，制动转矩越大，随着转速的降低，制动转矩也下降。当转速为零时，制动转矩也消失，电动机停转，制动结束，此时应迅速切除直流电源。

图 3-68 所示为时间原则控制交流异步电动机单向运行的能耗制动电路。图中 KM_1 为单向运行接触器，KM_2 为能耗制动接触器，KT 为时间继电器，T 为整流变压器，VC 为桥式整流电路。

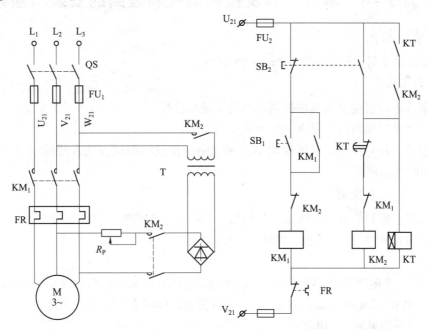

图 3-68　时间原则控制交流异步电动机单向运行的能耗制动电路

该电路工作原理如下：

合上电源开关 QS，

启动：

该电路中,将 KT 常开瞬动触头与 KM₂ 自锁触头串接,是考虑时间继电器线圈断线或其他故障,致使 KT 常闭通电延时断开触头打不开而致使 KM₂ 线圈长期通电,造成电动机定子绕组长期通入直流电源。引入 KT 常开瞬动触头后,则避免了上述故障的发生。

实训 3-6　单向旋转反接制动控制线路的安装与检修

1. 安装线路图

单向旋转反接制动控制线路如图 3-69 所示。

2. 实习目的

(1) 掌握单向启动反接制动控制线路的安装与检修。

(2) 掌握速度继电器的原理、结构及使用方法。

(3) 熟悉三相异步电动机反接制动控制电路的接线、调试方法及排除故障方法,了解该控制电路的制动效果。

3. 工具、仪表及器材

(1) 工具:螺钉旋具、尖嘴钳、平口钳、斜口钳、剥线钳、电工刀等。

(2) 仪表:MF47 型万用表、兆欧表、钳形电流表。

(3) 器材:

导线规格:主电路采用 BV1.5 mm²;控制回路采用 BV1 mm²;按钮线采用 BVR0.75 mm²;接地线采用 BVR1.5 mm²(黄绿双色)。导线数量由教师根据实际情况确定。

电器元件明细见表 3-19。

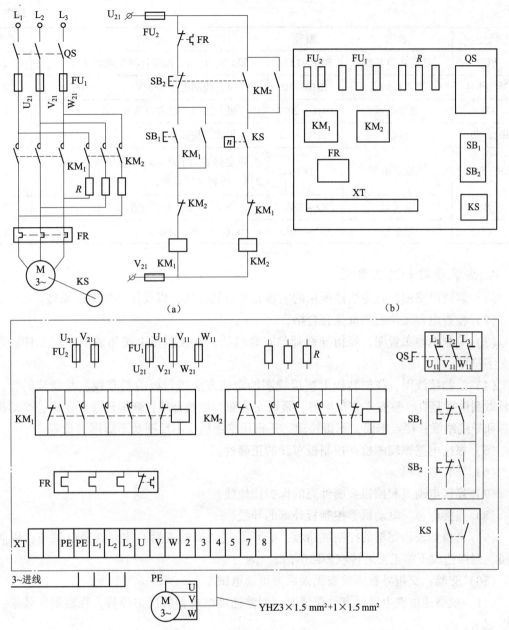

图 3-69 单向旋转反接制动控制线路

(a) 电路图；(b) 电器布置图；(c) 安装接线图

表 3-19 电器元件明细

代号	名称	型号	规格	数量
M_1	三相异步电动机	Y112M-4	4 kW，380 V，△接法，8.8 A，1 440 r/min	1
QS	组合开关	HZ10-25/3	三极，额定电流 25 A	1
FU_1	螺旋式熔断器	RL1-60/25	500 V，60 A，配熔体额定电流 25 A	3

续表

代号	名称	型号	规格	数量
FU_2	螺旋式熔断器	RL1-15/2	500 V，15 A，配熔体额定电流 2 A	2
KM_1、KM_2	交流接触器	CJ10-10	10 A，线圈电压 380 V	2
FR	热继电器	JR16-20/3	三极、20 A、额定电流 8.8 A	1
SB_1、SB_2	按钮	LA10-3H	保护式，按钮数 3	1
KS（SR）	速度继电器	JY1	额定转速（100～3 000 r/min）、380 V、2 A、正转及反转触点各一对	1
R	电阻器	ZX2-2/0.7	22.3 A、7 Ω、每片电阻 0.7 Ω	3
XT	端子板	JX2-1015	10 A，15 节，380 V	1

4. 安装步骤和工艺要求

（1）识读电路图，熟悉线路所用的电器元件及其作用，以及线路的工作原理。

（2）检查电器元件的质量是否合格。

（3）绘制电器布置图，经指导教师检查合格后，在控制板上按布置图固定元件，并贴上文字符号。

（4）绘制接线图，在控制板上按接线图的走线方法进行板前明布线，并套编码管。布线要做到横平竖直、整齐、分布均匀、紧贴安装面、走线合理；套编码管要正确；严禁损伤线芯和导线绝缘；接点牢固，不得松动，不得压绝缘层，不反圈及不露铜过长等。

（5）根据电路原理图检查控制板布线的正确性。

（6）安装电动机。

（7）连接电动机和按钮金属外壳的保护接地线。

（8）连接电源、电动机等控制板外部的导线。

（9）自检：安装完毕的控制线路板，必须经过认真检查后，才允许通电试车，以防止接错、漏接造成不能正常运转或短路事故。

（10）交验：交指导教师检查无误后方可通电试车。

（11）观察速度继电器触点动作情况，调整速度继电器的反力弹簧，观察制动效果，并予以记录。

（12）通电试车完毕，停机、切断电源。先拆除三相电源线，再拆除电动机负载线。

5. 注意事项

（1）两接触器用于联锁的常闭触点不能接错，否则会导致电路不能正常工作，甚至有短路隐患。

（2）速度继电器的安装要求规范，正反向触点安装方向不能错，在反向制动结束后及时切断反向电源，避免电动机反向旋转。

（3）在主电路中要接入制动电阻来限制制动电流。

（4）通电校验前要再检查一下熔体规格及时间继电器、热继电器的各整定值是否符合要求。

(5) 要做到在规定时间内完成，同时要做到安全操作和文明生产。

6. 考核评分标准

评分标准见表 3-20。

表 3-20 评分标准

项目内容	配分	评分标准	扣分
装前检查	15	(1) 电动机质量检查，每漏一处扣 5 分 (2) 电器元件漏检或错检，每处扣 2 分	
安装元件	15	(1) 不按电器布置图安装元件扣 15 分 (2) 元件安装不紧固每只扣 4 分 (3) 元件安装不整齐、不匀称、不合理每只扣 3 分 (4) 损坏元件扣 15 分	
布线	30	(1) 不按电气原理图接线，扣 25 分 (2) 布线不符合要求，主电路每根扣 4 分 　　　　　　　　　　　控制电路每根扣 2 分 (3) 接点不符合要求，每个接点扣 1 分 (4) 损伤导线绝缘或线芯，每根扣 5 分 (5) 漏接接地线扣 10 分	
通电试车	40	(1) 热继电器未整定或整定错扣 5 分 (2) 熔体规格配错，主、控电路各扣 5 分 (3) 第一次试车不成功扣 20 分 　　　第二次试车不成功扣 30 分 　　　第三次试车不成功扣 40 分	
安全文明生产		违反安全文明生产规程扣 5~40 分	
定额时间 3.5 h		按每超时 2 min，总分扣 1 分计算	
备注		各项扣分不得超过该项配分	成绩
开始时间		结束时间　　　　　　　　实际时间	

7. 检修训练

(1) 故障设置：在控制电路或主电路中人为设置电气自然故障两处。

(2) 故障检修。

其检修步骤及要求如下：

① 用通电试验法观察故障现象。主要注意观察电动机、各电器元件及线路的工作是否正常，若发现异常现象，应立即断电检查。

② 用逻辑分析法缩小故障范围，并在电路图上用虚线标出故障部位的最小范围。

③ 用测量法正确、迅速地找出故障点。

④ 根据故障点的不同情况，采用正确的修复方法，迅速排除故障。

⑤ 排除故障后通电试车。

(3) 注意事项。

① 检修前要先掌握电路图中各个控制环节的作用和原理，并熟悉电动机的接线方法。
② 在检修过程中严禁扩大和产生新的故障，否则要立即停止检修。
③ 在排除故障过程中，检修思路和方法要正确。
④ 带电检修故障时，必须有教师在现场监护，并要确保用电安全。
⑤ 排除故障要在规定的时间内完成。

(4) 评分标准：见表 3–21。

表 3–21 评分标准

项目内容	配分	评分标准	扣分
故障分析	30	(1) 故障分析、排除故障思路不正确，每个扣 5~10 分 (2) 标错电路故障范围，每个扣 15 分	
排除故障	70	(1) 停电不验电扣 5 分 (2) 测量仪器和工具使用不正确，每次扣 5 分 (3) 排除故障的顺序不正确扣 10 分 (4) 不能查出故障，每个扣 35 分 (5) 查出故障点，但不能排除，每个故障扣 20 分 (6) 产生新的故障： 　　不能排除，每个扣 35 分 　　已经排除，每个扣 15 分 (7) 损坏电动机扣 70 分 (8) 损坏电器元件，每个扣 5~20 分	
安全文明生产		违反安全文明生产规程扣 10~70 分	
定额时间 1 h		检查不允许超时，修复故障过程中的超时，按每超时 1 min 总分扣 5 分计算	
备注	除定额时间外，各项内容的最高扣分不得超过配分数	成绩	
开始时间		结束时间	实际时间

任务六　多速异步电动机控制线路

学习目标：
掌握双速异步电动机结构原理及其控制线路的分析方法。
技能要点：
掌握时间继电器控制双速电动机控制线路的安装与检修方法。

由三相交流异步电动机的转速公式 $n = (1-s)\dfrac{60f_1}{p}$ 可知，改变交流异步电动机转速可通过三种方法来实现：一是改变电源的频率 f_1；二是改变转差率 s；三是改变磁极对数 p。本任务讨论改变磁极对数 p 来实现三相交流异步电动机调速的基本控制电路。

双速异步电动机是变极调速中最常用的一种形式。

1. 双速异步电动机定子绕组的连接

图 3-70 所示为双速异步电动机定子绕组的 △/ YY 接线图。它的绕组结构是特殊的，有两种连接方法，其中图 3-70（a）为电动机的三相绕组接成三角形，三相电源线连接在定子绕组作三角形连接顶点的接线端 U、V、W 上，每相绕组的中点接出的接线端 U″、V″、W″ 空着不接，如图 3-70（a）所示的接线端，此时电动机磁极为 4 极（$p=2$），同步转速为 1 500 r/min。

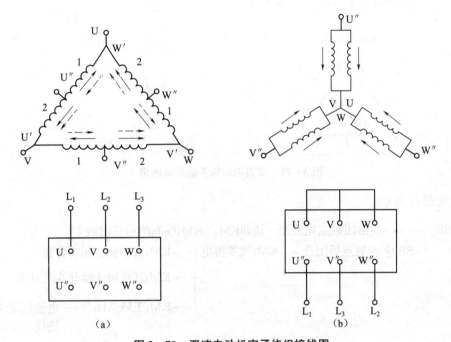

图 3-70　双速电动机定子绕组接线图
(a) △接法——低速；(b) YY接法——高速

要使电动机以高速工作，只需把电动机绕组的三个接线端 U、V、W 短接在一起，U″、V″、W″ 的三个接线端接到三相电源上，如图 3-70（b）所示。这时电动机定子绕组为 YY 连接，磁极为 2 极（$p=1$）同步转速为 3 000 r/min。可见双速电动机高速运转时的转速是低速运转的两倍。必须注意，从一种接法转换为另一种接法时，由于绕组在空间的几何角度保持不变，而 4 极电动机是 2 极电动机在相同空间角度时的电角度的 2 倍，所以滞后 120°电角度变为滞后 240°电角度，相当于超前 120°电角度，使接到电动机绕组上的电源相序变反了，为了保证旋转方向不变，变极时应把电源相序反过来，维持加到电动机绕组上的电源相序不变，电动机转向也不变。

2. 按钮控制电路

双速电动机手动控制电路如图 3-71 所示。工作原理如下：

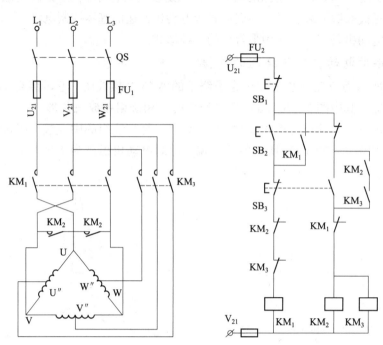

图3-71 双速电动机手动控制电路

合上电源开关QS，

按下SB₂ ─→ SB₂常闭触点先断开（切断KM₂、KM₃线圈的通电回路）
　　　　└─ SB₂常开触点后闭合 ─→ KM₁线圈得电 ─→ KM₁自锁触头闭合自锁
　　　　　　　　　　　　　　　　　　　　　　　　└─ KM₁互锁触头断开实现互锁
　　　　　　　　　　　　　　　　　　　　　　　　└─ KM₁主触头闭合 ─→ 电动机定子绕组△连接低速运转

按下SB₃ ─→ SB₃常闭触点先断开 ─→ KM₁线圈失电 ─→ KM₁自锁触头断开解除自锁
　　　　　　　　　　　　　　　　　　　　　　　　└─ KM₁互锁触头闭合解除互锁
　　　　　　　　　　　　　　　　　　　　　　　　└─ KM₁主触头断开，解除△连接
　　　　└─ SB₃常开触点后闭合 ─→ KM₂线圈得电 ─→ KM₂、KM₃自锁触头闭合自锁
　　　　　　　　　　　　　　　└─ KM₃线圈得电 ─→ KM₂、KM₃互锁触头断开实现互锁
　　　　　　　　　　　　　　　　　　　　　　　　└─ KM₂、KM₃主触头闭合 ─→

─→ 电动机定子绕组YY连接高速运行

实质上控制电路的形式就是按钮和接触器双重互锁的控制电路，可低速与高速进行切换。停机时，按下SB₁即可。

3. 利用组合开关选择高低速运行控制电路

利用组合开关SA，选择高低速运行控制电路如图3-72所示。工作原理如下：

合上电源开关QS，

当SA拨到中间位置时，控制电路不起作用，电动机处于停止状态。

当SA拨到低速位置 → KM₁线圈得电 → KM₁主触头闭合 → 电动机M接成△低速运行
　　　　　　　　　　　　　　　　　→ KM₁互锁触头断开 → 对KM₂互锁

当SA拨到高速位置 → KM₁线圈失电 → KM₁触头复位
　　　　　　　　　→ KT线圈得电 →

→ KT瞬时动合触点（9-11）闭合 → KM₁线圈通电 → KM₁主触头闭合 → M接成△低速运行
　　　　　　　　　　　　　　　　　　　　　　→ KM₁互锁触头断开 → 对KM₂互锁

KT延迟时间到 → KT常闭触头断开 → KM₁线圈失电 → KM₁触头复位
　　　　　　→ KT常开触头闭合 → KM₂线圈得电 → KM₂主触头闭合 → 短接U、V、W
　　　　　　　　　　　　　　　　　　　　　　→ KM₂互锁触头断开 → 对KM₁互锁
　　　　　　　　　　　　　　　　　　　　　　→ KM₂常开辅助触头（11-17）闭合 →

→ KM₃线圈得电 → KM₃主触头闭合 → 电动机定子绕组YY连接高速运行
　　　　　　　→ KM₃互锁触头断开 → 对KM₁互锁

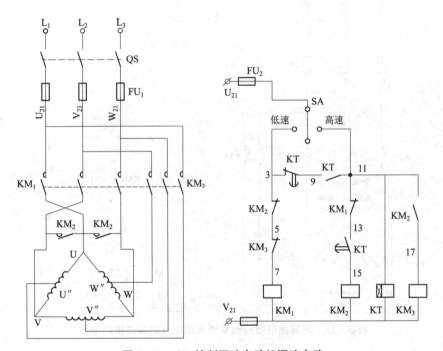

图 3-72　SA 控制双速电动机调速电路

此电路可以实现变极调速电动机的调速控制，开关 SA 处于低速位置时，电动机做低速运行；开关 SA 处高速位时，是由低速启动，经时间继电器延时，过渡到高速运行。

4. 时间继电器控制的自动加速控制电路

类似于上述开关 SA 处于高速位置的情况，双速电动机高速运行，启动时电动机定子绕组先接成三角形，低速启动，然后自动地将电动机定子绕组转为双星连接，做高速运行，以减少高速启动时的能耗。这个过程可以用时间继电器来控制，电路如图 3-73 所示。

其工作原理如下：

合上电源开关 QS，

按下SB_2 →KT线圈得电 →KT延时断开的常开触点瞬时闭合 →KM_1线圈得电 →

├─KM_1主触头闭合 →电动机定子绕组接成△低速启动

├─KM_1互锁触头断开 →对KM_2实现互锁

├─KM_1辅助常开触头（5-13）闭合 →KA线圈通电 →KA常开触头闭合自锁

　　　　　　　　　　　　　　　　　　　　└─KA常闭触头断开 →KT线圈断电 →

　　延时断开触点继续保持闭合状态，经过一定延时时间 →延时断开触点KT断开 →KM_1线圈失电 →

├─KM_1主触头断开 →电动机定子绕组解除△连接

├─KM_1辅助常开触头（5-13）断开 ├─KM_2常闭触头断开 →对KM_1互锁

├─KM_1互锁触头闭合 →KM_2线圈得电 ├─电动机定子绕组YY形连接高速运转（KM_2要有五个常开主触点，否则应用两接触器并接）

停止时按下 SB_1 即可。

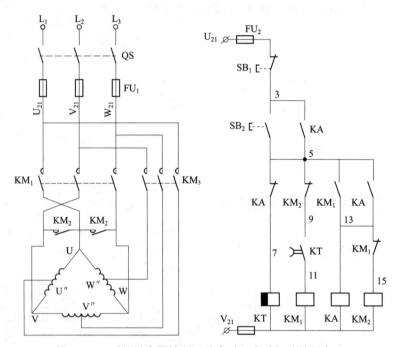

图3-73 时间继电器控制双速电动机自动加速控制电路

思考与练习

3.1　电气图的类型及作用是什么？

3.2　读电气原理图的步骤和方法是怎样的？

3.3　简述电气控制线路的安装步骤和工艺要求。

3.4　试比较点动控制线路与自锁控制线路从结构上看主要区别是什么，从功能上看主要区别是什么。

3.5　自锁控制线路在长期工作后可能出现失去自锁作用，试分析产生的原因是什么。

3.6　交流接触器线圈的额定电压为220 V，若误接到380 V电源上会产生什么后果？反之，若接触器线圈电压为380 V，而电源线电压为220 V，其结果又如何？

3.7　分析双重联锁的正反转控制线路与单一互锁的区别。说明互锁（联锁）的含义。

3.8 在控制线路中，短路、过载、失、欠压保护等功能是如何实现的？在实际运行过程中，这几种保护有何意义？

3.9 行程开关在自动往返控制电路中起什么作用？

3.10 采用 Y-△降压启动对鼠笼电动机有何要求？

3.11 有时间继电器控制的 Y-△降压启动控制线路，如果启动后电动机一直运行在 Y 连接状态，不能转到△连接状态，会是什么原因？

3.12 Y-△降压启动控制回路中的一对互锁触头有何作用？若取消这对触头换接启动有何影响，可能会出现什么后果？

3.13 鼠笼异步电动机降压启动的方法有哪些？各有何特点？

3.14 反接制动和能耗制动主电路为何要接入制动电阻？

3.15 简述反接制动电路的原理和注意事项。

3.16 三相异步电动机有哪几种制动方式，各有何特点？

3.17 异地控制电路有什么特点？

3.18 顺序控制电路有什么特点？

3.19 谈谈继电-接触器控制电路装接的体会。

3.20 在用倒顺开关手动实现三相异步电动机正反转电路中，欲使电动机反转为什么要把手柄扳到"停止"使电动机 M 停转后，才能扳向"反转"位置使之反转？

3.21 解释"自锁"和"互锁"的含义，并举例说明。

3.22 在电动机启、停控制电路中，已装有接触器 KM，为什么还要装一个刀开关 QS？它们的作用有什么不同？

3.23 在电动机启、停控制电路图中，如果将刀开关下面的三个熔断器改接到刀开关上面的电源线上是否合适？为什么？

3.24 电动机主电路中已装有熔断器，为什么还要再装热继电器？它们各起什么作用？能不能互相替代？为什么？

3.25 如题 3.25 图所示的电动机启、停控制电路有何错误？应如何改正？

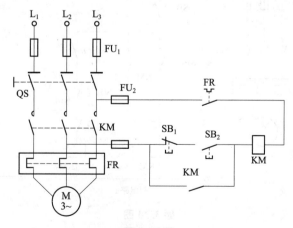

题 3.25 图

3.26 如果将连续运行的控制电路误接成题 3.26 图所示的那样,通电操作时会发生什么情况?

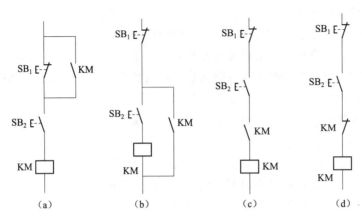

题 3.26 图

3.27 某机床的主轴和润滑油泵各由一台笼型异步电动机拖动,为其设计主电路和控制电路,控制要求如下:

(1) 主轴电动机只能在油泵电动机启动后才能启动;

(2) 若油泵电动机停车,则主轴电动机应同时停车;

(3) 主轴电动机可以单独停车;

(4) 两台电动机都需要短路保护、过载保护。

3.28 画出 Y - △降压启动电气控制原理图,并说明工作过程。

3.29 画出三相异步电动机三地控制(三地均可启动、停止)的电气控制线路。

3.30 试分析如题 3.30 图所示线路的控制功能。

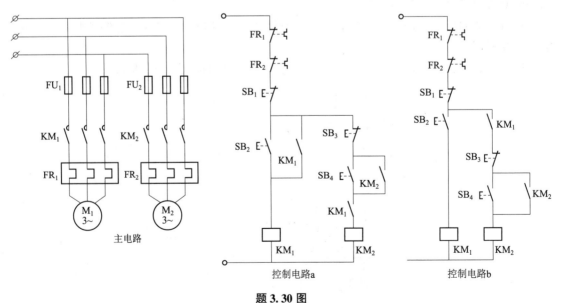

题 3.30 图

3.31 试分析如题 3.31 图所示电路的控制功能,并说明工作过程。

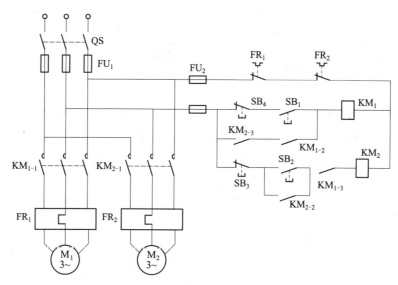

题 3.31 图

3.32 画出能耗制动的电气原理图,并说明工作过程。

3.33 试设计出三种不同形式的点动和连续运转复合控制的电气控制原理图。

3.34 画出双重互锁的电动机正反转电气控制原路图,并说明其工作过程。

3.35 画出行程开关控制的自动往返电气控制原理图,并说明其工作过程。

3.36 现有一双速电动机,试按下述要求设计控制线路:

(1) 分别用两个按钮操作电动机的高速启动和低速启动,用一个总停按钮控制电动机的停止。

(2) 启动高速时,应先接成低速,经延时后再换接到高速。

(3) 应有短路与过载保护。

3.37 设计一个控制线路,要求第一台电动机启动 10 s 后,第二台电动机自行启动,运行 5 s 后,第一台电动机停止并同时使第三台电动机自行启动,再运行 15 s 后,电动机全部停止。

3.38 设计一小车运行的控制线路,小车由异步电动机拖动,其动作程序如下:

(1) 小车由原位开始前进,到终点后自动停止。

(2) 在终点停留 2 s 后自动返回原位停止。

(3) 要求能在前进或后退途中任意位置都能停止或启动。

3.39 分析题 3.39 图所示的三相笼式异步电动机的正反转控制电路:

(1) 指出下面的电路中各电器元件的作用。

(2) 根据电路的控制原理,找出主电路中的错误,并改正(用文字说明)。

(3) 根据电路的控制原理,找出控制电路中的错误,并改正(用文字说明)。

3.40 分析题 3.40 图所示三相笼型异步电动机的 Y - △降压启动控制电路:

(1) 指出下面的电路中各电器元件的作用。

(2) 根据电路的控制原理,找出主电路中的错误,并改正(用文字说明)。

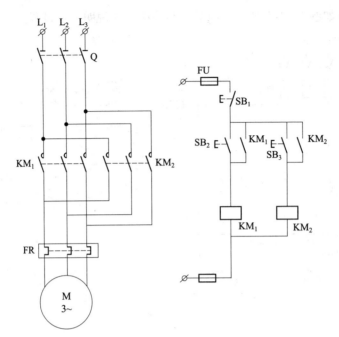

题 3.39 电路图

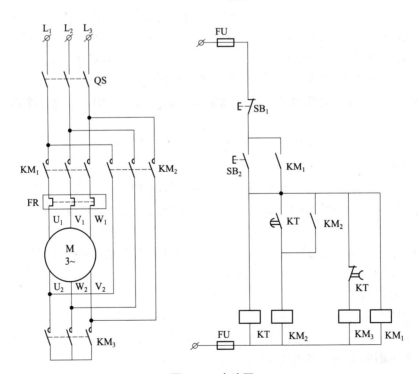

题 3.40 电路图

（3）根据电路的控制原理，找出控制电路中的错误，并改正（用文字说明）。

3.41 一台三相异步电动机其启动和停止的要求是：当启动按钮按下后，电动机立即得电直接启动，并持续运行工作；当按下停止按钮后，需要等待 20 s 电动机才会停止运行。请设计满足上述要求的主电路与控制线路图（电路需具有必要的保护措施）。

3.42 用继电接触器设计三台交流电动机相隔3 s顺序启动同时停止的控制线路。

3.43 画出一台电动机启动后经过一段时间，另一台电动机就能自行启动的控制电路。

3.44 画出两台电动机能同时启动和同时停止，并能分别启动和分别停止的控制电路原理图。

3.45 某生产机械要求由 M_1、M_2 两台电动机拖动，M_2 能在 M_1 启动一段时间后自行启动，但 M_1、M_2 可单独控制启动和停止。

项目四　直流电动机的基本控制线路

本项目主要介绍串、并励直流电动机启动、调速、正反转和制动控制线路的工作原理，通过本项目的学习达到以下目标。

教学目标：

会正确识别、选用、安装、使用常用的直流低压电器，熟悉它的功能、基本结构、工作原理及型号意义，熟记它的图形符号和文字符号；熟悉并励直流电动机启动、调速、正反转和能耗制动控制线路和串励直流电动机的基本控制线路的工作原理。

技能目标：

通过并励直流电动机启动、制动控制的实践操作，学会直流电动机启动变阻器的使用方法；能正确安装、调试和检修并励直流电动机启动控制线路；通过并励直流电动机正反转及能耗制动控制线路的实践操作，掌握并励直流电动机正反转及能耗制动控制线路的安装、调试和检修方法；通过串励直流电动机启动、调速控制线路的实践操作，掌握串励直流电动机启动、调速控制线路的安装、调试和检修方法。

任务一　并励直流电动机的基本控制线路

学习目标：

熟悉直流电磁式继电器的结构和作用原理，以及并励直流电动机启动、正反转、调速和制动控制线路的工作原理。

技能要点：

通过并励直流电动机启动、正反转及能耗制动控制线路的实践操作，学会安装、调试与检修的方法。

并励直流电动机的控制包括启动、反转、调速和制动控制，不同的使用场合要求采用不同的控制方式，下面讨论直流电动机启动、反转、调速和制动控制线路的工作原理。

一、电磁式继电器

电磁式继电器是应用最早、最多的一类继电器。在结构上都是由电磁机构和触头系统等组成，都是通过触头的动作来控制电路的接通或断开的。电磁式继电器的特点是，结构简单、价格低廉、使用维护方便，触头容量小、触头数量多，且无主辅之分、无灭弧装置、体积小、重量轻、动作迅速且准确、控制灵敏和可靠性高等。按继电器反映的参数可分为电压继电器、电流继电器和中间继电器。图 4-1 所示为直流电磁式继电器结构示意图。

1. 电流继电器

电流继电器是根据输入（线圈）电流大小而动作的继电器，其励磁线圈串接于被测电路中反映电路中电流的变化。为了不影响被测电路的工作情况，电流继电器的线圈匝数要尽量少、导线截面要大、阻抗值要小，触头接于控制电路，为执行元件。电流继电器可分为欠电流继电器和过电流继电器。

欠电流继电器用于欠电流保护或控制，如直流电动机励磁绕组的弱磁保护、电磁吸盘中的欠电流保护等。吸引电流为线圈额定电流的30%～65%，释放电流在额定电流的10%～20%范围内调整，因此，在电路正常工作时，欠电流继电器处于吸合动

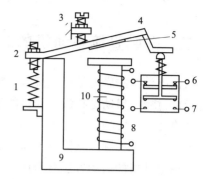

图 4-1 直流电磁式继电器结构示意图
1—反力弹簧；2—调节螺母；3—调节螺钉；
4—衔铁；5—非磁性垫片；6—常闭触头；
7—常开触头；8—直流线圈；9—铁轭；10—铁芯

作状态，常开触头闭合，常闭触头断开；当电路出现不正常现象导致电流下降或消失，继电器中流过的电流小于释放电流时，继电器释放，控制电路失电，从而控制接触器及时分断电路。

过电流继电器用于过电流保护或控制，如起重机电路中的过电流保护。过电流继电器在电路正常工作时不动作，只有超过整定电流时，继电器才动作，其常开触头闭合，常闭触头断开，使控制电路做出应有的反应。过流继电器的动作电流整定范围，交流过流继电器为110%～400%额定电流，直流过流继电器为65%～300%额定电流。

常用的电流继电器的型号有JL14系列等，其图形文字符号如图4-2所示。

2. 电压继电器

电压继电器的输入量是电压，有交流和直流电压继电器之分，它是根据输入电压大小而动作的继电器。其励磁线圈并接于被测电路中反映电路中电压的变化。其线圈匝数多、导线细、阻抗大，触头接于控制电路，为执行元件。与电流继电器类似，电压继电器也分为欠电压继电器和过电压继电器两种。

过电压继电器用于线路的过电压保护，其吸合整定值为被保护线路额定电压的105%～120%，当被保护的线路电压正常时，衔铁不动作；当被保护线路的电压高于额定值，达到过电压继电器的整定值时，衔铁吸合，触点机构动作，控制电路失电，控制接触器及时分断被保护电路。

欠电压继电器用于线路的欠电压保护，其释放整定值为线路额定电压的40%～70%，当被保护线路电压正常时，衔铁可靠吸合；当被保护线路电压降至欠电压继电器的释放整定值时，衔铁释放，触点机构复位，控制接触器及时分断被保护电路。

零电压继电器是当电路电压降低到额定电压的5%～25%时释放，对电路实现零电压保护，常用于线路的失压保护。直流电压继电器具有直流电压的双向监视作用。

电压继电器多用于电力系统继电保护中。常用的电压继电器的型号有JT4系列等，其电气符号如图4-3所示。

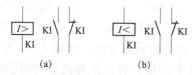

图 4-2 电流继电器图形文字符号
(a) 过流继电器；(b) 欠流继电器

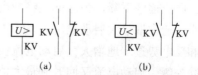

图 4-3 电压继电器图形文字符号
(a) 过电压继电器；(b) 欠电压继电器

二、并励直流电动机的启动控制

直流电动机的启动是指直流电动机接通电源，转子从静止状态开始转动，转速上升到稳定运行的过程。启动是直流电动机的过渡过程，它对直流电动机的运行性能、使用寿命及安全问题有较大的影响。对直流电动机启动的基本要求是：必须有较大的启动转矩和较小的启动电流，并要求控制线路简单，所用启动电气设备少，经济可靠且操作方便。

直流电动机的启动方法有全压启动（直接启动）、手动控制电枢回路串电阻启动和降低电动机电源电压启动三种方式。

1. 全压启动

在启动时未采取限流和降压措施，直接将电动机的接线端子接在额定电压的电源上的起动，叫全压启动或直接启动。并励直流电动机的全压启动接线图，如图4-4所示。启动前先合上励磁回路开关K_1，建立主磁场，并将励磁可变电阻R_P短接，使励磁电流达到最大值，使电动机产生较大的启动转矩。在保证磁场建立后，合上电枢回路开关K_2，使电枢绕组直接加上额定电压，电动机启动。

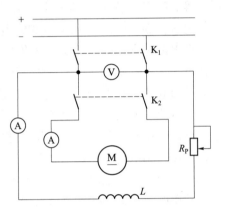

图4-4 全压启动接线图

全压启动的优点是控制线路简单，操作方便，只需两个手动刀开关，不需要其他启动设备。缺点是启动电流过大，对电动机的换向不利，并在电动机内产生较大的机械冲击，使电枢绕组和转轴等部件受损。另外，启动电流过大，会引起电网电压的突然下降，以致引起线路上的其他用电设备的正常运行。所以，全压启动方法仅适用于功率较小的直流电动机。

对于功率较大的直流电动机，为限制启动电流，通常采用电枢回路串电阻启动和降低电源电压启动两种方法。并励直流电动机常采用电枢回路串电阻启动方法。

2. 手动控制电枢回路串电阻启动

为限制过大的启动电流，在启动过程中，在电枢回路中串接启动变阻器R_{st}以减小启动电流，随着转速的上升，逐级将变阻器切除，因此串接启动变阻器后电动机的启动电流为

$$I_{st} \approx \frac{U_N}{R_a + R_{st}} = \frac{U_N}{R_1}$$

式中，R_1为电枢回路的总电阻。

启动时，启动变阻器的全部电阻都接入电枢回路中，产生的最大启动电流为I_1，随着转速上升，电流逐渐下降，为保证足够的启动转矩，且使启动时间不致过长，启动电流也不宜限制过小，通常取最大启动电流I_1为$(1.5 \sim 2.0)I_N$，最小启动电流I_s为$(1.1 \sim 1.3)I_N$。随着转速和反电势逐步地增大，启动电流便逐步下降，待下降到规定的最小值I_s时，就将启动电阻切除一级，启动电流又回升到最大值I_1。重复这个过程，直至全部启动电阻切除为止。并励直流电动机手动启动控制电路如图4-5所示。

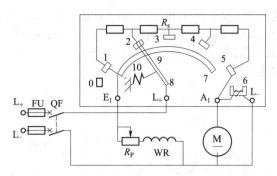

图 4-5 并励直流电动机手动启动控制电路
1~5—静触头；6—电磁铁；7—弧形铜条；8—操作手柄；9—衔铁；10—复位弹簧

图 4-5 所示的电路使用了四点式启动变阻器，它的四个接线端 E_1、L_+、A_1 和 L_- 分别与电源、电枢绕组和励磁绕组相连接。操作手柄 8、衔铁 9 和复位弹簧 10、弧形铜条 7 的一端直接与励磁绕组电路接通，同时经过全部启动电阻与电枢绕组接通。启动前，启动变阻器的手柄置于"0"位，合上电源开关 QF，然后将手柄从"0"扳到静触头"1"，通过衔铁接通励磁电路，同时将启动变阻器 R_s 的全部电阻接入电枢电路，电动机开始启动，随着转速的升高，手柄逐级转动，将启动电阻切除，当手柄扳到静触头"5"时，启动操作手柄被电磁铁吸住，此时启动电阻全部被切除，直流电动机启动完毕，进入正常运行。如果遇到电源突然停电，手柄在复位弹簧的作用下拉回到启动前的"0"位置，起零压保护作用。

并励直流电动机停机，手柄回到"0"位时，由于励磁绕组具有很大的电感，在断开时会产生很高的自感电动势，可能会击穿绕组的绝缘层，在手柄衔铁和铜条间还会产生火花，烧坏动触头。为防止这种现象发生，将弧形铜条 7 与静触头 1 连通，当手柄回到"0"位时，励磁绕组、电枢绕组和启动变阻器构成一闭合回路，作为励磁绕组断电时的放电回路。

采用变阻器启动，虽能达到降低启动电流的目的，但它的设备笨重，启动过程中串在电枢回路中的电阻要消耗电能。

3. 并励直流电动机电枢回路串电阻二级启动的控制电路

并励直流电动机电枢回路串电阻二级启动的控制电路如图 4-6 所示。该电路是利用时间原则分二级切除电枢回路中串入的电阻的。其中 KA_1 为欠电流继电器，作为励磁绕组的失磁保护，以免励磁绕组因断线或接触不良引起"飞车"事故；KA_2 为过电流继电器，对电动机进行过载和短路保护；电阻 R 为电动机停转时励磁绕组的放电电阻；V 为续流二极管，使励磁绕组正常工作时电阻 R 上没有电流流入。

电路的工作过程如下：

合上电源开关 QF → 励磁绕组 A 得电励磁
　　　　　　　→ 欠电流继电器 KA_1 线圈得电 → KA_1 常开触头闭合为启动做准备
　　　　　　　→ 时间继电器 KT_1、KT_2 线圈得电 → KT_1、KT_2 延时闭合的常闭触头瞬时断开 →
→ 接触器 KM_2、KM_3 线圈处于断电状态，以保证电阻 R_1、R_2 全部串入电枢回路启动

按下 SB_1 → KM_1 线圈得电 →┬ KM_1 常开辅助触头闭合，为 KM_2、KM_3 得电做准备
　　　　　　　　　　　　　├ KM_1 主触头闭合 → 电动机 M 串 R_1 和 R_2 启动
　　　　　　　　　　　　　├ KM_1 自锁触头闭合
　　　　　　　　　　　　　└ KM_1 常闭辅助触头分断 → KT_1、KT_2 线圈失电 →

⟶ 经KT_1整定时间,KT_1常闭触头恢复闭合 ⟶ KM_2线圈得电 ⟶ KM_2主触头闭合短接R_1 ⟶
⟶ 电动机M串接R_2继续启动 ⟶ 经KT_2整定时间,KT_2常闭触头恢复闭合 ⟶ KM_3线圈得电 ⟶
⟶ KM_3主触头闭合短接电阻R_2 ⟶ 电动机M启动结束进入正常运转

按下SB_2电动机M停止运转。

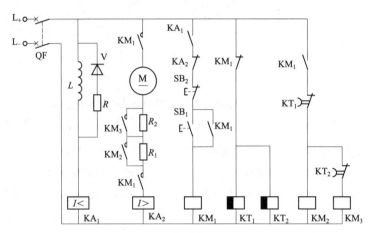

图4-6 并励直流电动机电枢回路串电阻二级启动的控制电路

三、并励直流电动机的正反转控制

在生产实践中,常要求直流电动机既能正方向旋转,又能反方向旋转。并列直流电动机的正反转控制方法有两种:一种是电枢绕组反接法,即保持励磁电流方向不变,改变电枢电流的方向;另一种是励磁绕组反接法,即保持电枢电流方向不变,改变励磁电流的方向。由于并励直流电动机励磁绕组的匝数多,电感较大,当从电源上断开励磁绕组时,会产生很大的自感电动势,会在刀开关或接触器的触头间产生电弧烧坏触头,而且容易把励磁绕组的绝缘层击穿。同时励磁绕组断开时,由于磁通消失,会造成很大的电枢电流,甚至引起"飞车"事故。所以在实际应用中,并励直流电动机的反转常采用电枢绕组反接法。改变电枢电流方向控制并励直流电动机正反转的控制电路图如图4-7所示。

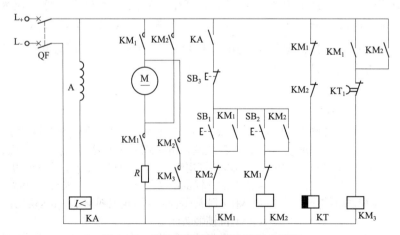

图4-7 并励电动机正反转控制电路图

图 4-7 中，电枢电路电源由接触器 KM_1 和 KM_2 的主触头分别引入，但其方向相反，从而达到控制电动机正反转的目的。KM_3 是短接电阻 R 的接触器，R 是限流电阻。KA 是励磁回路的欠电流继电器，当励磁电流小于一定值时，KA 常开触头断开控制回路电源，使 KM_1 或 KM_2 主触头断开，切断电枢回路电源，实现对电动机的弱磁保护。时间继电器 KT 控制电枢串接 R 的时间。

线路工作原理如下：

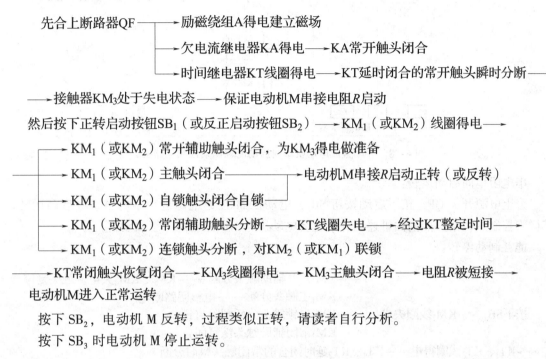

按下 SB_2，电动机 M 反转，过程类似正转，请读者自行分析。

按下 SB_3 时电动机 M 停止运转。

四、并励直流电动机的制动控制

直流电动机可以采用机械制动和电气制动的方法实现制动。机械制动常用的方法是电磁抱闸制动器制动。电气制动方法就是使电动机产生一个与电动机旋转方向相反的电磁转矩，使电动机转速迅速下降。电气制动常用的方法有能耗制动、反接制动和回馈制动等。电气制动的特点是：制动转矩大，控制简单，操作方便，无噪声等。下面主要介绍三种电气制动的控制线路。

1. 能耗制动控制线路

能耗制动是保持直流机的励磁电流不变，将电动机电枢绕组电源切断后，接入一个外加制动电阻，使电枢绕组与外加制动电阻串联成闭合回路，电动机切断电枢电源后，电枢依靠惯性继续转动，电枢绕组中导体切割磁场产生感应电流，该电流受气隙磁场作用，产生与电枢转动方向相反的制动转矩，迫使电动机迅速停转。

图 4-8 所示为并励直流电动机单向启动能耗制动控制电路图。其线路的工作原理如下：

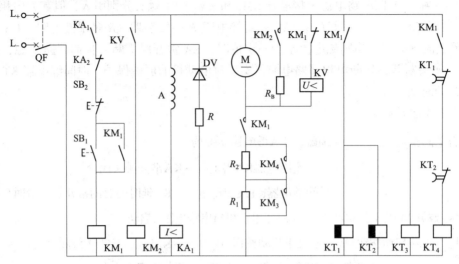

图 4-8 并励直流电动机单向启动能耗制动控制电路图

串电阻单向启动运转：

合上电源开关 QF，按下启动按钮 SB_1，电动机 M 接通电源进行串电阻二级启动运转。其详细控制过程请参照前面讲述的并励直流电动机电枢回路电阻二级启动自行分析。

能耗制动停转：

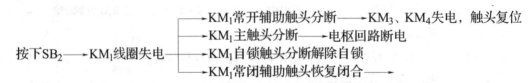

→ KT_1、KT_2 线圈得电 → KT_1、KT_2 延时闭合的常闭触头瞬时分断 → 由于惯性运转的电枢切割磁力线而在电枢绕组中产生感应电动势 → 使并接在电枢两端的欠电压继电器 KV 的线圈得电 → KV 常开触头闭合 → KM_2 线圈得电 → KM_2 常开触头闭合 → 制动电阻 R_B 接入电枢回路进行能耗制动 → 当电动机转速减小到一定值时，电枢绕组的感应电动势也随之减小到很小 → 使欠电压继电器 KV 释放 → KV 触头复位 → KM_2 断电释放，断开制动回路，能耗制动完毕

图 4-8 中的电阻 R 为电动机能耗制动停转时励磁绕组的放电电阻，V 为续流二极管。

2. 反接制动控制线路

直流电动机的反接制动是通过改变电枢电流或励磁电流的方向来改变电磁转矩的方向，使之成为制动转矩，迫使电动机迅速停转。

并励直流电动机的反接制动通常是采用电枢绕组反接法。即将正在运行的电动机的电枢绕组突然反接来实现的。采用此方法进行反接制动时，值得注意的有两点：一是电枢绕组突然反接时，电枢电流过大，易使换向器和电刷产生强烈的火花，对电动机的换向不利，故一定要在电枢回路中串入外加电阻，以限制电枢电流，所取外加电阻的大小近似等于电枢的电阻值；二是当电动机的转速接近于零时，应及时、准确、可靠地切断电枢电路电源，以防电动机反转。

直流电动机反接制动的原理与反转基本相同，所不同的是反接制动过程至转速为零时即结束。

并励直流电动机双向启动反接制动控制线路如图 4-9 所示。图中 KV 是电压继电器,KA_1 是欠流继电器,作弱电保护,KA_2 是过流继电器作直流电动机过负荷保护,R_1、R_2 是两级启动电阻,R_z 是制动电阻,R、DV 构成励磁绕组的放电回路。

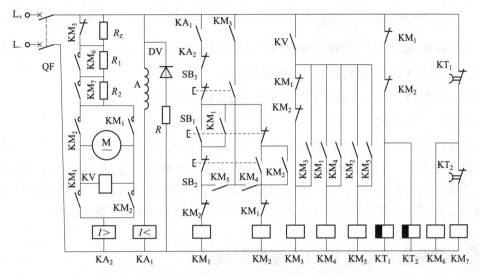

图 4-9 并励直流电动机双向启动反接制动控制线路

线路工作原理如下:

正向启动运转:

合上断路器 QF ─→ 励磁绕组 A 得电励磁
　　　　　　　└→ 欠电流继电器 KA 线圈得电 ─→ KA 常开触头闭合,为启动做准备
　　　　　　　└→ 时间继电器 KT_1、KT_2 线圈得电 ─→ KT_1、KT_2 延时闭合的常闭触头瞬时断开

─→ 接触器 KM_6、KM_7 线圈处于断电状态,以保证电阻 R_1、R_2 全部串入电枢回路启动

按下 SB_1 ─→ SB_1 常闭触头先分断对 KM_2 联锁
　　　　└→ SB_1 常开触头后闭合 ─→ KM_1 线圈得电 ─→ KM_1 主触头闭合 ─→ ①
　　　　　　　　　　　　　　　　　　　　　　　　　└→ KM_1 自锁触头闭合自锁
　　　　　　　　　　　　　　　　　　　　　　　　　└→ KM_1 的 3 对辅助常闭触头分断 ─→ ②
　　　　　　　　　　　　　　　　　　　　　　　　　└→ KM_1 辅助常开触头闭合为 KM_4 得电做准备

① ─→ 电动机 M 串 R_1 和 R_2 启动

② ─→ 对 KM_2、KM_3 联锁
　└→ KT_1、KT_2 线圈失电 ─→ 经 KT_1、KT_2 整定时间 ─→ KT_1 和 KT_2 的常闭触头先后闭合 ─→ KM_6、KM_7 线圈先后得电 ─→ KM_6、KM_7 主触头先后闭合 ─→ 逐级切除电阻 R_1、R_2 ─→ 电动机 M 启动结束进入正常运转

反接制动准备:电动机刚启动时,电枢中反电动势 $E_a = D$,电压继电器 KV 不动作,接触器 KM_3、KM_4、KM_5 均处于断电状态;随着电动机转速升高建立 E_a 后,KV 得电动作,其常开触头闭合,接触器 KM_4 得电动作,为电动机的反接制动做好了准备。

反转制动停转：

按下SB₃ → SB₃常闭触头先分断 → KM₁线圈失电 → KM₁触头复位（此时电动机惯性运动，E_a仍较高，KV仍保持得电，故KM₃得电动作）
     → SB₃常开触头后闭合 → KM₂线圈得电 → KM₂的触头动作 →

—— 电动机的电枢绕组串入电阻反接制动 —— 待转速接近零时，$E_a=0$ —— KV断电释放 ——
—— KM₃、KM₄和KM₂都断电释放，反接制动完毕

关于方向启动及反向制动的工作原理请自行分析，在此不再赘述。

3．再生发电制动

再生发电制动只适用于电动机的转速大于空载转速n_0场合。这时电枢产生的反电动势E_a大于电源电压U，电枢电流改变方向，电动机处于发电制动状态，将拖动系统中的机械能转化为电能反馈回电网，并产生制动力矩以限制电动机的转速。串励直流电动机采用再生发电制动时，必须先将串励改为他励，以保证电动机的磁通不随I_a的变化而变化。

五、并励直流电动机的调速控制线路

直流电动机的调速性能比异步电动机好，它的调速范围宽广，能够实现无级调速，便于实现自动控制等。因此在工业生产中，有许多调速要求高的生产机械上，常采用直流电动机作为拖动电动机。为满足生产机械的生产需要，采用一定方法，人为地改变电动机的转速，这种在负载不变的情况下改变电动机转速的做法称为调速。直流电动机的调速有机械有级调速、电气无级调速和机械电气配合有级调速三种方法。本节仅讨论并励直流电动机的电气无级调速方法。

从并励直流电动机的转速方程式 $n = \dfrac{U}{C_e\Phi} - \dfrac{R_a}{C_e C_M \Phi} T$ 可知，改变电枢回路的电阻R_a，改变电枢电压U和改变主极磁通Φ，都可以改变电动机的转速。

1．改变电枢回路电阻的调速

改变电枢回路电阻调速是通过在电枢回路中串联可变电阻器来实现的。当电枢回路接入电阻后，电动机的转速为

$$n = \dfrac{U}{C_e\Phi} - \dfrac{R_a + R_{PF}}{C_e C_M \Phi^2} T$$

当电源电压U不变及主磁通保持不变时，增大串入电枢电路中的电阻R_{PF}，则$\dfrac{R_a + R_{PF}}{C_e C_m \Phi^2}$增大，机械特性变软，在负载不变的情况下，电枢回路接入的电阻越大，电动机的转速下降越多，因而电动机的转速越低。反之，接入的电阻小，电动机的转速下降得少，其转速相应高些。

电动机电枢回路串联可变电阻器的接线原理图如图4-10所示。这种调速方法，只能在低于电动机额定转速以下的范

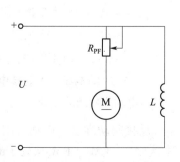

图4-10 电枢回路串电阻调速

围内进行，其调速范围不大。且调速电阻要长时间接入电路运行，要求电阻的额定功率大，在运行过程中要消耗大量的电能，并且使电动机的机械特性变软，在负载变化时电动机产生较大的速度变化。所以不经济、稳定性较差。但这种调速方法所需设备简单，操作方便，投资少，在短期工作，功率不太大以及对转速要求不是很高的场合仍得到广泛应用。

2. 改变主磁通的调速

改变主磁通的调速是通过改变直流电动机励磁电流的大小来实现的。它是在电动机励磁回路中串入可变电阻器 R_P，通过调节可变电阻器的电阻，改变励磁电流，从而改变气隙中的磁通而达到调节转速的目的。并励直流电动机改变主磁通调速电路和不同磁通的机械特性如图 4-11 所示。

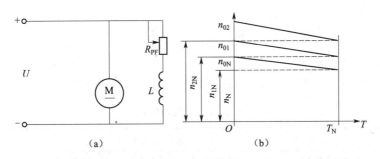

图 4-11　并励直流电动机改变磁通调速电路和不同磁通的机械特性
(a) 电动机改变磁通调速电路；(b) 电动机不同磁通的机械特性

由并励直流电动机的转速方式可知，增加气隙中的磁通，转速下降，减小气隙中的磁通，转速增加。由于直流电动机设计时，在电动机运行中铁芯接近磁饱和，增加励磁电流也不能增加磁通，所以改变磁通只能减小励磁电流来减小气隙中的磁通进行调速，故这种调速方法又称为弱磁调速。

改变主磁通调速的特点是：电动机转速只能在额定转速以上调节，不能向下调节，且调速范围小，一般控制在高于额定转速的 20% 以内，只能作为辅助调速方法与其他调速方法结合使用。由于弱磁调速是在励磁回路中进行的，所以能量损耗小，使用设备简单，控制调节方便，速度变化比较平滑。但磁通减少太多，电枢反应对主磁场的影响加大，会增加电动机换向的困难。另外，减少主磁通调速时，若负载转矩不变，电枢电流必然增大，应更注意电枢电流过大带来的问题。

3. 改变电枢电压的调速

改变电枢电压的调速方法适用于他励直流电动机，对于并励直流电动机而言，可调直流电源只能加在电枢回路中，励磁回路用另外一个恒定电压的直流电源供电。改变电源电压供电时，他励直流电动机和并励直流电动机的机械特性曲线如图 4-12 所示，它们是一组平行的直线，电压降低时，转速随之降低。由于电动机工作时，其电压不能超过额定电压，所以改变电压调速也只能在低于额定转速的范围内调速。

改变电枢电压调速时，由于电动机机械特性的斜

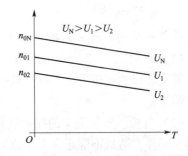

图 4-12　改变电枢电压调速的机械特性

率不变,所以调速的平滑性好,调速范围广,能量损耗小,经济性能好;但电源设备投资高。

在工业生产中过去直流电动机的调压调速常采用直流他励发电机作为直流电动机电枢绕组的电源,组成直流发电机-电动机拖动系统,称为 G-M 系统。如大型的龙门刨床、重型镗床、轧钢机中采用此系统。它由三相交流异步电动机去拖动直流发电机,由发电机发出可调直流电压供给直流电动机。G-M 系统的调速范围广,可实现无级调速,具有好的调速性能,但 G-M 系统的设备费用大,成本高,效率低,噪声和干扰较大,已被逐步淘汰。随着电力电子新器件的踊跃出现和变流技术的飞速发展,可控整流调压调速装置已得到广泛的应用。

实训 4-1　安装与调试并励直流电动机启动控制线路

1. 实训目标

能正确安装与调试并励直流电动机启动控制线路。

2. 工具、仪表及器材

按表 4-1 和表 4-2 选配工具、仪表及器材,并进行质量检验。

表 4-1　工具与仪表

工具	电工常用工具
仪表	MF47 型万用表、ZC25-3 型兆欧表、636 转速表、MG20 型电磁系钳形电流表

表 4-2　电器元件明细

代号	名称	型号	规格	数量
M	直流电动机	Z4-100-1	他励式、1.5 kW、160 V、13.3 A、955(2 000) r/min	1
QF	断路器	DZ5-20/230	2 极、220 V、20 A、整定电流 13.4 A	1
FU	熔断器	RC1A-60/30	60 A、配熔体 30 A	2
R_s	启动变阻器	BQ3		1
R_P	调速变阻器	BC1-300	300 W、0~200 Ω	1
XT	端子板	JD0-2520	380 V、25 A、20 节	1
	导线	BVR-1.5	1.5 mm² (7×0.52 mm)	若干
	控制板		500 mm×400 mm×20 mm	1

3. 安装调整

线路的安装方法及步骤如下:

(1) 根据图 4-5 所示电路图,牢固安装各电器元件,并进行布线。电源开关及启动变阻器的安装位置要接近电动机和被拖动的机械,以便在控制时能看到电动机和被拖动机械的运行情况。

(2) 自检。安装完毕的控制线路板,必须经过认真检查以后才允许通电试车,以防止错接、漏接,造成不能正常工作或短路事故。

(3) 检查无误后通电试车。其操作顺序是:

① 合上电源开关 QF 前,让启动变阻器 R_s 的手轮置于最左端的 0 位,R_p 的阻值调到零。

② 合上电源开关 QF,慢慢转动启动变阻器手柄 8,使手柄从 0 位逐步转至 5 位,逐级切除启动电阻。在每切除一级电阻后要留数秒钟,用转速表测量其转速,填入表 4-3。用钳形电流表测量电枢电流以观察电流的变化情况。

表 4-3 转速测量结果

手轮位置	1	2	3	4	5
转速/(r·min^{-1})					

③ 调节变阻器 R_p,在逐渐增大其阻值时,要注意测量电动机转速,其转速不能超过电动机的弱磁转速 2 000 r/min。测量结果填入表 4-4。

表 4-4 转速测量结果

测量次数	1	2	3	4	5
转速/(r·min^{-1})					

④ 停转时,切断电源开关 QF,将调速变阻器 R_p 的阻值调到零,并检查启动变阻器 R_s 是否自动返回起始位置。

4. 注意事项

(1) 通电试车前,要认真检查励磁回路的接线,必须保证连接可靠,以防电动机运行时出现因励磁回路断路失磁引起"飞车"事故。

(2) 启动时,应使变阻器 R_p 短接,使电动机在满磁情况下启动;启动变阻器 R_s 要逐级切换,不可越级切换或一扳到底。

(3) 直流电源若采用单相桥式整流器供电时,必须外接 15 mH 的电抗器。

(4) 通电试车时,必须有指导教师在现场监护,同时做到安全文明生产。如遇到异常情况,应立即断开电源开关 QF。

(5) 变阻器安装在有剧烈振动或强烈颠簸以及垂直方向倾斜 5°以上的地方时,可能引起失压保护的误动作。

5. 评分标准

评分标准见表 4-5。

表 4-5 评分标准

项目内容	配分	评分标准	扣分
装前检查	15	(1) 电动机质量检查,每漏一处扣 5 分 (2) 电器元件漏检或错检,每漏一处扣 2 分	
安装元件	15	(1) 电动机安装不符合要求: 　　松动扣 15 分	

续表

项目内容	配分	评分标准	扣分
安装元件	15	地脚螺栓未拧紧每只扣 10 分 (2) 其他元件安装不紧固每只扣 5 分 (3) 元件位置安装不整齐、不匀称、不合理每只扣 3 分 (4) 损坏元件扣 10~20 分	
布线	30	(1) 不按电路图接线，扣 20 分 (2) 布线不符合要求，每根扣 5 分 (3) 接点不符合要求，每个接点扣 5 分 (4) 损伤导线绝缘或线芯，每根扣 10 分 (5) 不会接直流电动机或启动变阻器扣 10 分	
通电试车	40	(1) 操作顺序不对，每一次扣 10 分 (2) 第一次试车不成功扣 20 分 　　第二次试车不成功扣 30 分 　　第三次试车不成功扣 40 分	
安全文明生产		违反安全文明生产规程扣 5~40 分	
定额时间 3 h		每超时 5 min，总分扣除 1 分	
备注		各项扣分不得超过该项配分	成绩
开始时间		结束时间	实际时间

实训 4-2　并励直流电动机正反转及能耗制动控制线路安装、调试与检修

1. 实训目的
(1) 能正确安装并励直流电动机正反转控制线路及能耗制动控制线路。
(2) 能进行通电调试，并能独立检修线路中出现的各种故障。
2. 控制电路图
正反转控制电路图如图 4-7 所示。
能耗制动控制电路图如图 4-8 所示。
3. 工具
仪表、器材以及元器件检测。
工具、仪表参照课题实训 4-1 选用，电器元件见表 4-6。

表 4-6　电器元件明细表

代号	名称	型号	规格	数量
M	Z 型并励直流电动机	Z200/20-220	200 W、220 V、$I_N = 1.1$ A、$I_{fn} = 0.24$ A、2 000 r/min	1

续表

代号	名称	型号	规格	数量
QF	断路器	DZ5 – 20/220	2 极、220 V、20 A、整定电流 1.1 A	1
KM$_1$ ~ KM$_3$	直流接触器	CZ0 – 40/20	2 常开 2 常闭、线圈功率 P = 22 W	3
KT	时间继电器	JS7 – 3A	线圈电压 220 V、延时范围 0.4 ~ 60 s	1
KA	欠电流继电器	JL14 – ZQ	I_N = 1.5 A	1
SB$_1$ ~ SB$_3$	按钮	LA19 – 11A	电流：5 A	3
R	启动变阻器		100 Ω、1.2 A	1
XT	端子板	JD0 – 2520	380 V、10 A、20 节	1
	导线	BVR – 1.5	1.5 mm^2（7 × 0.52 mm）	若干
	控制板		500 mm × 400 mm × 20 mm	1

4．安装训练

线路的安装方法及步骤如下：

（1）根据图 4 – 7 所示电路图，配齐所用的电器元件，并检查元件质量。

（2）根据原理图绘出布置图，然后在控制板上合理布置和牢固安装各电器元件，再贴上醒目的文字符号，并进行布线。电源开关及启动变阻器的安装位置要接近电动机和被拖动的机械，以便在控制时能看到电动机和被拖动机械的运行情况。

（3）安装直流电动机，连接控制板外部的导线。

（4）自检。安装完毕的控制线路板，必须经过认真检查以后，才允许通电试车，以防止错接、漏接，造成不能正常工作或短路事故。

（5）检查无误后通电试车。其操作顺序是：

① 将启动变阻器 R 的阻值调到最大位置，合上电源开关 QF，按下正转启动按钮 SB$_1$，用钳形电流表测量电枢绕组和励磁绕组的电流，观察其大小的变化；同时观察并记下电动机的转向，待转速稳定后，用转速表测其转速。然后按下 SB$_3$ 停车，并记下无制动停车所用的时间 t_1。

② 按下反转启动按钮 SB$_2$，用钳形电流表测量电枢绕组和励磁绕组的电流，观察其大小的变化；同时观察并记下电动机的转向，与①比较是否二者方向相反。如果二者方向相同应切断电源并检查接触器 KM$_1$、KM$_2$ 主触头的接线是否正确，改正后重新通电试车。

（6）参照图 4 – 8 所示电路图，增加一只欠电压继电器 KV 和制动电阻 R_B，把正反转控制线路板改装成能耗制动控制线路板，检查无误后通电试车。具体操作如下：

① 合上电源开关 QF，按下启动按钮 SB$_1$，待电动机启动转速稳定后，用转速表测其转速。

② 按下 SB$_2$，电动机进行能耗制动，记下能耗制动所用时间 t_2，并与无制动所用时间 t_1 比较，求出时间差 $\Delta t = t_1 - t_2$。

5．安装注意事项

（1）通电试车前要认真检查接线是否正确、牢固，特别是励磁绕组的接线；各电器动作是否正常，有无卡阻现象；欠电流继电器、时间继电器以及欠电压继电器的整定值是否满足要求。

(2) 对电动机无制动停车时间 t_1 和能耗制动停车时间 t_2 的比较，必须保证电动机的转速在两种情况下基本相同时开始计时。

(3) 制动电阻 R_B 的值，可按下式估算：

$$R_B = E_a/I_N - R_a \approx U_N/I_N - R_a$$

式中，U_N 为电动机额定电压，V；I_N 为电动机额定电流，A；R_a 电动机电枢回路电阻，Ω。

(4) 若遇异常情况，应立即断开电源停车检查。若带电检查，必须有指导教师在现场监护。

(5) 训练应在规定的时间内完成，同时要做到安全操作和文明生产。

6. 检修训练

(1) 故障设置：在控制电路或主电路中人为设置电气自然故障两处。

(2) 教师示范检修：教师进行示范检修时，可把下述检修步骤及要求贯穿其中，直至故障排除。用试验法来观察故障现象→用逻辑分析法缩小故障范围并在电路图上用虚线标出故障部位的最小范围→用测量法正确迅速地找出故障点→正确修复迅速排除故障点→排除故障后通电试车。

(3) 学生检修训练：教师示范检修后，再由指导教师重新设置两个故障点，让学生进行检修训练。在学生检修的过程中，教师要巡回进行启发性的指导。

(4) 检修注意事项：

① 要认真听取和仔细观察指导教师在示范过程中的讲解和检修操作。

② 要熟练掌握电路图中各个环节的作用。

③ 故障分析、排除故障的思路和方法要正确。

④ 工具和仪表使用要正确。

⑤ 不能随意更改线路和带电触摸电器元件。

⑥ 带电检修故障时，必须有教师在现场监护，并要确保用电安全。

⑦ 检修必须在规定的时间内完成。

7. 评分标准

评分标准见表 4-7。

表 4-7 评分标准

项目内容	配分	评分标准	扣分
选用工具、仪表及器材	10 分	(1) 工具、仪表少选或错选每个扣 2 分 (2) 电器元件选错型号或规格每个扣 2 分	
装前检查	10 分	电器元件漏检或错检每处扣 2 分	
安装元件	10 分	(1) 电动机安装不符合要求扣 10 分 (2) 电器布置不合理扣 5 分 (3) 元件安装不符合要求每只扣 5 分 (4) 损坏元件每只扣 5~10 分	

续表

项目内容	配分	评分标准	扣分
布线	20 分	（1）不按电路图接线扣 15 分 （2）布线不符合要求每根扣 2 分 （3）接点松动，漏铜过长、反圈、压绝缘层每点扣 2 分 （4）损伤导线绝缘层或线芯每处扣 5 分 （5）漏套线号管每处扣 1 分 （6）漏接地线扣 10 分	
故障分析	10 分	（1）故障分析、排除故障思路不正确每个扣 5~10 分 （2）标错电路故障范围每个扣 5 分	
排除故障	20 分	（1）停电不验电扣 5 分 （2）测量仪器和工具使用不正确，每次扣 5 分 （3）排除故障的顺序不正确扣 5 分 （4）不能查出故障点每个扣 10 分 （5）查出故障点，但不能排除每个扣 5 分 （6）产生新的故障： 　　不能排除，每个扣 10 分 　　能够排除，每个扣 5 分 （7）损坏电器元件每个扣 5~20 分	
通电试车	20 分	（1）元件整定值整定错误或未整定每只扣 5 分 （2）操作顺序不对每次扣 4 分 （3）第一次试车不成功扣 10 分 　　第二次试车不成功扣 15 分 　　第三次试车不成功扣 20 分	
安全文明生产	违反安全文明生产扣 20~50 分		
定额时间	6 课时	每超过 5 min 扣 2 分	
开始时间		结束时间　　　　　超时	
成绩			
备注			

任务二　串励直流电动机的基本控制线路

学习目标：
掌握串励直流电动机的启动、正反转、调速和制动控制线路的工作原理。
技能要点：
根据学校的实践条件进行串励直流电动机启动、调速控制线路的安装，操作控制调试和维修。

串励直流电动机的控制主要包括启动、正反转、制动以及调速控制，根据具体的使用场合采用合适的控制方式。下面讨论串励直流电动机的启动、正反转、制动及调速的基本控制线路的工作原理。

一、串励直流电动机的启动控制

串励直流电动机与并励直流电动机相比较，主要是有较大的启动转矩，即启动性能好和过载能力强的特点，因此在要求启动转矩大，负载变化允许转速变化的恒功率负载场合，如起重机、电力机车等，采用串励直流电动机比较适宜。

1. 手动启动控制线路

串励直流电动机的启动控制与并励直流电动机一样，通常采用电枢回路串联启动电阻的方法进行启动，以限制启动电流。串励直流电动机手动启动控制电路如图 4-13 所示。

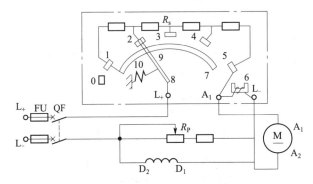

图 4-13　串励直流电动机手动启动控制电路

1~5—静触头；6—电磁铁；7—弧形铜条；8—操作手轮；9—衔铁；10—复位弹簧

该控制电路采用启动变阻器启动，启动时，先合上电源开关 QF，转动启动变阻器和手轮逐级切除启动电阻，就可启动电动机。其启动方法与并励电动机相同，请自行分析。

2. 自动启动控制线路

串励直流电动机电枢串两级电阻自动启动的控制电路图如图 4-14 所示。

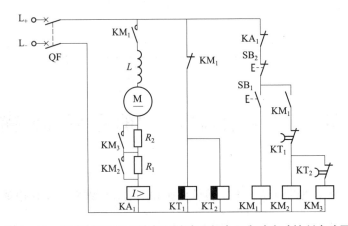

图 4-14　串励直流电动机电枢回路串两级电阻自动启动控制电路图

线路工作原理如下：

合上电源开关 QF →KT_1 线圈得电→KT_1 延时闭合的常闭触头瞬时断开→接触器 KM_2、KM_3 线圈处于断电状态，以保证电阻 R_1、R_2 全部串入电枢回路启动

按下SB_1→KM_1线圈得电 ┬→KM_1主触头闭合────→电动机M串R_1和R_2启动
　　　　　　　　　　　　├→KM_1自锁触头闭合────→KT_2线圈得电→KT_2常闭触头瞬时分断
　　　　　　　　　　　　└→KM_1常闭辅助触头分断→KT_1线圈失电→经KT_1整定时间→

→KT_1 常闭触头恢复闭合→KM_2 线圈得电→KM_2 主触头闭合短接 R_1→电动机 M 串接 R_2 继续启动→在 R_1 被短接的同时→KT_2 的线圈也被短接断电→经 KT_2 整定时间→KT_2 常闭触头恢复闭合→KM_3 线圈得电→KM_3 主触头闭合短接电阻 R_2→电动机 M 启动结束进入正常运转

按下 SB_2，电动机 M 停止运转。

二、正反转控制线路

串励电动机电枢绕组两端的电压很高，而励磁绕组两端的电压较低，反接较容易，因此串励直流电动机的反转常采用励磁绕组反接法来实现。如内燃机车和电力机车的反转均用此法。串励电动机正反转控制电路图如图 4-15 所示。

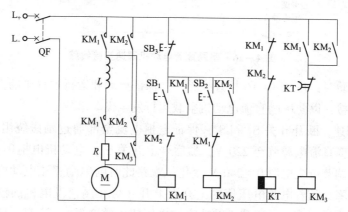

图 4-15　串励电动机正反转控制电路图

线路工作原理如下：

先合上断路器 QF →KT 线圈得电→KT 延时闭合的常闭触头瞬时分断→接触器 KM_3 处于断电状态→保证电动机 M 串接电阻 R 启动

按下正转启动按钮SB_1（或反正启动按钮SB_2）────→KM_1（或KM_2）线圈得电──→
┬→KM_1（或KM_2）常开辅助触头闭合，为KM_3得电做准备
├→KM_1（或KM_2）主触头闭合 ────→电动机M串接R启动正转（或反转）
├→KM_1（或KM_2）自锁触头闭合自锁
├→KM_1（或KM_2）常闭辅助触头分断──→KT线圈失电──→经过KT整定时间──→
└→KM_1（或KM_2）连锁触头分断，对KM_2（或KM_1）联锁

→KT 常闭触头恢复闭合→KM_3 线圈得电→KM_3 主触头闭合→电阻 R 被短接→电动机 M 进入

正常运转

按下 SB₂，电动机 M 反转，过程类似正转，请读者自行分析。

按下 SB₃，电动机 M 停止运转。

三、串励直流电动机的调速

串励直流电动机在负载不变的情况下，电气调速的方法和他励、并励直流电动机的电气调速方法一样，也有三种方法，即改变电枢回路串接电阻阻值调速（简称变阻调速），改变电源电压调速（简称变压调速）及改变主磁通调速（简称弱磁调速）。改变主磁通调速时，对小型串励直流电动机，通常采用改变励磁绕组的匝数或接线方式来实现调速的；对于较大容量串励直流电动机，通常采用在励磁绕组两端并联可调分流电阻的方式来实现调速的。

串励直流电动机实现三种方式调速的实验线路如图 4-16 所示。

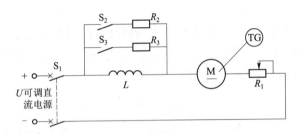

图 4-16　串励直流电动机调速实验线路

进行调速实验时，按图 4-16 接好线路，并保证启动和运行过程中的直流电动机与测速发电机的可靠连接，以防串励直流电动机空载运行发生飞车事故。

(1) 变压调速，断开开关 S₂ 和 S₃，保证电枢电流全部通过励磁绕组，将可变电阻 R_1 调至最大值，可变直流电源调至 220 V，然后合上开关 S₁，电动机电枢串入电阻全压启动。当转速稳定后，调节可变电源 0~240 V 变化，观察此时的串励直流电动机的转速随着电源电压的下降而下降，随着电源电压值的上升而上升（可在测速发电机的输出端接上直流电压表。观察电压表指示值，电压值大转速高，电压值小转速低）。注意：调压调速时的直流电源值，最高不能超过电动机额定电压的 10%；否则会损坏直流电动机。

(2) 变阻调速，断开开关 S₂ 和 S₃，电源电压调节为 220 V，可变电阻 R_1 调至最大值。然后闭合开关 S₁，使电动机电枢串入全部电阻启动，当转速达到稳定值后，慢慢将电阻 R_1 的值由最大调至最小（0 Ω）。此时，电动机的转速随着 R_1 的减小而上升。（同样可观察测速发电机输出的电压表示值，表示电动机转速的高低）。

(3) 弱磁调速，在 S₂ 和 S₃ 断开时将电源电压调至 220 V，电枢串入的可变电阻 R_1 调至最大，然后合上 S₁，保证电动机串入全部电阻启动以限制启动电流，当电动机启动后，逐渐将 R_1 调至最小（0 Ω），电动机转速稳定后，先闭合开关 S₂，使一部分励磁电流从电阻 R_2 分流，使励磁绕组中的电流减小，电动机转速上升；待电动转速稳定后，再闭合 S₃，又有一部分励磁电流从电阻 R_3 分流，使励磁绕组中的电流又减小一部分，电动机的转速又上升。

注意：调速实验时，严禁将串励电动机的励磁绕组短接；否则会损坏电动机。

四、串励直流电动机的制动控制线路

由于串励直流电动机的理想空载转速趋于无穷大,所以运行中不可能满足再生发电制动的条件,因此,串励电动机电力制动的方法只有能耗制动和反接制动两种。

1. 能耗制动控制线路

串励直流电动机的能耗制动分为自励式和他励式两种。

1) 自励式能耗制动

自励式能耗制动的原理是,当电动机断开电源后,将励磁绕组反接并与电枢绕组和制动电阻串联构成闭合回路,使惯性运转的电枢处于自励发电状态,产生与原方向相反的电流和电磁转矩,迫使电动机迅速停转。串励直流电动机自励式能耗制动控制电路图如图 4-17 所示。

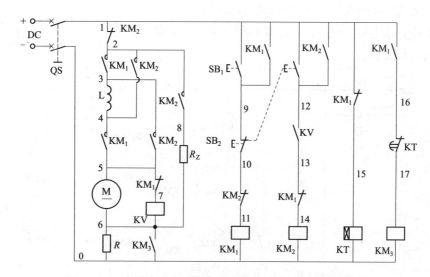

图 4-17 串励直流电动机自励式能耗制动控制线路电路图

线路工作原理如下:

串电阻启动运转:

合上电源开关 QF,时间继电器 KT 线圈得电,KT 延时闭合的常闭触头瞬时分断。按下启动按钮 SB_1,接触器 KM_1 线圈得电,KM_1 触头动作,使电动机 M 串电阻 R 启动后并自动转入正常运转。

能耗制动停转:

按下停止按钮SB_2 ─┬─→ SB_2常闭触头先分断 ──→ KM_1线圈失电 ──→ KM_1触头复位 ──→ ①
　　　　　　　　　└─→ SB_2常开触头后闭合 ──────────────────────────────────→ ②

① ─→ 由于惯性运转的电枢切割磁力线产生感应电动势 ─→ KV线圈得电 ─→ KV常开触头闭合┘

② ─→ KM_2线圈得电 ─┬─ KM_2常闭辅助触头分断切断电动机电源
　　　　　　　　　└─ KM_2主触头闭合 ─→ 这时励磁绕组反接后与电枢绕组和制动电阻构成闭合回路 ─→ 使电动机M受制动迅速停转 ─→ KV断电释放 ─→ KM_2线圈失电 ─→ KM_2触头复位,制动结束。

自励式能耗制动设备简单，在高速时，制动力矩大，制动效果好。但在低速时，制动力矩减小很快，使制动效果变差。

2）他励式能耗制动

他励式能耗制动原理图如图 4-18 所示。制动时，切断电动机电源，将电枢绕组与放电电阻 R_1 接通，励磁绕组与电枢绕组断开后串入分压电阻 R_2，再接入外加直流电源励磁。由于串励绕组电阻很小，若外加电源与电枢电源共用时，需要在串励回路串入较大的降压电阻。这种制动方法不仅需要外加的直流电源设备，而且励磁电路消耗的功率较大，所以经济性较差。

小型串励直流电动机作为伺服电动机使用时，采用的他励式能耗制动控制电路图如图 4-19 所示。其中，R_1 和 R_2 为电枢绕组的放电电阻，减小它们的阻值可使制动力矩增大；R_3 是限流电阻，防止电动机启动电流过大；R 是励磁绕组的分压电阻；SQ_1 和 SQ_2 是行程开关。线路的工作原理请自行分析。

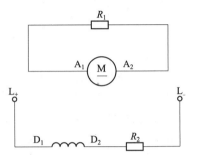

图 4-18　串励电动机他励式能耗制动原理图

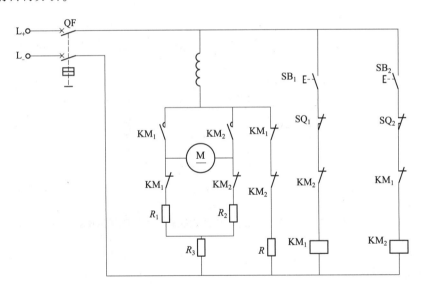

图 4-19　小型串励直流电动机他励式能耗制动控制电路图

2. 反接制动控制线路

串励电动机的反接制动可通过位能负载时转速反向法和电枢直接反接法两种方式来实现。

1）位能负载时转速反向法

这种方法通过强迫电动机的转速反向，使电动机的转速方向与电磁转矩的方向相反来实现制动。如提升机下放重物时，电动机在重物（位能负载）的作用下，转速 n 与电磁转矩 T 反向，使电动机处于制动状态，如图 4-20 所示。

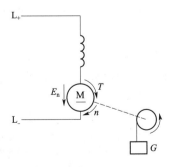

图 4-20　串励直流电动机转速反接制动原理图

2）电枢直接反接法

它是切断电动机的电源后，将电枢图组串入制动电阻后反接，并保持其励磁电流方向不变的制动方法。必须注意的是，采用电枢反接制动时，不能直接将电源极性反接，否则，由于电枢电流和励磁电流同时反向，起不到制动作用。串励电动机反接制动自动控制电路图如图 4-21 所示。

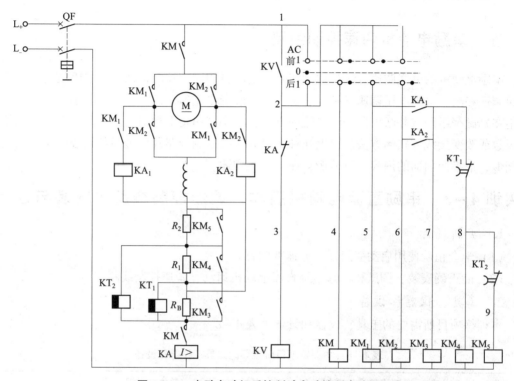

图 4-21　串励电动机反接制动自动控制电路图

图 4-21 中 AC 是主令控制器，用来控制电动机的正反转；KM 是线路接触器；KM_1 是正转接触器；KM_2 是反转接触器；KA 是过电流继电器，用来对电动机进行过载和短路保护；KV 是零压保护继电器；KA_1、KA_2 是中间继电器；R_1、R_2 是启动电阻；R_B 是制动电阻。

线路工作原理如下：

准备启动：将主令控制器 AC 手柄放在"0"位→合上电源开关 QF→零压继电器 KV 线圈得电→KV 常开触头闭合自锁。

电动机正转：将控制器 AC 手柄向前扳向"1"位置→AC 触头（2-4）、（2-5）闭合→KM 和 KM_1 线圈得电→KM 和 KM_1 主触头闭合→电动机 M 串入电阻 R_1、R_2 和 R_B 启动→KT_1、KT_2 线圈得电→它们的常闭触头瞬时分断→KM_4、KM_5 处于断电状态。

因 KM_1 得电对其辅助常开触头闭合→KA_1 线圈得电→KA_1 常开触头闭合→KM_3、KM_4、KM_5 依次得电动作→KM_3、KM_4、KM_5 常开触头依次闭合短接电阻 R_B、R_1、R_2→电动机启动完毕，进入正常运转。

电动机反转：将主令控制器 AC 手柄由正转位置向后扳向"1"反转位置，这时，接触器 KM_1 和中间继电器 KA_1 失电，其触头复位，电动机由于惯性仍沿正转方向转动。但电枢电源则由于接触器 KM、KM_2 的接通而反向，使电动机运行在反接制动状态，而中间继电器

KA$_2$ 线圈上的电压变得很小,并未吸合,KA$_2$ 常开触头分断,接触器 KM$_3$ 线圈失电,KM$_3$ 常开触头分断,制动电阻 R_B 接入电枢电路,电动机进行反接制动,其转速迅速下降。当转速降到接近于零时,KA$_2$ 线圈上的电压升到吸合电压,此时,KA$_2$ 线圈得电,KA$_2$ 常开触头闭合,使 KM$_3$ 得电动作,R_B 被短接,电动机进入反转启动运转,其详细过程请自行分析。

若要电动机停转,把主令控制器手柄扳向"0"位即可。

五、串励电动机调速控制线路

串励电动机的电气调速方法与他励和并励电动机相同,即电枢回路串电阻调速、改变主磁通调速和改变电枢电压调速三种方法。其中,改变主磁通调速,在大型串励电动机上,常采用在励磁绕组两端并联可调分流电阻的方法;在小型串励电动机上,常采用改变励磁绕组的匝数或改变接线方式的方法。以上几种调速方法的控制线路及原理与他励或并励电动机基本相似,请参照前面的内容自行分析,在此不再详述。

实训 4-3 串励直流电动机启动、调速控制线路的安装与检修

1. 实训目标

(1)学会正确使用启动变阻器、调速变阻器。

(2)能正确安装、调试和检修串励直流电动机启动、调速控制线路。

2. 工具、仪器和设备

本训练项目所需要的工具、仪器和设备见表 4-8。

表 4-8 本训练项目所需要的工具、仪器和设备

工具	测电笔、螺钉旋具、尖嘴钳、斜口钳、剥线钳、电工刀等电工常用工具			
仪表	ZC25-3 型兆欧表、MG20 型钳形电流表、MF47 型万用表、转速表			
器材	代号	名称	型号	规格	数量
	M	串励直流电动机	Z4-100-1	串励式、1.5 kW、160 V、13.4 A、1 000/2 000 r/min	1
	FU	熔断器	RC1A-60/30	60 A、配熔体额定电流 30 A	2
	QF	断路器	HZ5-20/230	20 A、220 V、2 极	1
	RF	调速变阻器	BC1-300	300 W、0~20 Ω	1
		端子板			1
		紧固体和编码套管			若干
	RS	启动变阻器	BQ3		1
		导线			若干

3. 实训过程

安装步骤及工艺要求参照任务一进行,经指导教师审阅合格后实施。

安装启动控制电路时要注意如下几点：

（1）电源开关和启动变阻器要安装在串励电动机及被拖动机械的附近，以便操作变阻器能看到设备的运行情况。

（2）串励直流电动机通电试车时，必须带 20%～30% 的额定负载，不允许空载或轻载启动运行。同时，串励电动机和被拖动的生产机械之间的连接不能采用带传动，以防止带断裂或滑脱引起电动机的"飞车"事故。

（3）调速电位器 R_P 要和励磁绕组并联连接。启动前要将 R_P 串入电路部分的电阻值调至最大位置。调速时，随着 R_P 串入电路部分的阻值逐步调小，电动机的转速逐渐升高，但要控制电动机的最高转速不能超过 2 000 r/min。

（4）直流电源若采用单相桥式整流器供电，必须外接 15 mH 的电抗器。

（5）通电试车时，必须有指导教师在现场监护，同时做到安全文明生产。如遇异常情况，应立即断开电源开关 QF。

4．技能训练考核评分记录表

技能训练考核评分记录表见表 4-9。

表 4-9　技能训练考核评分记录表

项目内容	配分	评分标准	扣分
选用工具、仪表及器材	10 分	（1）工具、仪表少选或错选每个扣 2 分 （2）电器元件选错型号或规格每个扣 2 分	
装前检查	10 分	电器元件漏检或错检每处扣 2 分	
安装元件	10 分	（1）电动机安装不符合要求扣 10 分 （2）电器布置不合理扣 5 分 （3）元件安装不符合要求每只扣 5 分 （4）损坏元件每只扣 5～10 分	
布线	20 分	（1）不按电路图接线扣 15 分 （2）布线不符合要求每根扣 2 分 （3）接点松动、漏铜过长、反圈、压绝缘层每点扣 2 分 （4）损伤导线绝缘层或线芯每处扣 5 分 （5）漏套线号管每处扣 1 分 （6）漏接地线扣 10 分	
故障分析	10 分	（1）故障分析、排除故障思路不正确每个扣 5～10 分 （2）标错电路故障范围每个扣 5 分	
排除故障	20 分	（1）停电不验电扣 5 分 （2）测量仪器和工具使用不正确每次扣 5 分 （3）排除故障的顺序不正确扣 5 分 （4）不能查出故障点每个扣 10 分 （5）查出故障点，但不能排除每个扣 5 分	

续表

项目内容	配分	评分标准	扣分
排除故障	20分	(6) 产生新的故障： 　　不能排除每个扣10分 　　能够排除每个扣5分 (7) 损坏电器元件每个扣5~20分	
通电试车	20分	(1) 元件整定值整定错误或未整定每只扣5分 (2) 操作顺序不对每次扣4分 (3) 第一次试车不成功扣10分 　　第二次试车不成功扣15分 　　第三次试车不成功扣20分	
安全文明生产		违反安全文明生产扣20~50分	
定额时间	6课时	每超过5 min扣2分	
开始时间		结束时间　　　　　超时	
成绩			
备注			

思考与练习

一、填空题：

1. 并励直流电动机具有_____机械特性，当负载转矩增大时，转速下降_____，这种特性适用于当负载变化时要求_____的场合。

2. 运行中的并励直流电动机不允许_____开路，所以_____不能装设开关及熔断器。

3. 直流电动机接通电源，转子由_____状态逐渐加速到_____的过程，称为启动。

4. 直流电动机的启动方法有_____启动，_____启动和_____启动三种方式。

5. 直流电动机负载和磁通保持不变，电枢两端电压与转速的关系是：电压_____转速_____；由于电枢两端电压不能超过额定值，所以改变电源电压的调速方式只能_____。

6. 直流电动机的电源电压不变，改变励磁回路电阻值调速时，转速因磁通的减小而_____，但最高转速通常控制在额定转速的_____以下。

7. 直流电动机常用的电气制动方法有_____制动、_____制动、_____制动等。

8. 反接制动时，当电动机转速降低至_____时，应该及时_____，防止电动机_____。

9. 直流电机功率平衡方程式 $P_1 = P_2 + \Delta P$，对直流电动机来说，式中_____代表从电网吸取的电功率，_____为轴上输出的机械功率，而对直流发电机来说，P_1 表示输入的_____功率，P_2 表示输出的_____功率。

10. 并励直流电动机启动时，励磁绕组两端电压_____额定电压。

11. 直流电动机的调速方法有_____、_____和_____三种。

12. 改变直流电动机的转向，就是改变电动机转矩的方向。可采用_____或_____采用_____来实现。

13. 直流电动机改变电枢电压的调速，是从额定转速_____的调速，属于_____调速；改变励磁磁通的调速，是从额定转速_____的调速；属于_____调速方式。

14. 对于直流电动机，当励磁磁通额定时，采用调节_____或_____调速的方法，属于_____调速方式。

15. 对于直流电动机，当电枢电压一定时，采用_____的调速方法，属于_____调速方式。

二、选择题

1. 并励直流电动机启动时，励磁绕组两端电压（　　）额定电压。
   A. 大于　　　　B. 小于　　　　C. 等于　　　　D. 略小于

2. 并励直流电动机改变电枢电压调速得到的人工机械特性与自然机械特性相比，其特性的硬度（　　）。
   A. 变软　　　　B. 变硬　　　　C. 不变　　　　D. 稍变硬

3. 并励直流电动机改变电枢回路电阻值所得到的人工机械特性与自然特性相比，其特性的硬度（　　）。
   A. 变软　　　　B. 变硬　　　　C. 不变　　　　D. 稍变硬

4. 并励直流电动机改变励磁回路电阻调速得到的人工机械特性与自然机械特性相比，其特性的硬度（　　）。
   A. 变软　　　　B. 变硬　　　　C. 不变　　　　D. 稍变硬

5. 直流电动机采用电枢回路串变阻器启动时（　　）。
   A. 将启动电阻中由大往小调　　　　B. 将启动电阻由小往大调
   C. 不改变启动电阻大小　　　　　　D. 不一定向哪方向调启动电阻

6. 为了使直流电动机反向旋转，可采取（　　）的措施来实现。
   A. 改变励磁绕组电压极性　　　　　B. 减小电流
   C. 增大电流　　　　　　　　　　　D. 降低电压

7. 他励直流电动机改变旋转方向，通常采用（　　）来完成。
   A. 电枢绕组反接　　　　　　　　　B. 励磁绕组反接
   C. 电枢、励磁绕组同时反接　　　　D. 断开励磁绕组，电枢绕组反接

8. 运行着的并励直流电动机，当其电枢电路的电阻和负载转矩都一定时，若降低电枢电压后，主磁极磁通仍维持不变，则电枢转速将会（　　）。
   A. 升高　　　　B. 降低　　　　C. 不变　　　　D. 略有升高

9. 直流电动机反接制动时，当电动机转速接近于零时，就应立即切断电源，防止

（　　）。

A. 电流增大　　　B. 电动机过载　　　C. 发生短路　　　D. 电动机反向转动

10. 将直流电动机电枢的动能变成电能消耗在电阻上，称为（　　）。

A. 反接制动　　　B. 回馈制动　　　C. 能耗制动　　　D. 机械制动

11. 直流电动机电枢回路串电阻调速时，当电枢回路电阻增大，其转速（　　）。

A. 升高　　　B. 降低　　　C. 不变　　　D. 不一定

12. 直流电动机的能耗制动是指切断电源后，把电枢两端接到一只适宜的电阻上，此时电动机处于（　　）。

A. 电动机状态　　　B. 发电机状态　　　C. 惯性状态　　　D. 自由状态

13. 串励直流电动机具有"软"机械特性，因此适用于（　　）基本不变的场合。

A. 转速要求　　　B. 转矩要求　　　C. 输出功率　　　D. 负载要求

14. 目前直流电动机调速多采用电枢降压这种方法主要是因为（　　）。

A. 技术经济指标较好　　　　　　B. 投资少

C. 设备简单　　　　　　　　　　D. 控制电枢方便

15. 采用改变励磁调速时，电动机的最高转速取决于（　　）。

A. 励磁电流　　　　　　　　　　B. 电枢电压

C. 电动机允许的最高转速　　　　D. 电枢电流

三、判断题（正确的在括号内打"√"，错误的在括号内打"×"）。

1. 直流电机的额定电流，不论是对发电机来讲，还是对电动机来讲，都是指流过电枢绕组中的电流。（　　）

2. 改变励磁回路电阻调速可以自由地增大或降低电动机的转速，是一种应用范围非常广的调速方法。（　　）

3. 由于串励直流电动机气隙磁道主要取决于负载电流的大小，所以串励直流电动机的转速随负载的增加而迅速下降。（　　）

4. 直流电动机实现反接制动时，当电动机的转速接近于零时，应立即切断电源，防止电动机过载。（　　）

5. 并励直流电动机启动时，常采用减小电枢电压和电枢回路串电阻两种方法。（　　）

6. 励磁绕组反接法控制并励直流电动机正反转的原理是：保持电枢电流的方向不变，改变励磁绕组电流的方向。（　　）

7. 并励直流电动机的正反转控制可采用电枢反接法，即保持励磁绕组电流的方向不变，改变电枢电流的方向。（　　）

8. 直流电动机电枢回路串电阻调速时，当电枢回路中电阻增大，电动机的转速降低。

（　　）

四、简答题

1. 并励直流电动机和串励直流电动机的机械特性主要有什么不同？根据它们的机械特性说明它们适用于什么场合。

2. 并励直流电动机运行时的机械负载减小了，它的转速、电枢电动势和电枢电流有什么变化？为什么？

3. 直流电动机的调速方法有哪些？各有什么特点？

4. 直流电动机在下述情况下电动机转速、电枢电流和电枢电势有何变化？

（1）磁通和电枢电压不变，负载转矩减小；

（2）磁通和负载转矩不变，电枢电压减小；

（3）磁通、电枢电压和负载转矩都不变，电枢回路串入适当电阻。

5. 什么叫直流电动机的机械特性？

6. 为什么在使用中的串励直流电动机决不允许空载启动？而并励直流电动机在使用中决不允许励磁绕组开路？如果出现上述情况，将会产生什么样的后果？

7. 一台并励直流电动机，$P_N = 15$ kW，$U_N = 220$ V，$I_N = 79$ A，$n_N = 950$ r/min，$R_a = 0.253$ Ω，若采用全压启动，问启动电流为额定电流的多少倍？如果将启动电流限制为额定电流的 2.5 倍，问应该在电枢回路中串联多大的启动电阻？当电动机在额定状态下运行时，试求电动机的输入功率 P_1，效率 η，额定转矩 T_N 各为多少？

8. 什么叫直流电动机的调速？调速与启动有什么本质上的区别？

9. 如何改变并励直流电动机和串励直流电动机的旋转方向？

项目五 典型生产机械的电气控制线路

本项目主要介绍典型生产机械电气控制线路的基本原理,通过本项目学习及实践达到以下目标。

教学目标:

主要了解车床、磨床、钻床、铣床、镗床等典型生产机械的结构、运动方式和控制要求;掌握典型生产机械电气控制线路的工作原理、电气控制线路的接线以及调试技能;熟悉常见故障诊断和处理方法;会正确排除典型生产机械设备电气控制线路故障。

技能目标:

通过典型生产机械常见电气故障的诊断与检修,掌握排除常用生产机械电气控制线路故障的一般步骤,学会常用生产机械电气控制线路检修的一般方法。

在学习了常用低压电器与继电器接触器控制电路基本环节后,对典型生产机械设备的电气控制进行分析和维修。为便于学习,先介绍金属切削机床的一些基础知识。

一、金属切削机床简介

金属切削机床是机械制造业的主要加工设备,通过金属切削将金属毛坯加工成具有一定形状、尺寸表面质量的机械零件。进行金属切削加工的机床品种和规格繁多,我国将机床按其产品的工作原理、结构性能特点及其使用范围分为 12 个大类。常用的金属切削机床有车床、磨床、钻床、铣床和镗床等。金属切削机床的机械运动形式可分为主运动、进给运动和辅助运动三类:主运动是指对金属工件进行切削的运动,一般是机床主轴的旋转运动;进给运动是指持续地把金属工件的被切削层投入切削的运动,即加工工具与加工工件之间的相对运动;辅助运动是指主运动和进给运动外的其他运动,如机床部件的位置调整运动等。

我国生产的金属切削机床型号的组成形式如下:

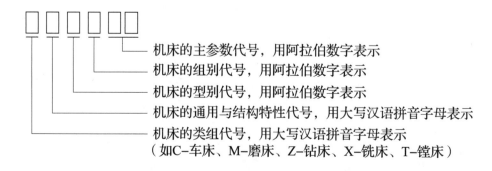

例如：CA6140型卧式车床型号的含义如下：

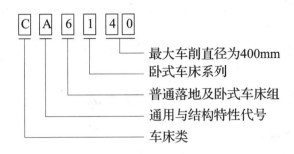

二、生产机械设备电气控制线路的识读方法

不同的生产机械设备，由于各自的工作方式不同，工艺要求不同，其电气控制系统也各不相同。分析识读电气控制线路，应该在充分了解机床机械运动的基础上，从常用机床的电气控制入手，通过对几种典型机床设备的电气控制系统分析，进一步理解各基本环节在各种控制系统中的应用，以及各典型控制系统的组成，学会根据生产工艺和机械设备对电气控制的要求，进行电气控制线路分析，提高读图能力，学会分析机床电气控制线路的方法，了解机床上机械、液压、电气之间的紧密配合；为今后进行机床和其他生产机械设备的电气控制的设计、安装、调试、运行维护打下一定的基础。

在学习与分析机床电气控制电路时，应从以下几个方面入手：

（1）了解机床的主要结构、运动方式、主要技术性能、液压气动传动系统的工作原理、加工工艺和机械设备对电气控制系统的要求等。

（2）了解机床的机械操作手柄与电器开关元件之间的关系；了解机床液压气动传动系统与电气控制的关系等。先对设备有一个总体了解，为阅读电气控制图做好准备。

（3）分析主电路。从主电路入手，根据每台电动机和执行电器的控制要求去分析各电动机和执行电器的控制内容，分析清楚各用电设备是用什么电气元件控制的，是开关直接控制的，还是接触器－继电器控制的，包括电动机启动、转向控制、调速、制动等基本环节。

（4）分析控制电路。根据主电路中主触头的文字符号，在控制电路中找相应的控制支路（环节），将控制电路"化整为零"，按功能的不同划分若干个局部控制电路来分析。分析时假定操作控制按钮及行程开关，让它们动作，分析电动机的运转情况。

（5）分析联锁和保护环节。注意各个环节相互间的联系和制约关系（自锁、互锁、顺序控制及各种保护环节），以及各个环节与机械、液压部件动作的关系。

（6）分析辅助电路。辅助电路包括信号电路、照明电路、保护电路等。控制电路中执行元件的工作状态显示、电源指示、故障报警和照明电路等部分，都是由控制电路中的电器元件来进行的，因此分析时还要对照控制电路对这部分电路进行分析。

（7）分析特殊控制环节。在某些控制线路中，设置了相对独立的特殊环节，如产品计数装置、晶闸管触发电路等。读图可参照上述分析方法，灵活处理。

（8）总体检查。在局部电路的原理及各部分关系弄明白后，必须用"集零为整"的方法，检查整个控制电路，看是否有遗漏。从整体角度进一步理解各环节之间的联系，清楚地理解控制电路的工作原理。所以识图的基本方法可以总结为"化整为零，集零为整，统观全局，总结特点"。重要的是养成分析的习惯，学会分析的方法。在实践中不断总结，积累经验，提高读图能力。

后文以几种典型机床为例，分析它们的电气控制原理。

三、生产机械设备电气维修的一般方法

1. 检查前的故障调查

当工业机械发生电气故障后，切忌盲目动手检修。在检修前，通过问、看、听、摸来了解故障前后的操作情况和故障发生后出现的异常现象，以便根据故障现象判断出故障发生的部位，进而准确地排除故障。

问：询问操作者故障前后电路和设备的运行状况及故障发生后的症状，如故障是经常发生还是偶然发生；是否有响声、冒烟、火花、异常振动等征兆；故障发生前后有无切削力过大和频繁地启动、停止、制动等情况；有无经过保养检修或改动线路等。

看：察看故障发生前是否有明显的外观征兆，如各种信号、指示装置的熔断器的情况、保护电器脱扣动作、接线脱落、触头烧蚀或熔焊、线圈过热烧毁等。

听：在线路还能运行和不扩大故障范围、不损坏设备的前提下，可通电试车，细听电动机、接触器和继电器等电器的声音是否正常。

摸：在刚切断电源后，尽快触摸检查电动机、变压器、电磁线圈及熔断器等，看是否有过热现象。

2. 对故障范围进行外观检查

在确定了故障发生的可能范围后，可对范围内的电器元件及连接导线进行外观检查，如熔断器的熔体熔断；导线接头松动或脱落；接触器和继电器的触头脱落或接触不良，线圈烧坏使表层绝缘纸烧焦变色，烧化的绝缘清漆流出；弹簧脱落或断裂；电器开关的动作机构受阻失灵等，都能明显地表明故障点所在。

3. 用试验法进一步缩小故障范围

经外观检查未发现故障点时，可根据故障现象，结合电路图分析故障原因，在不扩大故障范围、不损伤电气和机械设备的前提下，进行直接通电试验，或除去负载（从控制箱接线端子板上卸下）通电试验，以分清故障可能是在电气部分还是在机械等其他部分，是在电动机上还是在控制设备上，是在主电路上还是在控制电路上。一般情况下先检查控制电路，具体的做法是：操作相关按钮或开关时，线路中有关的接触器、继电器将按规定的动作顺序进行工作。若依次动作至某一电器元件时，发现动作不符合要求，即说明该电器元件或相关电路有问题。再在此电路中进行逐项分析和检查，一般便可发现故障。待控制电路的故障排除恢复正常后，再接通主电路，检查控制电路对主电路的控制效果，观察主电路的工作情况有无异常等。

在通电试验时，必须注意人身和设备的安全。要遵守安全操作规程，不得随意触动带电部分，要尽可能切断电动机在空载下运行，以免生产机械的运动部分发生误动作和碰撞；要暂时隔断有故障的主电路，以免扩大故障范围并预先充分估计到局部线路动作后可能发生的

不良后果。

4. 用测量法确定故障点

测量法是维修电工工作中用来准确确定故障点的一种行之有效的检查方法。常用的测试工具和仪表有校验灯、测电笔、万用表、钳形电流表、兆欧表等,主要通过对电路进行带电或断电时的有关参数如电压、电阻、电流等的测量,来判断电器元件的好坏、设备的绝缘情况以及线路的通断情况。随着科学技术的发展,测量手段也在不断更新。

在用测量法检查故障点时,一定要保证各种测量工具和仪表完好,使用方法正确,还要注意防止感应电、回路电及其他并联支路的影响,以免产生误判断。常用的测量方法有电压测量法、电阻测量法、短接法,已在项目五中介绍了电压测量法和电阻测量法,下面介绍短接法。

短接法是检查时,用一根绝缘良好的导线,将所怀疑的断路部位短接,若短接到某处电路接通,则说明该处断路。这种方法是检查线路断路故障的一种简便、可靠的方法。

1) 局部短接法

检查前,先用万用表测量如图 5-1 所示 1-0 两点间的电压,若电压正常,可一人按下启动按钮 SB_2 不放,然后另一人用一根绝缘良好的导线,分别短接标号相邻的两点 1-2、2-3、3-4、4-5、5-6(注意不要短接 6-0 两点,否则会造成短路),当短接到某两点时,接触器 KM_1 吸合,即说明断路故障就在该两点之间,见表 5-1。

2) 长短接法

长短接法是指一次短接两个或多个触头来检查故障的方法。

在图 5-2 所示电路中,当 FR 的常闭触头和 SB_1 的常闭触头同时接触不良时,若用局部短接法,短接 1-2 两点,按下 SB_2,KM_1 仍不能吸合,则可能造成判断错误;而用长短接法将 1-6 两点短接,如果 KM_1 吸合,则说明 1-6 这段电路上有断路故障;然后再用局部短接法逐段找出故障点。

表 5-1 局部短接法查找故障点

故障现象	测量点	KM_1 动作	故障点
按下 SB_2 时 KM_1 不吸合	1-2	KM_1 吸合	FR 常闭触头接触不良或误动作
	2-3	KM_1 吸合	SB_1 的常闭触头接触不良
	3-4	KM_1 吸合	SB_2 的常开触头接触不良
	4-5	KM_1 吸合	KM_2 的常闭触头接触不良
	5-6	KM_1 吸合	SQ 的常闭触头接触不良

长短接法的另一个作用是可把故障点缩小到一个较小的范围。例如,第一次先短接 3-6 两点,KM_1 不吸合,再短接 1-3 两点,KM_1 吸合,说明故障在 1-3 范围内。可见,如果长短接法和局部短接法能结合使用,很快就可找出故障点。

3) 用短接法检查故障时注意事项

(1) 用短接法检测时,是用手拿绝缘导线带电操作的,所以一定要注意安全,避免触电事故。

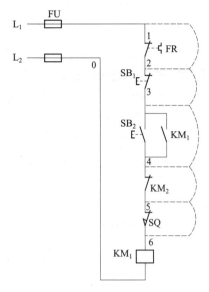

图 5-1 局部短接法

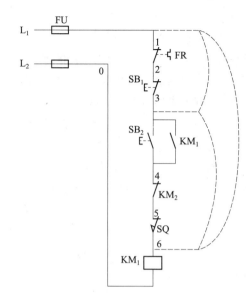

图 5-2 长短接法

（2）短接法只适用于压降极小的导线及触头之类的断路故障。对于压降较大的电器，如电阻、线圈、绕组等断路故障，不能采用短接法，否则会出现短路故障。

（3）对于生产机械的某些要害部位，必须在保证电气设备或机械部件不会出现事故的情况下，才能使用短接法。

5. 检查是否存在机械、液压故障

在许多电气设备中，电器元件的动作是由机械、液压来推动的，或与它们有着密切的联动关系，所以在检修电气故障的同时，应检查、调整和排除机械、液压部分的故障，或与机械维修工配合完成。

注意：在实际检修中，机床电气故障是多种多样的，应根据故障性质和具体情况灵活选用以上所述检查分析生产设备故障的一般顺序和方法，断电检查多采用电阻法，通电检查多采用电压法或电流法。各种方法可交叉使用，以便迅速有效地找出故障点。

6. 故障修复及注意事项

当找出电气设备的故障点后，就要着手进行修复、试运行、记录等，然后交付使用，但必须注意如下事项：

（1）在找出故障点和修复故障时，应注意不能把找出的故障点作为寻找故障的终点，还必须进一步分析查明产生故障的根本原因。例如：在处理某台电动机因过载烧毁的事故时，绝不能认为将烧毁的电动机重新修复或和换上一台同型号的新电动机就算完事，而应进一步查明电动机过载的原因，到底是因负载过重，还是电动机选择不当、功率过小所致，因为二者都会导致电动机过载。所以在处理故障时，修复故障应在找出故障原因并排除之后进行。

（2）找出故障后，一定要针对不同故障情况和部位相应采取正确的修复方法，不要轻易采用更换电器元件和补线等方法，更不允许轻易改动线路或更换规格不同的电器元件，以防止产生人为故障。

（3）在故障点的修理工作中，一般情况下应尽量做到复原。但是，有时为了尽快恢复生产机械的正常运行，根据实际情况也允许采取一些适当的应急措施，但绝不可凑合行事。

（4）电气故障修复完毕，需要通电试运行时，应和操作者配合，避免出现新的故障。

（5）每次排除故障后，应及时总结经验，并做好维修记录。记录的内容可包括：工业生产机械的型号、名称、编号、故障发生日期、故障现象、部位、损坏的电器、故障原因、修复措施及修复后的运行情况等。记录的目的：作为档案以备日后维修时参考，并通过对历次故障的分析，采取相应的有效措施，防止类似事故的再次发生或对电气设备本身的设计提出改进意见等。

任务一　普通车床的电气控制线路

学习目标：

熟悉车床的主要结构和型号含义，掌握车床的主要运动形式及控制要求，会分析车床电气控制线路原理。

技能要点：

会进行常见电气故障诊断和维修。

在各种金属切削机床中，车床占的比重最大，应用也最广泛。车床主要用来车削外圆、内圆、端面、螺纹和成形表面等，也可用于钻孔、铰孔、切槽等加工工序。

车床的种类很多，有普通（卧式）车床、落地车床、立式车床、六角车床等。生产中以普通车床应用最普遍，数量最多，本任务进行普通车床的电气控制分析及电气故障诊断与检修。

一、普通车床主要组成及运动形式

CA6140型卧式车床是一种常用的普通车床。

如前所述，CA6140型卧式车床型号含义如下：C—类代号（车床类）；A—通用与结构特性代号；6—组代号（普通落地及卧式车床组）；1—系代号（卧式车床系）；40—主参数折算值（床身上最大车削工件回转直径的1/10，即最大车削直径为400 mm）。

1. CA6140型卧式车床的结构组成

CA6140型卧式车床的结构如图5-3所示。

它主要由主轴箱、挂轮箱、进给箱、丝杠与光杆、溜板箱、拖板与刀架、床身、尾架等部件组成。主轴箱用于支撑主轴并带动工件做回转运动。挂轮箱用于将主轴的回转传递到进给箱。进给箱把挂轮箱传递来的运动，经过变速后传递给丝杠或光杆。溜板箱接受丝杠或光杆传递的运动，驱动床鞍和中、小滑板及刀架实现车刀的纵、横向进给运动。刀架部分由床鞍、两层滑板（中、小滑板）和刀架体共同组成，用于装夹车刀并带动车刀做纵向、横向和斜向运动。床身用来支撑和连接车床的各部件。尾架主要用来安装后顶尖，用以支撑较长的工件，也可以安装钻头、铰刀等切削工具进行钻孔、铰孔加工。

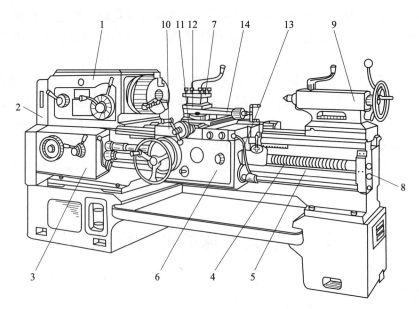

图 5-3 CA6140 型卧式车床结构

1—主轴箱；2—交换齿轮箱；3—进给箱；4—丝杠；5—光杠；6—溜板箱；7—刀架；8—床身；9—尾架；
10—纵溜板；11—横溜板；12—转盘；13—操纵手柄；14—小溜板

2. CA6140 型卧式车床的运动形式

车削加工中，工件旋转是主运动，刀具的横向或纵向的直线运动是进给运动。

1）主运动

车床的主轴电动机经传动机构带动被固定在卡盘上的工件做旋转运动。其传动过程为：主轴电动机→带轮→主轴箱→主轴→卡盘→工件的旋转运动。通常车削加工时，一般不要求反转，但在加工螺纹时，为避免乱扣，需要反转退刀，再纵向进刀继续加工。因此，要求车床主轴具有正、反转的性能。

2）进给运动

车床进给运动是溜板带动刀架的纵向与横向直线运动。其传动过程为：主轴箱→挂轮箱→进给箱→光杆（或丝杆）→溜板箱→滑板→刀架→车刀的纵、横向直线运动。加工螺纹时，工件的旋转速度与刀具的进给速度应有严格的比例关系。为此，车床溜板箱与主轴箱之间通过齿轮传动来连接，主运动与进给运动由一台电动机拖动。

3）辅助运动

车床的辅助运动是工件的夹紧与松开、尾架的纵向移动和溜板箱的快速移动。

3. 车床对电力拖动的要求及控制特点

从车床加工工艺特点出发，中、小型卧式车床的电气控制要求及特点如下：

（1）通常的车削加工近似于恒功率负载，考虑经济性及工作可靠性等因素，主拖动电动机选用三相笼型异步电动机，无电气调速。

（2）为了满足车削加工调速范围大的要求，车床主轴主要采用机械有级变速方法，主电动机通过 V 带将动力传给主轴箱。

（3）在加工螺纹时，要求主轴正、反向旋转，是采用摩擦离合器、多片式电磁离合器等机械传动的方法来实现的。

（4）主电动机的启动，在电网容量满足要求的情况下，可以直接启动；否则，需采用减压启动的方法，通常采用按钮操作。

（5）加工螺纹时，刀架移动与主轴旋转运动之间必须保持准确的比例关系。所以，刀架的移动都是由主轴箱通过一系列齿轮传动来实现的，因此，主运动与进给运动只用一台电动机拖动。

（6）车削加工时，为防止刀具与工件温度过高，延长刀具使用寿命，保证加工质量，需要用切削液对它们进行冷却。为此，设有一台冷却泵电动机，拖动冷却泵输出冷却液，而拖动冷却泵的电动机只需单向旋转，且要求在主电动机启动加工时，才能选择冷却泵的启动与否，当主电动机停止时它也立即停止。在加工铸件或高速切削钢件时，为保护机床和刀具，不采用冷却液，所以，冷却泵电动机还应设置单独关断的控制开关。

（7）为提高生产效益，减轻工人劳动强度，实现溜板箱的快速移动，由一台能实现正反转的快速移动电动机单独拖动，采用点动控制。

（8）具有必要的过载、短路、零压及欠压保护环节和联锁环节。

（9）具有安全可靠的局部照明和信号指示电路。

二、普通车床电气控制线路分析

1. 阅读机床电气控制电路图的基本知识

CA6140型卧式车床电气控制电路图如图5-4所示。一般机床电气控制线路所包含的电器元件和电气设备较多，其电路图的符号较多。因此，为了便于识读分析机床电路图，除项目五介绍的绘制和识读电路图的一般原则之外，还应该明确以下几点：

（1）电路图按照电路的功能分成若干个单元，并用文字将其功能标注在电路图上部的栏内。例如，图7-3所示电路图按功能分为电源保护、电源开关、主轴电动机等13个单元。

（2）在电路图下部（或上部）按功能划分成若干个图区，通常是一个回路或一条支路划为一个图区，并从左向右依次用阿拉伯数字编号标注在图区栏内，图5-4所示电路图共划分了12个图区。

（3）电路图中，在每个接触器线圈的下方画出两条竖直线，分成左、中、右三栏，每个继电器线圈下方画出一条竖直线，分成左、右两栏。把受其线圈控制而动作的触头所处的图区号填入相应的栏内，对备而未用的触头，在相应的栏内用记号"×"标出或不标出任何符号。见表5-2和表5-3。

（4）电路图中，在触头文字符号下面标注的阿拉伯数字表示该电器的线圈所处的图区号。例如在图5-4所示电路图中，在图区4中有"$\frac{KA_2}{9}$"表示中间继电器KA_2的线圈在图区9中。

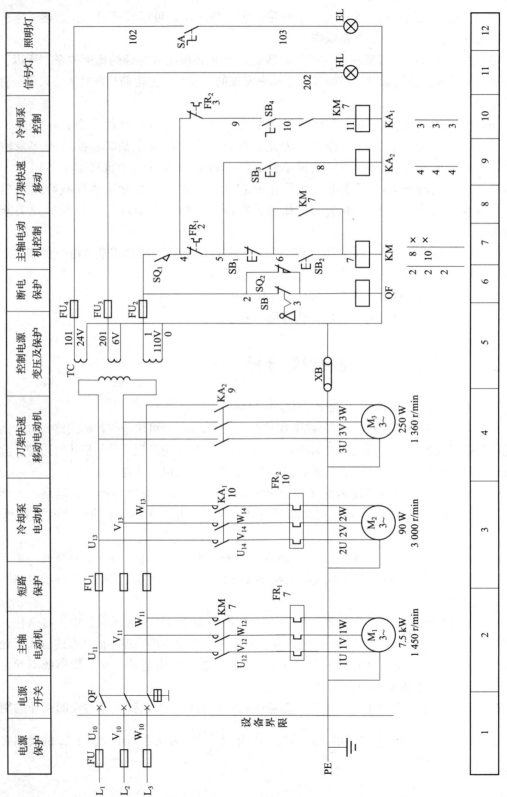

图 5-4 CA6140 型卧式车床电气控制电路图

表 5-2　接触器触头在电路图中位置的标记

栏目	左栏	中栏	右栏
触头类型	主触头所处的图区号	辅助常开触头所处的图区号	辅助常闭触头所处的图区号
举例 KM 2 | 8 | × 2 | 10 | × 2 | |	表示 3 对主触头均在图区 2	表示一对常开辅助触头在图区 8，另一对常开辅助触头在图区 10	表示 2 对常闭辅助触头未用

表 5-3　继电器触头在电路图中位置的标记

栏目	左栏	右栏
触头类型	常开触头所处的图区号	常闭触头所处的图区号
举例 KA_2 4 | 4 | 4 |	表示 3 对常开触头均在图区 4	表示常闭触头未用

2. 主电路分析

如图 5-4 所示，CA6140 型卧式车床的电源由钥匙开关 SB 控制，将钥匙开关 SB 向右旋转，再将总电源开关 QF 向上扳至 ON 位置，接通三相电源，为电动机工作做好准备。线路中共有三台电动机：M_1 为主轴电动机，M_2 为冷却泵电动机，M_3 为刀架快速移动电动机。三台电动机的控制电器及保护电器见表 5-4。

表 5-4　电动机的控制电器及保护电器

电动机代号	作用	控制电器	短路保护电器	过载保护电器
主轴电动机 M_1	带动主轴旋转和刀架进给运动	接触器 KM	低压断路器 QF	热继电器 FR_1
冷却泵电动机 M_2	供应冷却液	中间继电器 KA_1	熔断器 FU_1	热继电器 FR_2
快速移动电动机 M_3	拖动刀架快速移动	中间继电器 KA_2	熔断器 FU_1	无

3. 控制电路分析

控制电路的电源由控制变压器 TC 二次侧输出的 110 V 电压提供。由熔断器 FU_2 作短路保护。SQ_1 为机床头皮带处设置的安全开关，正常工作时，装好皮带罩，位置开关 SQ_1 的常开触头闭合。当皮带罩没有安装到位，则 SQ_1 的常开触头断开，切断控制电路的电源，以确保人身安全。机床控制配电盘壁龛门装设的安全位置开关 SQ_2，在机床正常工作时配电盘壁龛门应关闭好，SQ_2 的常闭触头是断开的，QF 的分闸线圈不通电，断路器 QF 能合闸。打开配电盘壁龛门时，SQ_2 的常闭触头闭合，QF 的分闸线圈获电，断路器 QF 自动断开。所以在机床正常工作时，皮带罩必须装好，配电盘壁龛门必须关好，钥匙开关 SB 旋到开的位置时才能给机床通电，否则断路器自动断开。

1）主轴电动机 M_1 的控制

将电源开关锁 SB 旋至 I（断开）位置，向上扳总电源开关 QF 至 ON 位置。表示机床已接通三相电源。

（1）M_1 启动。

KM 线圈得电回路是：TC—1—2—4—5—6—7—0。

（2）M_1 停止。

按下停止按钮 SB_1→KM 线圈失电→KM 触头复位断开→M_1 失电停转。

2）冷却泵电动机 M_2 的控制

主轴电动机 M_1 和冷却泵电动机 M_2 在控制电路中实现顺序控制，只有当主轴电动机 M_1 启动后，KM 的常开辅助触头闭合，合上旋钮开关 SB_4，中间继电器 SA_1 吸合，冷却泵电动机 M_2 才能启动。当 M_1 停止运行或断开旋钮开关 SB_4 时，M_2 均停止运行。

3）刀架快速移动电动机 M_3 的控制

刀架快速移动电动机 M_3 的启动是由安装在进给操作手柄顶端的控制按钮 SB_3 控制的，它与中间继电器 KA_2 组成点动控制环节。将快速移动手柄扳到所需要移动的方向，按下按钮 SB_3，KA_2 线圈得电吸合，快速电动机 M_3 启动运转，刀架向手柄操作指定的方向快速移动。松开 SB_3，电动机 M_3 停止运转。刀架快速移动电动机 M_3 是短时工作的，故未设过载保护。

4. 照明与信号电路分析

控制变压器 TC 二次侧输出的 24 V 和 6 V 电压，分别作为车床安全电压局部照明灯和信号指示灯的电源。

EL 为车床的低压照明灯，由 SA 控制，FU_4 作短路保护；HL 为电源指示灯，FU_3 作短路保护。

CA6140 型卧式车床电气元件明细表见表 5-5。

表 5-5　CA6140 型卧式车床电气元件明细表

元件代号	名称	数量	型号	规格	用途
M_1	主轴电动机	1	Y132M-4-B3	7.5 kW、1 450 r/min	主轴及进给传动
M_2	冷却泵电动机	1	A0B25	90 W、3 000 r/min	提供冷却液
M_3	快速移动电动机	1	AOS5634	250 W、1 360 r/min	刀架快速移动

续表

元件代号	名称	数量	型号	规格	用途
TC	控制变压器	1	JBK2-250	380 V/110 V/24 V/6 V	控制电路电源
KM_1	交流接触器	1	CJX2-16/22	线圈电压 110 V 50 Hz	控制 M_1
KA_1	中间继电器	1	JZ7-44	线圈电压 110 V 50 Hz	控制 M_2
KA_2	中间继电器	1	JZ7-44	线圈电压 110 V 50 Hz	控制 M_3
FR_1	热继电器	1	3UA 12.5-20A	整定到 15.4 A	M_1 过载保护
FR_2	热继电器	1	3UA 0.25-0.4A	整定到 0.32 A	M_2 过载保护
FU_1	熔断器	3	RT23-16	熔体 6 A	电源短路保护
FU_1	熔断器	3	RT23-16	熔体 2 A	M_2、M_3 短路保护
FU_2	熔断器	1	RT23-16	熔体 2 A	控制电路短路保护
FU_3	熔断器	1	RT23-16	熔体 2 A	信号灯短路保护
FU_4	熔断器	1	RT23-16	熔体 2 A	照明灯短路保护
QF	低压断路器	1	DZ15-40/40	40 A	总电源开关
EL	机床照明灯	1	JC-10	24 V,40 W	工作照明
HL	信号灯	1	AD-11	6 V	电源指示
SA	照明开关	1	LAY3-10X	黑色	控制照明灯
SB_1	停止按钮	1	LAY3-01ZZS/1	红色	停止 M_1
SB_2	主轴启动按钮	1	LAY3-10	绿色	启动 M_1
SB_3	快速移动按钮	1	LAY9	绿色	启动 M_3
SB_4	冷却泵旋钮	1	LAY3-10X	黑色	控制 M_2
SB	钥匙旋钮开关	1	LAY3-01Y/20		电源开关锁
XT_1	接线端子	3	JH9-1009	60 A,1个	
			JH9-1519	15 A,2个	
XT_2	接线端子	1	JDG-B-1		
XT_3	接线端子	3	JX5-1005		
SQ_1	行程开关	1	LXK2-411K		皮带罩安全开关
SQ_2	行程开关	1	JWM6-11		壁龛门安全开关

三、CA6140 型卧式车床常见电气故障分析与检修方法

当需要打开配电箱门进行带电检修时,将 SQ_2 开关的传动杆拉出,断路器 QF 仍可合上。关上箱门后,SQ_2 恢复保护作用。

下面以主轴电动机不能启动的故障为例介绍常见电气故障的检修方法和步骤。

合上电源开关 QF，按下启动按钮 SB_2，电动机 M_1 不能启动，此时首先要检查接触器 KM 是否吸合，若 KM 吸合，则故障必然发生在主电路，可按图 5-5 所示流程检修：

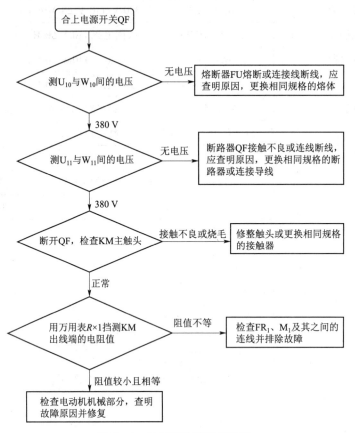

图 5-5　主电路故障检修流程

若接触器 KM 不吸合，可按图 5-6 所示流程检修：

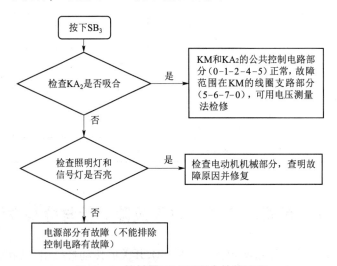

图 5-6　接触器 KM 不吸合检修流程

下面用电压分段测量法检测故障点并排除，见表 5-6。

表 5-6 用电压分段测量法检测故障点并排除

故障现象	测量状态	5-6	6-7	7-0	故障点	排除
按下 SB$_2$ 时，KM 不吸合，按下 SB$_3$ 时，KA$_2$ 吸合	（电路图：110 V，FU$_2$，SQ$_1$，FR$_1$，SB$_1$，SB$_2$，KM）按下 SB$_2$ 不放	110 V	0	0	SB$_1$ 接触不良或接线脱落	更换按钮 SB$_1$ 或脱落线接好
		0	110 V	0	SB$_2$ 接触不良或接线脱落	更换按钮 SB$_2$ 或脱落线接好
		0	0	110 V	KM 线圈开路或接线脱落	更换同型线圈或脱落线接好

CA6140 型车床其他常见电气故障的检修见表 5-7。

表 5-7 CA6140 型车床其他常见电气故障的检修

故障现象	故障原因	处理方法
主轴电动机 M$_1$ 启动后不能自锁	接触器 KM 的自锁触头接触不良或连接导线松脱	合上 QF，测 KM 自锁触头（6-7）两端的电压，若电压正常，故障是自锁触头接触不良，若无电压，故障是连线 6、7 断线或松脱
主轴电动机 M$_1$ 不能停车	KM 的主触头熔焊；停止按钮 SB$_1$ 击穿或线路中 5、6 两点连接导线短路；接触器铁芯端面被油污黏牢不能脱开	断开 QF，若 KM 释放，则说明故障为 SB$_1$ 击穿或导线短接；若 KM 过一段时间释放，则故障为铁芯端面被油污黏牢不能脱开；若断开 QF，接触器 KM 不释放，则故障为 KM 主触头熔焊。根据具体故障采取相应措施修复
主轴电动机在运行中突然停止	热继电器 FR$_1$ 动作，动作的原因可能是：三相电源电压不平衡或过低，负载过重，整定值偏小，以及 M$_1$ 的连接导线接触不良等	找出热继电器 FR$_1$ 动作的原因，排除后才能使其复位

续表

故障现象	故障原因	处理方法
刀架快速移动，电动机 M_3 不能启动	KA_2 的触头接触不好，FR_1 常闭触头接触不良，SB_3 或 KA_2 的线圈有断路现象	用测量法找出具体的故障处，并加以修复
照明灯 EL 不亮	灯泡损坏，FU_4 熔断，SA 触头接触不良，TC 二次绕组断线或接头松脱，灯泡和灯头接触不良等	根据具体情况采取相应的措施修复

实训 5-1　CA6140 型卧式车床电气控制线路的检修

1. 工具与仪表

（1）工具：测电笔、电工刀、剥线钳、尖嘴钳、斜口钳、螺钉旋具等。

（2）仪表：万用表、兆欧表、钳形电流表。

2. 检修步骤及工艺要求

（1）在操作师傅的指导下对车床进行操作，了解车床的各种工作状态及操作方法。

（2）在教师的指导下，参照电器位置图和机床接线图，熟悉车床电器元件的分布位置和走线情况。

（3）在 CA6140 型卧式车床上人为设置自然故障点。故障设置时应注意以下几点：

① 人为设置的故障必须是模拟车床在使用，由于受外界因素影响而造成的自然故障。

② 切忌设置更改线路或更换电器元件等由于人为原因而造成的非自然故障。

③ 对于设置一个以上故障点的线路，故障现象尽可能不要互相掩盖。如果故障相互掩盖，按要求应有明确检查顺序。

④ 设置的故障必须与学生应该具有的修复能力相适应。随着学生检修水平的逐步提高，再相应提高故障的难度等级。

⑤ 应尽量设置不容易造成人身或设备事故的故障点，如有必要时，教师必须在现场密切注意学生的检修动态，随时做好采取应急措施的准备。

（4）教师示范检修。

教师进行示范检修时，可把下述检修步骤及要求贯穿其中，直至故障排除。

① 用通电试验法引导学生观察故障现象。

② 根据故障现象，依据电路图用逻辑分析法确定故障范围。

③ 采用正确的检查方法查找故障点，并排除故障。

④ 检修完毕进行通电试验，并做好维修记录。

（5）教师设置让学生事先知道的故障点，指导学生如何从故障现象着手进行分析，逐步引导学生采用正确的检修步骤和检修方法。

（6）教师设置故障点，由学生检修。

3. 注意事项

（1）熟悉 CA6140 型卧式车床电气控制线路的基本环节及控制要求，认真观摩教师示范检修。

（2）检修所用工具、仪表应符合使用要求。

（3）排除故障时，必须修复故障点，但不得采用元件代换法。

（4）检修时，严禁扩大故障范围或产生新的故障。

（5）断电要验电，带电检修时，必须有指导教师监护，以确保安全。同时要做好训练记录。

4．评分标准

CA6140型卧式车床电气控制线路故障检修评分标准见表5-8。

表5-8　CA6140型卧式车床电气控制线路故障检修评分标准

项目内容	配分	评分标准		扣分
故障分析	30	（1）标不出故障线段或错标在故障回路以外，每个故障点扣15分 （2）不能标出最小故障范围，每个故障点扣5~10分		
排除故障	70	（1）断电不验电扣5分 （2）测量仪器和工具使用不正确，每次扣5分 （3）检查故障的方法不正确扣10分 （4）排除故障的方法不正确扣10分 （5）损坏电器元件，每个扣40分 （6）不能排除故障点，每个扣30分 （7）扩大故障范围或产生新故障，每个扣40分 （8）排除故障后通电试车不成功扣50分		
安全文明生产		违反安全文明生产规程扣10~70分		
定额时间1 h		不允许超时检查，修复故障过程中允许超时，但以每超时5 min以内扣5分计算		
备注		除定额时间外，各项内容的最高扣分不得超过配分数	成绩	
开始时间		结束时间	实际时间	

任务二　磨床的电气控制线路

学习目标：

熟悉磨床的主要结构和型号含义，知道磨床的主要运动形式及控制要求，掌握磨床电气控制线路的原理和分析方法。

技能要点：

会进行磨床电气控制线路常见故障的诊断与检修。

磨床是利用砂轮的周边或端面进行机械加工的一种精密机床。它不仅能加工一般的金属材料，而且能加工一般金属刀具难以加工的硬质材料（如淬火钢、硬质金属等）。利用磨削加工可以获得较高的加工精度和光洁度，而且加工余量较其他加工方法小得多，所以，磨床广泛用于精密零件加工。由于精密铸造工艺和精密锻造工艺的进步,使得零件不经其他切削加工就可直接磨削成成品。随着高速切削和强力切削工艺的发展,进一步提高了磨削加工的效率。因此,磨床的使用范围正在日益扩大,在金属切削加工中所占的比重不断上升。磨床主要对被加工零件的外圆、内孔、端面、平面、螺纹及球面等进行磨削加工。

磨床的种类很多,按其工艺分类有外圆磨床、内圆磨床、平面磨床、工具磨床以及各种专用磨床,如螺纹磨床、齿轮磨床、球面磨床、花键磨床、导轨磨床与无心磨床等。其中以外圆磨床和平面磨床应用最广,且平面磨床最为普通,本任务主要分析讨论 M7130 型卧轴矩台平面磨床的结构和控制原理。

一、卧轴矩台平面磨床的主要组成、运动形式及电力拖动特点和控制要求

1. M7130 型卧轴矩台平面磨床型号含义

M7130 型卧轴矩台平面磨床型号含义:M—类代号(磨床类);7—组代号(平面磨床组);1—系代号(卧轴矩台式);30—工作台的工作面宽度为 300 mm。

2. M7130 型卧轴矩台平面磨床具有的特点

(1) 机床布局采用立柱右置式,磨头、拖板与立柱的结构新型,整机刚性好。

(2) 磨头采用国际通行的滚动轴承结构形式。

(3) 机床的垂直、横向进给运动采用滚珠丝杆副,进给的灵敏度高。

(4) 工作台的纵向运动由叶片泵驱动,运动平稳、噪声小,油池配有冷却装置,温升低、热变形小。

3. M7130 型卧轴矩台平面磨床的主要组成

M7130 型卧轴矩台平面磨床的外形如图 5 - 7 所示。

M7130 型卧轴矩台平面磨床主要由床身、工作台、电磁吸盘、砂轮箱、立柱、操纵手柄等部分组成。其结构示意图如图 5 - 8 所示。

图 5 - 7 M7130 型卧轴矩台平面磨床外形

在磨床床身中装有液压传动装置,以使矩形工作台在床身道轨上通过压力油推动活塞杆做纵向往复运动。而工作台往复运动的换向是通过换向撞块碰撞床身上的换向手柄来改变油路实现的。工作台往复运动的行程长度可通过调节装在工作台正面槽中的撞块的位置来改变。工作台的表面是 T 形槽,用来安装电磁吸盘以吸持工件或直接安装大型工件。固定在床身上的立柱带有道轨,滑座在立柱道轨上做垂直运动,并可由垂直进刀手轮操纵;而砂轮箱在滑座的道轨上做水平运动(横向运动),可由横向移动手轮操纵,也可由液压传动做连续或间断移动,连续移动用于调节砂轮位置或整修砂轮,间断移动用于进给。砂轮箱内装有电动机,电动机带动砂轮做旋转运动。床身用来支撑和连接磨床的各部件,立柱通过导轨来固定磨头,磨头用来加工工件,电磁吸盘用来吸持工件。

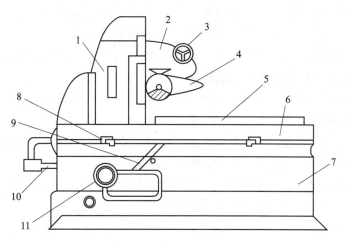

图 5-8 M7130 型卧轴矩台平面磨床结构示意图

1—立柱；2—滑座；3—砂轮箱横向移动手柄；4—砂轮箱；5—电磁吸盘；
6—工作台；7—床身；8—工作台换向撞块；9—工作台往复运动换向手柄；
10—活塞杆；11—砂轮箱垂直进刀手轮

4. M7130 型卧轴矩台平面磨床运动形式

平面磨床在加工工件过程中，砂轮的旋转运动为主运动，工作台的往复运动为纵向进给运动，滑座带动砂轮箱沿立柱道轨的运动为垂直进给运动；砂轮箱沿滑座道轨的运动为横向进给运动。

磨床加工过程中，砂轮旋转，同时工作台带动工件向右移动，如图 5-9 所示，工件被磨削到位后，工作台带动工件快速向左移动到位，然后砂轮向前做进给运动，即工作台每完成一次往复运动时，砂轮箱便做一次间断性的横向进给；工作台再次向右移动，工件新的部位被磨削。这样不断重复，直至整个待加工平面全部被磨削完成后，砂轮箱做一次间断性的垂直进给。

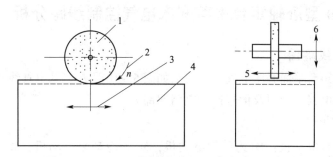

图 5-9 M7130 型卧轴矩台平面磨床工作示意图

1—砂轮；2—主运动旋转；3—纵向进给运动；4—工作台；5—横向进给运动；6—垂直进给运动

5. 电力拖动特点及控制要求

1) 特点

（1）M7130 型卧轴矩台平面磨床有三台电动机拖动，砂轮电动机拖动砂轮旋转；液压泵电动机拖动液压泵，经液压装置来完成工作台的往复纵向运动以及实现横向自动进给运动，并承担工作台道轨的润滑；冷却泵电动机拖动冷却泵，供给磨削加工需要的冷却液。相互间有必要的联锁、信号指示和必要的保护环节，有简单的机械传动。

(2) 磨床加工一般不需要调速，因要求砂轮速度高，所以通常采用三相鼠笼式异步电动机拖动。同时为提高砂轮主轴的刚度，从而提高磨床的加工精度，采用装入式感应电动机直接拖动，这样砂轮主轴就是电动机的轴。

(3) 平面磨床是一种精密机床，为保证加工精密，要求机床运行平稳，又因为工作台往复运动，要求换向时的惯性小，换向无冲击，所以平面磨床采用液压传动，由液压电动机拖动液压泵。经液压传动装置实现工作台进给运动，并通过工作台撞块操纵机床上的液压换向开关，实现方向上的方向送进，从而实现工作台的往复运动。

(4) 平面磨床采用电磁吸盘是保证加工工件的精度，同时也是磨削加工一些小工件时，让工件在加工过程中发热可以自由伸缩，更便于夹持。

(5) 在磨削过程中冲走磨屑和砂粒，保证加工精度，也为工件得到良好的冷却，减少变形，需采用冷却泵为磨削过程输送冷却液。

2) 控制要求

(1) 砂轮电动机、液压泵电动机和冷却泵电动机都只需要单方向运转。

(2) 冷却泵电动机随砂轮电动机开动，不用冷却液时也单独关断冷却泵电动机。

(3) 在正常加工过程中，若电磁吸盘吸力不足或消失时，砂轮电动机与液压泵电动机应立即停止工作，以防止工件被砂轮切向力打飞而发生人身设备事故。不加工时，即电磁吸盘不工作的情况下，允许砂轮电动机和冷却泵电动机开动，机床做调整运动。

(4) 具有完善的保护环节，整个电路的短路保护，电动机的长期过载保护，零压、欠压保护，电磁吸盘吸力不足的欠电流保护以及其他保护。

(5) 具有使电磁吸盘吸牢工件的正向励磁和松开工件的断开励磁以及抵消剩磁便于取下工件的方向励磁控制环节。

(6) 机床具有安全照明电路。

二、M7130 型卧轴矩台平面磨床电气控制线路分析

1. 电气控制线路图

M7130 型卧轴矩台平面磨床电气控制线路如图 5-10 所示。其电气线路分为主电路、控制电路、电磁吸盘电路、照明及信号指示电路四部分。

2. 主电路分析

主电路共有三台电动机：M_1 为砂轮电动机，M_2 为冷却泵电动机，M_3 为液压泵电动机，均为单向连续运转，它们共用一组熔断器 FU_1 作为短路保护。砂轮电动机 M_1 由接触器 KM_1 控制直接启动，由热继电器 FR_1 作为过载保护；冷却泵通过接插器 X_1 与砂轮电动机的电源线相连接，并和 M_1 在主电路实现顺序控制，由于冷却泵电动机的容量较小，因此没有单独设置过载保护；液压泵电动机 M_3 由接触器 KM_2 控制直接启动运行，由热继电器 FR_2 进行过载保护。

合上电源开关 QS_1，接通三相电源，为启动各电动机做准备。主电路的控制电器及保护电器见表 5-9。

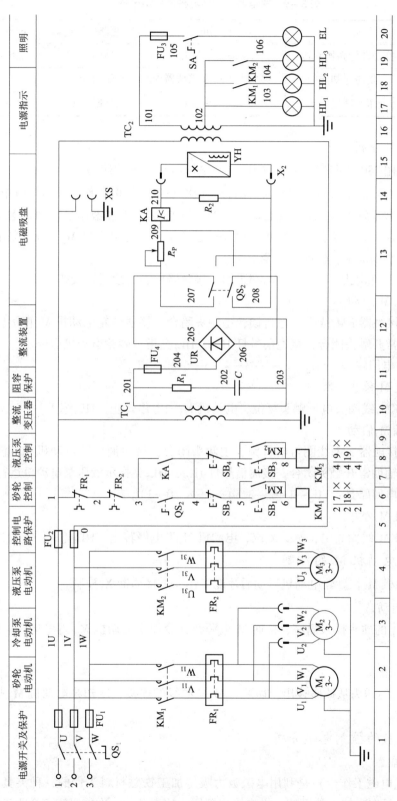

图 5-10 M7130 型卧轴矩台平面磨床电气控制线路图

表 5-9 主电路的控制电器及保护电器

电动机代号	作用	控制电器	短路保护电器	过载保护电器
M_1	拖动砂轮高速旋转	接触器 KM_1	熔断器 FU_1	热继电器 FR_1
M_2	供应冷却液	接触器 KM_1 和接插器 X_1	熔断器 FU_1	无
M_3	为液压系统提供动力	接触器 KM_2	熔断器 FU_1	热继电器 FR_2

3. 控制电路分析

控制电路采用 380 V 的交流电压供电，由熔断器 FU_2 作短路保护。

当转换开关 QS_2 的常开触头（6 区）闭合，或电磁吸盘得电工作，欠电流继电器 KA 线圈得电吸合，其常开触头（8 区）闭合时，接通砂轮电动机 M_1 和液压泵电动机 M_3 的控制电路，这样保证了加工时，工件被 YH 可靠吸持的情况下，砂轮电动机 M_1 和液压泵电动机 M_3 才能启动，进行磨削加工，保证了安全。

砂轮电动机 M_1 和液压泵电动机 M_3 都采用了接触器控制连续运行线路。

（1）电动机 M_1 启动。

按下 SB_1，接触器 KM_1 线圈得电自锁，主触头闭合，接通砂轮电动机 M_1 直接启动运行，KM_1 的另一辅助常开触头闭合，接通信号灯 HL_2，HL_2 亮指示砂轮电动机运行。

KM_1 线圈通电回路是：FU_2—1—2—3—4—5—6—0—FU_2。

（2）电动机 M_1 停止。

按下 SB_2，KM_1 线圈失电，触头复位，电动机 M_1 失电停转止、HL_2 熄灭。

（3）电动机 M_3 启动。

按下 SB_3，接触器 KM_3 线圈得电自锁，主触头闭合，接通液压泵电动机 M_3 直接启动运行，KM_3 的另一辅助常开触头闭合，接通信号灯 HL_3，HL_3 亮指示液压泵电动机运行。

KM_3 线圈通电回路是：FU_2—1—2—3—4—7—8—0—FU_2。

（4）电动机 M_3 停止。

按下 SB_4，KM_2 线圈失电，触头复位，电动机 M_3 失电停转止、HL_3 熄灭。

4. 冷却泵电动机 M_2 的控制

冷却泵电动机 M_2 在砂轮电动机启动后才能工作，由接插器 X_1 控制。

（1）M_2 的启动。

将接插器 X_1 的插头插入插座，接通 M_1 电源线，冷却泵电动机 M_2 得电运转，驱动冷却泵供给冷却液。

（2）M_2 的停止。

将接插器 X_1 的插头从插座拔出，切断与 M_1 电源线的连接，冷却泵电动机 M_2 失电停转，停止供给冷却液。

5. 电磁吸盘的控制电路分析

1）电磁吸盘

电磁吸盘（电磁工作台）是利用电磁吸力吸持加工铁磁材料工件的一种夹具。它与机械夹具相比较，具有吸持工件迅速，操作快速简便，效率高，一次能吸牢多个小工件，不损伤工件，以及磨削加工中发热工件可自由伸缩，不会变形等优点。不足之处是不能吸牢非磁性材料（如铝、铜等）的工件。

电磁吸盘有长方形和圆形两种外形。它由钢制盘体、线圈和盖板三部分组成，结构如图 5-11 所示。盘体的材料大多采用铸钢，其中间均匀排列多个凸起的芯体，它与盘体一起铸成。芯体外围绕有线圈。盖板由接合盘体的多块铁芯块组成，铁芯块之间用非磁性材料（如黄铜和巴氏合金）隔离。当线圈通入直流电后，芯体和铁芯均被磁化，形成 N 极和 S 极。当工件放在电磁吸盘上，也将被磁化而产生与吸盘相异的磁极，被牢牢地吸住。磁力线经盘体—铁芯块—工件—铁芯块（盘体）形成闭合回路。若铁芯块之间不用非磁性材料隔磁，则不能吸持工件。

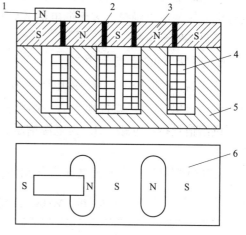

图 5-11 电磁吸盘结构
1—工件；2—非磁性材料；3—凸起芯体；4—线圈；
5—钢制吸盘体；6—钢制盖板

电磁吸盘的额定直流电压有 24 V、40 V、110 V、220 V 等几种。

M7130 型卧轴矩台平面磨床采用额定直流电压为 110 V 的电磁吸盘。

2）电磁吸盘的作用原理

M7130 型卧轴矩台平面磨床电磁吸盘电路包括整流电路、控制电路和保护电路三部分。

由整流变压器 TC_1 将 220 V 的交流电压降为 145 V，然后经桥式整流器 UR 整流输出 110 V 直流电压作为电磁 YH 的电源。

电阻 R_1 和电容 C 组成了电磁吸盘回路交流侧的过电压保护电路。熔断器 FU_4 作为电磁吸盘的短路保护。

QS_2 是电磁吸盘 YH 的转换控制开关（也称为退磁开关），它有"吸合""放松"和"退磁"三个位置。当 QS_2 手柄扳至"吸合"位置时，触头 205 与 208 和 206 与 209 闭合，110 V 直流电压接入电磁吸盘 YH，将工件牢牢地吸住。此时的欠电流继电器线圈得电吸合，KA 常开触头闭合，接通砂轮和液压泵电动机的控制电路，允许磨床进行磨削加工。待工件加工完毕，先停止砂轮和液压泵电动机，然后将 QS_2 手柄扳到"放松"位置，切断电磁 YH 的直流电源，此时由于工件具有剩磁而不能取下，因此，必须进行退磁后才能方便取下工件。所以要将 QS_2 的手柄扳至"退磁"位置，这时触头 205 与 207 和 206 与 208 闭合，电磁吸盘 YH 串入退磁电阻 R_P 后，通入较小的反向电流进行退磁。等退磁结束，再将 QS_2 手柄扳到"放松"位置，便可将工件取下。

如果有些工件不易退磁还要将附件退磁器的插头插入插座 XS，让工件在交流磁场的作用下进行退磁。

如果加工较大工件时，直接将工件装夹在工作台上，而不使用电磁吸盘时，必须将电磁吸盘 YH 的接插器插头从插座上拔下，然后将转换开关 QS_2 的手柄扳至"退磁"位置，这时接在控制电路中的 QS_2 的常开触头（3-4）闭合，接通砂轮和液压泵电动机的控制电路。操作相应的控制按钮，即可进行磨削加工。

电磁吸盘的保护电路由放电电阻 R_2 和欠电流继电器 KA 组成。放电电阻 R_3 的作用是在电磁吸盘断电时为电磁吸盘线圈提供放电通路，吸收线圈释放的磁场能量，防止瞬间放电产生过电压影响电器绝缘。欠流继电器 KA 用以防止电磁吸盘吸力不足及断电时工件脱出而发生人身设备安全事故。

6. 照明及信号指示电路

变压器 TC_2 将 380 V 的交流电压降为 24 V 及 6 V 两种电压，24 V 电压供给局部照明电路，EL 为照明灯，一端接地，另一端由开关 SA 控制。FU_3 作为照明电路的短路保护。6 V 电压供给信号指示电路，HL_1 为电源指示，HL_2 为砂轮电动机工作指示，HL_3 为液压泵电动机工作指示。

M7130 型卧轴矩台平面磨床电气元件明细表见表 5-10。

表 5-10 M7130 型卧轴矩台平面磨床电气元件明细表

元件代号	名称	数量	型号	规格	用途
M_1	砂轮电动机	1	W451-4	4.5 kW　380 V　1 440 r/min	驱动砂轮
M_2	冷却泵电动机	1	JCB-22	125 W　380 V　2 790 r/min	驱动冷却泵
M_3	液压泵电动机	1	JO42-4	2.8 kW　380 V　1 450 r/min	驱动液压泵
QS_1	电源开关	1	HZ1-25/3	380 V　25 A 三极	引入电源
QS_2	转换开关	1	HZ1-10P/3	380 V　10 A 三极	控制电磁吸盘
SA	照明灯开关	1	LAY3-10X	黑色	控制照明灯
FU_1	熔断器	3	RL1-60/30	60 A　熔体 30 A	电源保护
FU_2	熔断器	2	RL1-15/5	15 A　熔体 5 A	控制电路短路保护
FU_3	熔断器	1	BLX-1	1 A	照明电路短路保护
FU_4	熔断器	1	RL1-15/2	15 A　熔体 2 A	保护电磁吸盘
KM_1	接触器	1	CJ10-20	线圈电压 380 V	控制 M_1
KM_2	接触器	1	CJ10-10	线圈电压 380 V	控制 M_3
FR_1	热继电器	1	JR10-10	整定电流 9.5 A	M_1 过载保护
FR_2	热继电器	1	JR10-10	整定电流 6.1 A	M_3 过载保护
TC_1	整流变压器	1	BK-400	400 VA　220/145 V	供整流装置
TC_2	照明变压器	1	BK-50	50 VA　380/24/6 V	供照明信号指示
UR	硅整流器	1	GZH	1 A　220 V	输出直流电压
YH	电磁吸盘	1	HDXP	1.2 A　110 V	工作夹具
KA	欠流继电器	1	JT3-11L	1.5 A	电磁吸盘欠流保护
SB_1	控制按钮	1	LA2	绿色	启动 M_1
SB_2	控制按钮	1	LA2	红色	停止 M_1
SB_3	控制按钮	1	LA2	绿色	启动 M_3
SB_4	控制按钮	1	LA2	红色	停止 M_3
R_1	电阻器	1	GF	6 W　125 Ω	放电保护电阻

续表

元件代号	名称	数量	型号	规格	用途
R_2	电阻器	1	GF	50 W 500Ω	放电保护电阻
R_P	可变电阻器	1		50 W 1 000Ω	退磁电阻
C	电容器	1		600 V 5μF	保护电容
X_1	接插器	1	CY0-36		控制 M_2 用
X_2	接插器	1	CY0-36		电磁吸盘用
XS	插座	1		250 V 5 A	退磁器用
EL	照明灯	1	JD3	24 V 40 W	工作照明
HL_1	指示灯	1	AD-11	红色 6 V	电源指示
HL_2	指示灯	1	AD-11	绿色 6 V	砂轮电动机工作指示
HL_3	指示灯	1	AD-11	黄色 6 V	液压泵工作指示

三、M7130 型卧轴矩台平面磨床常见电气故障分析与检修方法

M7130 型卧轴矩台平面磨床主电路、控制电路和照明电路的故障，检修方法与车床相似。现将特殊故障做如下分析：

1. 电磁吸盘无吸力

照明灯 EL 正常工作，而电磁吸盘无吸力，检修步骤如图 5-12 所示：

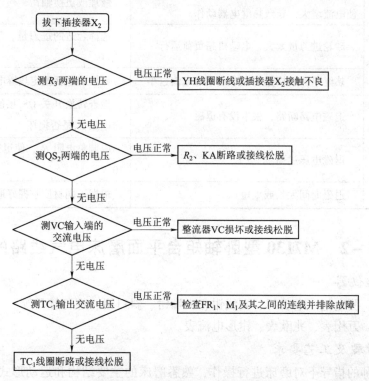

图 5-12 电磁吸盘无吸力检修步骤

2. 电磁吸盘吸力不足

引起这种故障的原因是电磁吸盘损坏或整流器输出电压不正常。M7130型卧轴矩台平面磨床电磁吸盘的电源电压由整流器VC提供。空载时，整流器直流输出电压应为130～140 V，负载时应不低于110 V。若整流器空载输出电压正常，带负载时电压远低于110 V，则表明电磁吸盘线圈已短路，一般需要更换电磁吸盘线圈。

若电磁吸盘电源电压不正常，大多是因为整流元件短路或断路。应检查整流器VC的交流侧电压及直流侧电压。若交流侧电压正常，直流输出电压不正常，则表明整流器发生元件短路或断路故障，可用万用表测量整流器的输出及输入电压，判断出故障部位，查出故障元件，进行更换或修理即可。

实践证明，在直流输出回路中加装熔断器，可避免损坏整流二极管。

3. 其他常见故障

其他常见故障及处理方法见表5－11。

表5－11 其他常见故障及处理方法

故障现象	故障原因	处理方法
三台电动机均不能启动	欠电流继电器KA的常开触头和转换开关QS_2的触头（3－4）接触不良、接线松脱或触头端面有油污，使电动机的控制电路处于断电状态	分别检查欠电流继电器KA的常开触头和转换开关QS_2的触头（3－4）接触情况，不通则修理或更换
砂轮电动机的热继电器FR_1经常动作	M_1前轴承铜瓦磨损后易发生堵转现象，使电流增大，导致热继电器动作	修理或更换轴瓦
	砂轮进刀量太大，电动机超负荷运行	选择合适的进刀量，防止电动机超载运行
	热继电器规格选得太小或整定电流过小	更换或重新整定热继电器
电磁吸盘退磁不好使工件取下困难	退磁电路断路，根本没有退磁	检查转换开关QS_2接触是否良好，退磁电阻R_2是否损坏
	退磁电压过高	应调整电阻R_2，使退磁电压调至5～10 V
	退磁时间太长或太短	根据不同材质掌握好退磁时间

实训5－2 M7130型卧轴矩台平面磨床电气线路的检修

1. 工具与仪器

（1）工具：测电笔、电工刀、剥线钳、尖嘴钳、斜口钳、螺钉旋具等。

（2）仪表：万用表、兆欧表、钳形电流表。

2. 检修步骤及工艺要求

（1）在教师的指导下对磨床进行操作，熟悉磨床的主要结构和运动形式，了解磨床的各种工作状态和操作方法。

（2）熟悉磨床电器元件的实际位置和走线情况，并通过测量等方法找出实际走线路径。

（3）学生观摩检修。在 M7130 型卧轴矩台平面磨床上人为设置故障点，由教师示范检修，边分析边检查，直至故障排除。教师示范演示时要边操作边讲解，把检修步骤及要求贯穿其中。

（4）由教师在线路中设置两处让学生知道的故障点，指导学生如何从故障现象着手进行分析，逐步引导学生采用正确的检查步骤和检修方法排除故障。

（5）教师设置人为的故障，由学生检修。具体要求如下：

① 根据故障现象，先在电路图上用虚线正确标出最小范围的故障部位，然后采用正确的检修方法，在规定的时间内查出并排除故障。

② 检修过程中，故障分析、排除故障的思路要正确，不得采用更换电器元件、借用触头或改动线路的方法修复故障。

③ 检修时，严禁扩大故障范围或产生新的故障，不得损坏电器元件或设备。

3. 注意事项

（1）检修前，要认真阅读 M7130 型卧轴矩台平面磨床的电路图和接线图，弄清有关电器元件的位置、作用及走线情况。

（2）要认真仔细地观察教师示范检修。

（3）电磁吸盘的工作环境恶劣，容易发生故障，检修时应特别注意电磁吸盘及其线路。

（4）停电要验电，带电检查时，必须有指导教师监护，以确保用电安全。

（5）工具、仪表的使用要正确，检修时要认真核对导线的线号，以免出错。

4. 评分标准

M7130 型卧轴矩台平面磨床电气控制线路故障检修评分标准见表 5-12。

表 5-12　M7130 型卧轴矩台平面磨床电气控制线路故障检修评分标准

项目内容	配分	评分标准	扣分
故障分析	30	（1）标不出故障线段或错标在故障回路以外，每个故障点扣 15 分 （2）不能标出最小故障范围，每个故障点扣 5~10 分	
排除故障	70	（1）停电不验电扣 5 分 （2）测量仪器和工具使用不正确，每次扣 5 分 （3）不能查出故障点，每个扣 35 分 （4）查出故障点但不能排除，每个扣 25 分 （5）扩大故障范围或产生新故障， 　　不能排除，每个扣 35 分 　　已经排除，每个扣 15 分 （6）损坏电器元件，每个扣 40 分	
安全文明生产		违反安全文明生产规程扣 10~70 分	
定额时间 1 h		不允许超时检查，修复故障过程中允许超时，但以每超时 5 min 以内扣 5 分计算	
备注		除定额时间外，各项内容的最高扣分不得超过配分数	成绩
开始时间		结束时间	实际时间

任务三　铣床的电气控制线路

学习目标：

知道铣床的主要组成、结构和型号含义，了解铣床的主要运动形式及电气控制要求，掌握铣床电气控制线路的原理和分析方法。

技能要点：

会进行铣床电气控制线路常见故障的诊断与检修。

铣削是一种高效率的加工方式，铣床是一种高效率加工机床，它在机械行业的机床设备中占有很大的比重，在金属切削加工中的数量仅次于车床。铣床主要用来加工各种表面，如平面、阶台面、斜面、各种沟槽、成形面等。装上分度头可以铣切直齿和螺旋面，装上圆工作台还可以铣切凸轮和弧形槽。铣床的种类很多，按结构形式和加工性能的不同，可分为立式铣床、卧式铣床、龙门铣床、仿形铣床及各种专用铣床等。

本任务以 X62W 型万能铣床为例进行铣床的电气控制线路的分析。

一、铣床的主要组成、运动形式及控制要求

1. X62W 型万能铣床型号含义

X62W 型万能铣床型号含义：X—类代号（铣床类）；6—组代号（卧式铣床组）；2—2号工作台（宽 320 mm）；W—万能型。

2. X62W 型万能铣床的主要组成

X62W 型万能铣床的外形结构如图 5 - 13 所示，主要由底座、床身、主轴、悬梁、挂架、升降台、横溜板及工作台等部分组成。床身固定在底座上，用来安装和连接其他部件，床身内部装有主轴的传动机构和变速操纵机构。在床身前面有垂直的导轨，升降台可沿导轨上下移动。进给系统的电动机和变速机构装在升降台的内部。溜板可以在升降台上面的水平导轨上横向移动。为了加工螺旋槽，在溜板和工作台之间设有回旋盘，可以使工作台在水平面上左右移动；在床身顶部有水平导轨，悬梁可以沿导轨水平移动；刀杆支架安装在悬梁上，铣刀心轴一端装在主轴上，另一端装在刀杆支架上。刀杆支架在悬梁上，悬梁在床身顶部的导轨上均可水平移动，以便安装各种长度的心轴。

3. X62W 型万能铣床的运动形式

（1）主运动。主运动是铣床的主轴带动铣刀的旋转运动。

（2）进给运动。进给运动是铣床的工作台带动工件在上下、左右（纵向）、前后（横向）三个相互垂直方向上做直线运动或工作台带动工件做旋转运动。

（3）辅助运动。辅助运动是铣床工作台带动工件在三个相互垂直方向上的快速直线移动。

4. X62W 型万能铣床电力拖动的特点及控制要求

（1）铣削加工方式有顺铣和逆铣。卧铣时在一般情况下铣刀正向安装，要求主轴电动

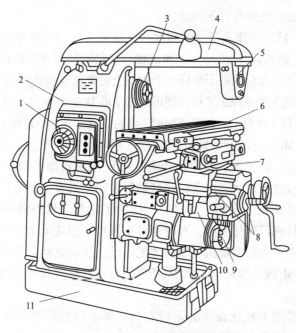

图 5-13　X62W 型万能铣床的外形结构

1—主轴调速蘑菇形手盘；2—床身；3—主轴；4—悬梁；5—挂架；6—工作台；7—回转盘；
8—横溜板；9—进给调整蘑菇形手盘；10—升降台；11—机座

机正向旋转，有时因加工需要铣刀反向安装时，要求主轴电动机反向旋转。当铣刀方向确定之后，在铣削加工过程中则不需要改变旋转方向。因此，对主轴电动机的控制要求是在加工之前选择好转向（正向还是反向），然后启动加工。

铣刀是一种多刀多刃刀具，因此铣削加工是一种断续性加工，负载随时间波动，造成拖动不平衡。为了保证铣削平稳，减小速度不同、多刃不连续的铣削而造成的波动，在主轴上装设飞轮增加惯量，这样又引起主轴在停车时的惯性大，导致停车时间较长，影响生产效率。为了实现能快速停车的目的，主轴采用制动停车方式。

为了适应各种不同的铣削要求，铣床主轴和进给运动都应具有一定的调速范围。为了使齿轮在变速时易于相互啮合，要求主轴电动机和进给拖动电动机都具有变速冲动控制电路。

所以主轴电动机 M_1 有三种控制：正反转，由转换开关 SA_2 控制，带动主轴正反转，满足铣床顺铣及逆铣的需要；电磁离合器制动，满足快速准确停车的需要；变速冲动，满足变速箱内齿轮易于啮合及减小齿轮端面冲击的需要。

（2）铣削时根据工件的加工要求，有纵向、横向和垂直三个方向的进给运动，有一台电动机拖动。进给运动的方向，是通过操作进给运动方向的手柄与开关，配合进给拖动电动机的正反转来实现的。为了保证机床、刀具的安全，在铣削加工时只允许工件做一个方向的进给运动。在使用圆工作台加工时，不允许工件做纵向、横向和垂直方向的进给运动。为此，各进给运动之间应具有联锁环节。

铣床主运动和进给运动间没有比例协调的要求，但从机械结构的合理性考虑，应采用两台电动机单独拖动。在铣削加工中，为了不使工件与铣刀碰撞而造成事故，要求进给拖动一定在铣刀旋转时才能进行，铣刀停止旋转，进给运动应该停止或同时停止。因此，要求进给运动电动机与主轴电动机之间有可靠的联锁。

为提高生产效益，减轻操作人员劳动强度，铣床的工作台有快速移动装置，通过两个手柄、快速移动按钮、电磁离合器 YC_1、YC_2 和机械联动机构控制相应的位置开关，使进给电动机 M_3 正转或反转，实现工作台在三个坐标六个方向上的常速或快速移动，并且六个方向的运动是联锁的。通过蘑菇形进给变速操纵手柄，使进给电动机 M_3 正向瞬时点动（进给变速冲动），便于变速时的齿轮啮合。在工作台上可以加装圆形工作台，其运动亦由进给电动机 M_3 驱动。

（3）主轴电动机 M_1 与进给电动机 M_3 满足顺序启动，逆序停止（电气上，同时停止，实际中因惯性，逆序停止）的要求。为使操作者能在铣床的正面、侧面方便地操作，对主轴的启动、停止，工作台进给运动选向及快速移动等控制，设置了多地点控制方案。

（4）铣削加工中，根据不同的工件材料，也为了延长刀具寿命和提高加工质量，需要提供切削液对工件刀具进行冷却润滑，有时也可不采用。因此采用转换开关控制冷却泵电动机单方向旋转，并要求在主轴电动机启动后才能启动，主轴电动机停止也停止。

（5）主轴电动机 M_1 或冷却泵电动机 M_2 任何一台电动机过载时，两电动机都停止，进给运动也必须停止。

（6）为保证加工质量和机床设备的运行安全，要求控制系统中具有较完善的联锁和各种保护环节。此外还应配置安全照明设施。

二、铣床的电气控制线路分析

X62W 型万能铣床控制电路如图 5-14 所示。

1. 主电路分析

主电路共有三台电动机：其中 M_1 为主轴电动机，由接触器 KM_1 控制启动、停止，由选择开关 SA_2 控制正、反转方向，采用电磁离合器实现主轴电动机的停车制动；M_2 为冷却泵电动机，由选择开关 SA_3 控制接触器 KM_2，实现 M_2 的启动和停止，并满足在主轴电动机启动后才能启动，主轴电动机停止也停止的要求；M_3 为进给电动机，由 KM_3、KM_4 控制正反转，实现快速进给。接通电源开关 SQ_1，将三相电源引入机床电路，为各台电动机的启动运行做好准备。各电动机的控制电器及保护电器见表 5-13。

2. 控制电路分析

控制变压器 TC_1 输出的 110 V 和 24 V 电压，分别供给控制线路和局部照明线路，TC_2 二次侧输出 24 V 电压，通过整流装置整流成直流电，作为电磁离合器的电源。

1）主轴电动机 M_1 的控制

（1）M_1 的启动。

加工前，首先确定主轴的转向，即首先把主轴换向转换开关 SA_2 扳至所需的旋转方向位置上，见表 5-14，然后合上电源总开关 SQ_1。

按下 SB_5，接触器 KM_1 线圈得电，KM_1 辅助常闭触头（204-205）先断开，对主轴制动电磁离合器 YC_3 联锁；KM_1 辅助常开触头（8-9）闭合自锁，另一辅助常开触头（9-12）闭合，为工作台进给控制引入电源；KM_1 的主触头闭合，主轴电动机 M_1 启动运行。（SA_4 是主轴换刀开关，动作位置见表 5-14）。

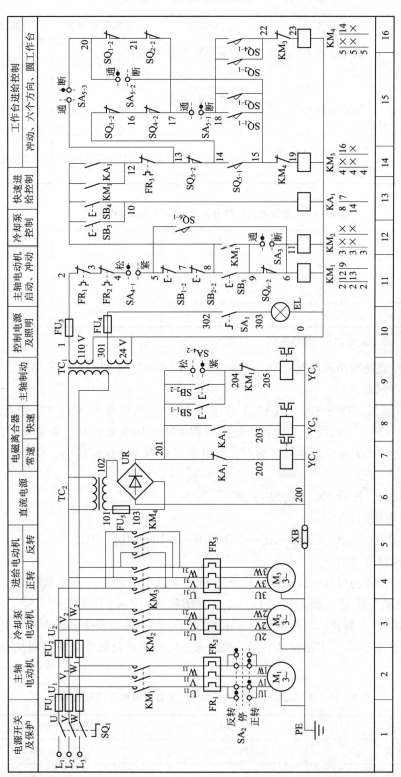

图 5-14 X62W 型万能铣床电气控制电路

表 5-13　各电动机的控制电器及保护电器

电动机代号	功能	控制电器	短路保护电器	过载保护电器
主轴电动机 M_1	拖动主轴带动铣刀旋转	接触器 KM_1 和组合开关 SA_2	熔断器 FU_1	热继电器 FR_1
冷却泵电动机 M_2	供应冷却液	接触器 KM_2 和组合开关 SA_3	熔断器 FU_2	热继电器 FR_2
进给电动机 M_3	拖动进给运动和快速移动	接触器 KM_3 和 KM_4	熔断器 FU_2	热继电器 FR_3

表 5-14　主轴换向转换开关 SA_2 的位置及动作说明

位置	SA_{2-1}	SA_{2-2}	SA_{2-3}	SA_{2-4}
正转	-	+	+	-
停转	-	-	-	-
反转	+	-	-	+

注：表中"+"表示接通，"-"表示断开。

接触器 KM_1 线圈得电通路是：TC_1—1—2—3—4—5—7—8—9—6—0—TC_1。

（2）M_1 停车制动。

铣削加工完成后，按下 SB_1（或 SB_2）不松开，SB_{1-2} 常闭触头（5-7）先断开，SB_{1-1} 常开触头（201-204）后闭合。前者，使接触器 KM_1 线圈失电，KM_1 主触头、自锁触头、联锁触头皆复位，M_1 失电惯性运转。后者，使电磁离合器 YC_3 线圈得电，对主轴电动机 M_1 制动停车。

M_1 制动停转后，松开 SB_1（或 SB_2）即可。

YC_3 线圈得电通路是：

TC_2—102—UR+—201—204—205—200—UR-—103—101—TC_2。

（3）主轴换铣刀控制。

M_1 停车后，主轴仍可自由转动，更换铣刀时，应把主轴制动。将主轴制动上刀转换开关 SA_4 旋至"夹紧"位置（换刀位置），SA_{4-1} 常闭触头（4-5）先断开，SA_{4-2} 常开触头（201-205）后闭合。前者，切断接触器 KM_1 的控制电路，确保安全。后者，使电磁离合器 YC_3 线圈得电，主轴制动。主轴制动上刀转换开关 SA_4 的位置及触头通断说明见表 5-15 所示。

表 5-15　主轴制动上刀转换开关 SA_4 的位置及触头通断说明

位置	SA_{4-1}	SA_{4-2}
夹紧	-	+
放松	+	-

注：表中"+"表示接通；"-"表示断开。

(4) 主轴变速冲动控制。

主轴变速选择时的冲动控制是利用变速操纵手柄与主轴变速点动位置开关 SQ_6，通过机械上的联动机构进行控制的，如图 5-15 所示。

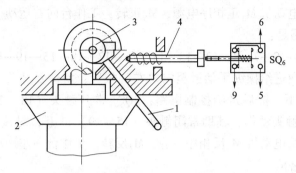

图 5-15 主轴变速冲动控制示意图
1—主轴变速操纵手柄；2—变速盘；3—凸轮；4—弹簧杆；5，6，9—线号

变速前，应先让主轴电动机停止旋转。变速时，首先把主轴变速操纵手柄 1 压下，让手柄的榫块从定位槽中脱出，然后向外拉动手柄使榫块落入第二道槽内，使齿轮间相互脱离。手动旋转变速盘 2，使箭头对准变速盘上所需要的转速刻度（实质是改变齿轮传动比）后，把主轴变速操纵手柄 1 向内推回原位，使榫块重新落入槽内，让改变传动比的齿轮重新啮合。变速时为了让齿轮易于啮合，在主轴变速操纵手柄 1 推进时，手柄上装的凸轮 3 将弹簧杆 4 推动一下又返回，使位置开关 SQ_6 动作一下后又复位。SQ_{6-2} 常闭触头 (6-9) 先断开，切断 KM_1 线圈与自锁触头回路，防止 KM_1 连续得电；SQ_{6-1} 常开触头 (5-6) 后闭合，接触器 KM_1 瞬时得电动作，主轴电动机 M_1 瞬时旋转。因主轴电动机 M_1 未被制动而惯性旋转，使齿轮系统抖动，主轴在抖动时刻，把变速操纵手柄 1 先快后慢地推进去，齿轮便顺利地啮合。若推回操作手柄，齿轮未很好地啮合，可以重复操作，直到齿轮很好啮合为止。

KM_1 线圈瞬时得电通路是：TC_1—1—2—3—4—5—6—0—TC_1。

2）进给电动机 M_3 的控制

进给电动机 M_3 的启动必须在主轴电动机 M_1 启动之后才能进行，这样工作台才能在三个坐标六个方向上常速或快速移动，并且六个方向的运动是联锁的。

(1) 工作台的左右进给运动。

准备工作：把工作台横向及升降进给十字操纵手柄扳至"居中"位置（使 SQ_3 和 SQ_4 均不受压）；把圆工作台转换开关 SA_5 旋至"断开"位置，SA_{5-1} (17-18) 触头接通；SA_{5-3} (13-20) 触头接通；SQ_5 不受压；主轴电动机 M_1 启动，接通工作台控制电路电源。工作台纵向（左右）进给操纵手柄位置及其控制关系见表 5-16 所示。

表 5-16 工作台纵向（左右）进给操纵手柄位置及其控制关系

手柄位置	位置开关动作	接触器动作	电动机 M_3 转向	传动链搭合丝杠	工作台运动方向
向右	SQ_1	KM_3	正转	左右进给丝杠	向右
居中	—	—	停止	—	停止
向左	SQ_2	KM_4	反转	左右进给丝杠	向左

向右进给，把纵向进给操纵手柄扳至向"右"位置，使位置开关 SQ_1 动作，SQ_{1-2} 常闭触头先断开，切断上下、前后进给控制电路；SQ_{1-1} 常开触头（18-15）后闭合，接触器 KM_3 线圈得电吸合，触头动作，辅助常闭触头（22-23）断开，对接触器 KM_4 实现联锁，主触头闭合，接通进给电动机 M_3 正相序电源，M_3 正转，工作台向右运动。

KM_3 线圈得电通路是：

TC_1—1—2—3—4—5—7—8—12—13—14—16—17—18—15—19—0—TC_1。

向左进给，把纵向进给操纵手柄扳至向"左"位置，使位置开关 SQ_2 动作，SQ_{2-2} 常闭触头先断开，切断上下、前后进给控制电路；SQ_{2-1} 常开触头（18-22）后闭合，接触器 KM_4 线圈得电吸合，触头动作，辅助常闭触头（15-19）断开，对接触器 KM_3 实现联锁，主触头闭合，接通进给电动机 M_3 反相序电源，M_3 反转，工作台向左运动。

KM_4 线圈得电通路是：

TC_1—1—2—3—4—5—7—8—12—13—14—16—17—18—22—23—0—TC_1。

工作台向"右"或向"左"移动到位后，将纵向进给操纵手柄扳至"居中"位置，纵向进给运动停止。

（2）工作台上下和前后的进给运动。

准备工作：把工作台纵向进给操纵手柄先放至"中间"位置（SQ_1 和 SQ_2 均不受压）；把圆工作台转换开关 SA_5 旋至"断开"位置，SA_{5-1}（17-18）和 SA_{5-3}（13-20）触头接通；SQ_5 不受压；主轴电动机 M_1 启动，接通工作台进给控制电源。工作台上下和前后进给操纵手柄位置及其控制关系见表 5-17 所示。

表 5-17 工作台上下和前后进给操纵手柄位置及其控制关系

手柄位置	位置开关动作	接触器动作	电动机 M_3 转向	传动链搭合丝杠	工作台运动方向
向上	SQ_4	KM_4	反转	上下进给丝杠	向上
向下	SQ_3	KM_3	正转	上下进给丝杠	向下
居中	—	—	停止	—	停止
向前	SQ_3	KM_3	正转	前后进给丝杠	向前
向后	SQ_4	KM_4	反转	前后进给丝杠	向后

工作台向"上"或向"后"运动，把横向及升降进给十字操纵手柄扳至向"上"或向"后"位置，使 SQ_4 受压动作，SQ_{4-2} 常闭触头（16-17）先断开，切断左右进给控制电路；SQ_{4-1} 常开触头（18-22）后闭合，接触器 KM_4 线圈得电吸合，触头动作，常闭触头（15-19）断开，对接触器 KM_3 实现联锁，主触头闭合，接通进给电动机 M_3 反相序电源，M_3 反转，工作台向"上"或向"后"运动。

KM_4 线圈得电通路是：

TC_1—1—2—3—4—5—7—8—12—13—20—21—17—18—22—23—0—TC_1。

工作台向"下"或向"前"运动，把横向及升降进给十字操纵手柄扳至向"下"或向"前"位置，使 SQ_3 受压动作，SQ_{3-2} 常闭触头（14-16）先断开，切断左右进给控制电路；

SQ_{3-1} 常开触头（18-15）后闭合，接触器 KM_3 线圈得电吸合，触头动作，常闭触头（22-23）断开，对接触器 KM_4 实现联锁，主触头闭合，接通进给电动机 M_3 正相序电源，M_3 正转，工作台向"下"或向"前"运动。

KM_3 线圈得电通路是：

TC_1—1—2—3—4—5—7—8—12—13—20—21—17—18—15—19—0—TC_1。

工作台移动到位后，将十字操纵手柄扳至"居中"位置，进给运动停止。

特别注意，左右进给操纵手柄与工作台横向及升降进给十字操纵手柄存在着联锁控制关系。在操作时，一个进给操纵手柄置在方向位，另一个进给操纵手柄必须处"居中"位，否则无法进给运动。

（3）工作台进给变速时的瞬时点动（进给变速冲动）控制。

进给变速冲动与主轴进给变速冲动类似，是由蘑菇形进给变速操纵手柄配合位置开关 SQ_5 来完成。进给变速冲动时，工作台纵向进给移动手柄和工作台横向及升降十字操纵手柄均应置"居中"位置，圆工作台转换开关 SA_5 旋至"断开"位置。启动 M_1 电动机，接通工作台控制电路电源。

把蘑菇形进给变速操纵手柄向外拉开，使齿轮间相互脱离，手动旋转变速盘使箭头对准变速盘上所需要的转速刻度，再把蘑菇形进给变速操纵手柄继续向外拉到极限位置，随即推回原位，变速结束。

在把蘑菇形进给变速操纵手柄推回原位过程中，使位置开关 SQ_5 有瞬时动作过程。SQ_5 动作时，SQ_{5-2}（13-14）常闭触头先断开，切断左右、圆工作台进给控制电路；SQ_{5-1}（14-15）常开触头后闭合，使接触器 KM_3 线圈得电吸合，触头动作，常闭触头（22-23）断开，对接触器 KM_4 实现联锁，另一方面，主触头瞬时闭合，电动机 M_3 惯性旋转，便于齿轮啮合。

KM_3 线圈得电通路是：

TC_1—1—2—3—4—5—7—8—12—13—20—21—17—16—14—15—19—0—TC_1。

（4）工作台的快速移动控制。

为了提高劳动生产率，减少生产辅助时间，减轻操作人员劳动强度，在加工过程中，铣床不做铣削加工时，要求工作台快速移动。它是通过各个方向的操纵手柄与快速移动按钮 SB_3 或 SB_4 配合控制的。若需工作台在某个方向的快速移动，先把操纵手柄扳到相应的方向。然后按住 SB_3（或 SB_4）不放，中间继电器 KA_1 得电吸合，KA_1 常闭触头（201-202）先断开，切断电磁离合器 YC_1 的电路；KA_1 常开触头（201-203）后闭合，接通电磁离合器 YC_2 的电路；KA_1 常开触头（8-12）后闭合，接触器 KM_3（或 KM_4）得电吸合，触头动作，常闭触头断开，对接触器 KM_4（或 KM_3）联锁，主触头闭合接通进给电动机 M_3 交流电源，M_3 正转（或反转），工作台快速移动。

KA_1 线圈得电通路是：TC_1—1—2—3—4—5—7—8—10—0—TC_1。

YC_2 线圈得电通路是：TC_2—102—UR+—201—203—200—UR−—103—101—TC_2。

松开 SB_3（或 SB_4），接触器 KM_3（或 KM_4）线圈失电释放，电磁离合器 YC_2 先失电释放，电磁离合器 YC_1 后得电吸合，工作台在原方向继续进给运动。

移动到位后，将操纵手柄扳至"居中"位置，进给运动停止。

（5）圆工作台进给运动。

为扩大加工范围，可安装圆工作台，进行圆弧或凸轮的铣削加工。圆工作台进给运动亦由进给电动机 M_3 驱动，由转换开关 SA_5 控制，其功能见表 5-18 所示。

表 5-18 圆工作台转换开关 SA_5 触头工作状态

触头	断开圆工作台	接通圆工作台
SA_{5-1}	+	−
SA_{5-2}	−	+
SA_{5-3}	+	−

注：表中"+"表示接通；"−"表示断开。

准备工作：把工作台纵向进给移动手柄和工作台横向及升降十字操纵手柄均置在"居中"位置（SQ_1、SQ_2、SQ_3、SQ_4 均不受压）；SQ_5 不受压；主轴电动机 M_1 启动后，把圆工作台转换开关 SA_5 旋至"接通"位置；接通圆工作台进给电源。

转换开关 SA_5 旋至"接通"位置后，SA_{5-1} 常闭触头（17−18）断开，切断左右、上下、前后工作台进给控制电路；SA_{5-3} 常闭触头（13−20）断开，切断工作台进给变速冲动控制电路；SA_{5-2} 常开触头（20−15）后闭合，接触器 KM_3 线圈得电吸合，触头动作，常闭触头（22−23）断开，对接触器 KM_4 实现联锁，主触头闭合接通进给电动机 M_3 的正相序电源，M_3 正转，拖动圆工作台旋转。

KM_3 线圈得电通路是：

TC_1—1—2—3—4—5—7—8—12—13—14—16—17—21—20—15—19—0—TC_1。

圆工作台只做单方向旋转。

按下按钮 SB_1 或 SB_2，接触器 KM_1、KM_3 线圈依次失电复位，电动机 M_3 停转，圆工作台停止旋转运动。

3）冷却泵电动机 M_2 的控制及照明电路

主轴电动机 M_1 启动后，合上 SA_3，接触器 KM_2 线圈得电吸合，接通冷却泵电动机 M_2 电源，M_2 启动运行，为机床提供冷却液。断开 SA_3，接触器 KM_2 线圈失电复位，冷却泵电动机 M_2 停止运转。

照明电路由变压器 TC_1 二次侧提供 24 V 安全交流电压，作为照明灯电源，照明灯由钮子开关 SA_1 控制。

4）联锁和各种保护环节

控制电路中有可靠的联锁环节，机械和电气联锁相互配合，M_3 电动机正反转采用接触器电气互锁，工作台与圆工作台之间采用转换开关的机械互锁，工作台六个方向的进给，采用操作手柄与各位置开关配合的机械联锁。熔断器 FU_1 作为主轴电动机的短路保护，FU_2 作为冷却泵电动机 M_2、进给电动机 M_3 以及整流变压器 TC_1、控制变压器 TC_2 一次侧的短路保护，FU_3 为控制电路的短路保护，FU_4 为照明灯的短路保护，FU_5 为整流装置的短路保护。FR_1 和 FR_2 分别为主轴电动机 M_1 和冷却泵电动机 M_2 的过载保护，其常闭触头串联接在控制电路中，只要其中的一台电动机过载，全部电动机都停止；FR_3 作为进给电动机 M_3 的过载保护。

X62W 型万能铣床元件清单见表 5-19。

表 5-19　X62W 型万能铣床元件清单

序号	代号	名称	型号	数量	技术参数	用途
1	M_1	电动机	Y132M-4　B3	1	7.5 kW、1 450 r/min	驱动主轴
2	M_2	电动机	JCB-22	1	125 W、2 790 r/min	驱动冷却泵
3	M_3	电动机	Y90L-4	1	1.5 kW、1 410 r/min	驱动工作台进给
4	QS_1	转换开关	HZ1-60/3J	1	60 A、500 V	电源总开关
5	SA_1	钮子开关	KN3-1021B	1	5 A	控制照明灯
6	SA_2	组合开关	HZ3-133	1	10 A、500 V	M_1 换相开关
7	SA_3	组合开关	HZ1-10/3J	1	10 A、500 V	冷却泵开关
8	SA_4	旋转开关	LS2-3A	1	5 A　380 V	换刀开关
9	SA_5	组合开关	HZ1-10/3J	1	10 A、500 V	圆工作台开关
10	FU_1	熔断器	RL1-60	1	10 A、熔体 50 A	电源总保护
11	FU_2	熔断器	RL1-15	1	15 A、熔体 4 A	整流电路保护
12	FU_3	熔断器	RL1-15	1	15 A、熔体 10 A	直流电路保护
13	FU_4	熔断器	RL1-15	1	15 A、熔体 2 A	控制电路保护
14	FU_5	熔断器	RL1-15	1	15 A、熔体 2 A	照明电路保护
15	FR_1	热继电器	JR0-60/3	1	16 A	M_1 过载保护
16	FR_2	热继电器	JR0-20/3	1	0.5 A	M_2 过载保护
17	FR_3	热继电器	JR0-20/3	1	1.5 A	M_3 过载保护
18	TC_1	变压器	BK-150	1	380/110/24 V	控制电路及照明
19	TC_2	变压器	BK-100	1	380/24 V	整流电源
20	UR	整流器	4×2ZC	1	5 A　50 V	整流器
21	KM_1	接触器	CJ0-20	1	20 A 线圈电压 110 V	控制 M_1
22	KM_2	接触器	CJ0-10	1	10 A 线圈电压 110 V	控制 M_2
23	KM_3	接触器	CJ0-10	1	10 A 线圈电压 110 V	控制 M_3 正转
24	KM_4	接触器	CJ0-10	1	10 A 线圈电压 110 V	控制 M_3 反转
25	SB_1、SB_2	控制按钮	LA2	2	红色	M_1 制动停止
26	SB_3、SB_4	控制按钮	LA2	2	黑色	快速进给点动
27	SB_5	控制按钮	LA2	1	绿色	M_1 启动
28	YC_1	电磁离合器	B1DL-Ⅱ	1		正常进给
29	YC_2	电磁离合器	B1DL-Ⅱ	1		快速进给
30	YC_3	电磁离合器	B1DL-Ⅲ	1		主轴制动
31	SQ_1	行程开关	LX1-11K	1	开启式	向右
32	SQ_2	行程开关	LX1-11K	1	开启式	向左

续表

序号	代号	名称	型号	数量	技术参数	用途
33	SQ_3	行程开关	LX2－131	1	单轮自动复位	向后、上
34	SQ_4	行程开关	LX2－131	1	单轮自动复位	向前、下
35	SQ_5	行程开关	LX2－131	1	单轮自动复位	进给冲动
36	SQ_6	行程开关	LX2－131	1	单轮自动复位	主轴冲动
37	KA_1	中间继电器	J27－44	1	110 V	快速进给控制
38	EL	铣床工作灯	JC－25	1	40 W、24 V	铣床工作照明

三、X62W 型万能铣床常见电气故障的分析与检修

主轴电动机 M_1 不能启动的检修步骤如图 5－16 所示：

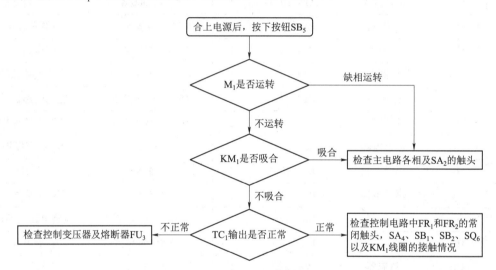

图 5－16 主轴电动机 M_1 不能启动的检修步骤

X62W 型万能铣床电气控制线路的常见故障及检修方法见表 5－20。

表 5－20 X62W 型万能铣床电气控制线路的常见故障及检修方法

故障现象	可能原因	检修方法
工作台各个方向都不能进给	进给电动机不能启动	主轴电动机 M_1 启动后，工作台各方向不能进给，多是进给电动机 M_3 不能正常运转引起的。FU_2 熔体是否良好或连接线断开，检查 SA_5 是否在"断开"位置。若 SA_5 操作到位，检查 M_3 是否运转。若进给电动机 M_3 不运转，看接触器 KM_3、KM_4 是否吸合。若 KM_3、KM_4 吸合，则故障在 M_3 的主电路中或直流控制回路的电磁离合器上。若 KM_3、KM_4 都不吸合，故障在控制线路中；检查控制电路的电气元件接触是否良好或和连接导线是否断开，找到故障点，修复电气元件或重新将导线连接好

续表

故障现象	可能原因	检修方法
工作台能向左、右进给，不能向前、后、上、下进给	行程开关 SQ_1 或 SQ_2 经常被压合，使螺钉松动、开关移位、触头接触不良、开关机构卡住等，使线路断开或开关不能复位闭合，电路 20 – 21 或 17 – 21 断开	用万用表欧姆挡测量 SQ_{1-2} 或 SQ_{2-2} 的接触导通情况，查找故障部位，修理或更换元件，就可排除故障。注意在测量 SQ_{1-2} 或 SQ_{2-2} 的接通情况时，应操纵前、后、上、下进给手柄，使 SQ_{3-2} 或 SQ_{4-2} 断开，否则通过 13 – 14 – 16 – 17 – 21 – 20 的导通，会误认为 SQ_{1-2} 或 SQ_{2-2} 接触良好。
工作台能向前、后、上、下进给，不能向左、右进给	行程开关 SQ_3 或 SQ_4 出现故障	可参照上例检查行程开关的常闭触头 SQ_{3-2} 或 SQ_{4-2}
工作台不能快速移动，主轴制动失灵	电磁离合器工作不正常	首先应检查接线有无松脱，整流变压器 T_2、熔断器 FU_5 工作是否正常，整流器中的四个整流二极管是否损坏。若有二极管损坏，将导致输出直流电压偏低，吸力不够。其次，检查电磁离合器线圈是否正常；离合器的动摩擦片和静摩擦片是否完好
变速时不能冲动控制	冲动行程开关 SQ_5 或 SQ_6 经常受到频繁冲击而不能正常工作	修理或更换行程开关，并调整好行程开关的动作距离，即可恢复冲动控制

实训 5 – 3 X62W 型万能铣床电气线路的检修

1. 工具与仪器

（1）工具：测电笔、电工刀、剥线钳、尖嘴钳、斜口钳、螺钉旋具等。

（2）仪表：万用表、兆欧表、钳形电流表。

2. 检修步骤及工艺要求

（1）熟悉铣床的主要结构和运动形式，对铣床进行实际操作，了解铣床的各种工作状态及操作手柄的作用。

（2）熟悉铣床电器元件的安装位置、走线情况以及操作手柄处于不同位置时，位置开关的工作状态及运动部件的工作情况。

（3）在有故障的铣床上或人为设置故障的铣床上，由教师示范检修，边分析边检修，把检修步骤及要求贯穿其中，直至故障排除。

（4）教师设置人为的故障，由学生按照检修步骤和检修方法进行检修。具体要求如下：

① 根据故障现象，先在电路图上用虚线正确标出最小范围的故障部位，然后采用正确的检修方法，在规定的时间内查出并排除故障。

② 检修过程中，故障分析、排除故障的思路要正确，不得采用更换电器元件、借用触头或改动线路的方法修复故障。

③ 检修时，严禁扩大故障范围或产生新的故障，不得损坏电器元件或设备。

3. 注意事项

（1）检修前，要认真阅读电路图，熟练掌握各个控制环节的原理及作用。并认真仔细地观察教师示范检修。

（2）由于该类铣床的电气控制与机械结构的配合十分密切，所以，在出现故障时，应首先判明是机械故障还是电气故障。

（3）修复故障使铣床恢复正常时，要注意消除产生故障的根本原因，以避免频繁发生相同的故障。

（4）停电要验电，带电检查时，必须有指导教师监护，以确保用电安全。同时要做好训练记录。

（5）工具、仪表的使用要正确，检修时要认真核对导线的线号，以免出错。

4. 评分标准

X62W 型万能铣床电气控制线路故障检修评分标准见表 5 – 21。

表 5 – 21　X62W 型万能铣床电气控制线路故障检修评分标准

项目内容	配分	评分标准	扣分
故障分析	30	（1）检修思路不正确扣 5 ~ 10 分 （2）标不出故障线段或错标在故障回路以外，每个故障点扣 15 分 （2）不能标出最小故障范围，每个故障点扣 5 ~ 10 分	
排除故障	70	（1）停电不验电扣 5 分 （2）测量仪器和工具使用不正确，每次扣 5 分 （3）不能查出故障点，每个扣 35 分 （4）查出故障点但不能排除，每个扣 25 分 （4）扩大故障范围或产生新故障， 　　不能排除，每个扣 35 分 　　已经排除，每个扣 15 分 （5）损坏电器元件，每个扣 20 分	
安全文明生产		违反安全文明生产规程扣 10 ~ 70 分	
定额时间 1 h		不允许超时检查，修复故障过程中允许超时，但以每超时 5 min 以内扣 5 分计算	
备注		除定额时间外，各项内容的最高扣分不得超过配分数	成绩
开始时间		结束时间	实际时间

任务四　镗床的电气控制线路

学习目标：

熟悉 T68 型镗床的主要结构及型号意义；了解镗床的主要运动形式及电气控制要求；掌握 T68 型镗床电气控制线路的原理和分析方法。

技能要点：

会进行镗床电气控制线路的故障诊断与维修。

镗床是一种精密加工机床，主要用于加工精确度高的孔以及各孔间距要求较为精确的零件，如变速箱、主轴箱等一些箱体零件，需要在箱体上加工多个尺寸不同的孔，且这些孔的直径较大、精度高，并对孔的同轴度、垂直度、平行度及孔间距离等均有精确要求。这些工作对于钻床是难以胜任的。由于镗床刚性好，其可动部分都在道轨上运动，间隙小，且可附加支承，故能满足上面加工箱体孔的要求。

镗床不但能完成钻孔、镗孔等孔的加工，还可以铰孔、扩孔；用镗轴或平旋盘可铣削平面；加上车螺纹附件后，还可以车削螺纹；装上平旋盘刀架可加工大直径的孔、切削端面、内圆和外圆等。因此，镗床加工范围广、调速范围大、运动部件多。

按用途不同，镗床可分为卧式镗床、立式镗床、坐标镗床、金刚镗床和专门化镗床等。本任务分析 T68 型卧式镗床的电气控制原理及电气故障诊断与维修。

一、镗床的主要结构组成及运动形式

1. 镗床型号含义

T68 型卧式镗床型号含义：T—类代号（镗床类）；6—组代号（卧式镗床组）；8—镗轴直径 80 mm。

2. T68 型卧式镗床主要组成

T68 型卧式镗床的实物外形图如图 5-17 所示。

图 5-17　T68 型卧式镗床外形图

T68 型卧式镗床主要由床身、主轴箱、前立柱、带尾座的后立柱、工作台等部分组成。床身是一个整体的铸件，用来支撑前立柱、后立柱及工作台。前立柱上有主轴箱，主轴箱可沿垂直导轨上下移动。主轴箱内有主轴的传动机构和变速操纵机构。工作台用来固定工件。镗床在镗削加工中，镗轴一面旋转，一面沿轴向作进给运动。平旋盘只能作旋转运动，装在其上的刀具溜板可作垂直于主轴轴线方向的径向进给运动。镗轴和平旋盘主轴是通过单独的传动链传动的，因此可以独立转动。

T68型卧式镗床结构示图如图5-18所示。

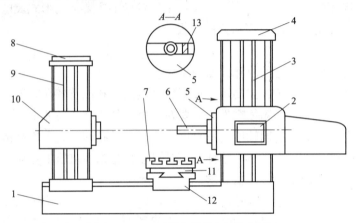

图 5-18 T68 型卧式镗床结构示图

1—床身；2—主轴箱；3—导轨；4—前立柱；5—平旋盘；6—镗轴；7—工作台；8—后立柱；
9—导轨；10—尾座；11—上溜板；12—下溜板；13—刀具溜板

安装工件的工作台安置在床身的导轨上，它由上溜板、下溜板和可转动的台面组成，工作台可以做平行于和垂直于镗轴轴线方向的移动，并可以转动。

3. T68 型卧式镗床运动形式

（1）主运动：镗床主轴的旋转和平旋盘（也称花盘）的旋转运动。

（2）进给运动：镗床主轴的轴向进给，平旋盘上刀具溜板的径向进给，主轴箱沿前立柱导轨的升降运动及工作台的横向和纵向进给。

（3）辅助运动：镗床工作台的旋转运动，尾座的垂直移动，后立柱的轴向水平移动及各部分的快速移动。

4. T68 型卧式镗床电力拖动及控制要求

（1）为适应多种加工工艺要求，主轴旋转和进给都应有较大的调速范围，T68 型卧式镗床主电动机 M_1 采用双速笼型异步电动机（△—ΥΥ），用于拖动主轴做正向或反向旋转和进给运动，定子绕组为△接法时，低速转速 1 460 r/min；定子绕组为ΥΥ接法时，高速转速 2 880 r/min。同时采用机电联合调速，这样既扩大了调速范围，又简化了传动机构。

（2）由于进给运动有几个方向，所以要求主电动机 M_1 能正反转、可调速、点动控制及串电阻反接制动，以满足进给运动的要求及调整需要。各方向的进给应有联锁。

（3）主电动机 M_1 既可以低速全压运行，又可以由低速启动后自动切换到高速运行。

（4）各进给部分应能快速移动，故采用一台快速电动机 M_2 拖动，M_2 也需要正反转控制。

二、T68 型卧式镗床电气控制线路分析

T68 型卧式镗床的电气控制线路图如图5-19所示。

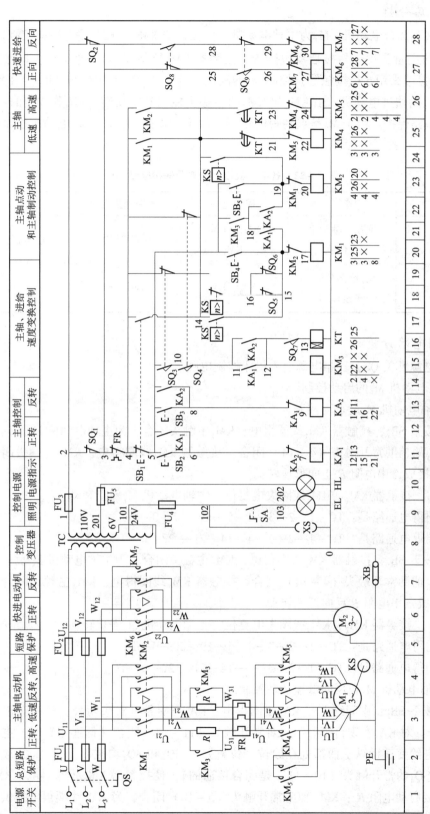

图 5-19 T68 型卧式镗床电气控制线路图

1. 主电路分析

主电路共有 2 台电动机：M_1 为主轴电动机，由接触器 KM_1 和 KM_2 的主触头控制正反转，接触器 KM_3 的主触头用于短接启动电阻 R，接触器 KM_4 控制 M_1 的低速运行，接触器 KM_5（两接触器并接或采用 5 极接触器）控制 M_1 的高速运行，FU_1 作 M_1 的短路保护，FR 作 M_1 的过载保护；M_2 为快进电动机，由 KM_6 和 KM_7 的主触头控制其正反转，FU_2 作 M_2 和控制变压器一次侧的短路保护。由于 M_2 是点动短时运行，故不须设过载保护。各电动机控制电器及保护电器见表 5-22。

表 5-22 各电动机控制电器及保护电器

电动机代号	作用	控制电器	短路保护电器	过载保护电器
电动机 M_1	拖动主轴和平旋盘的旋转	KM_1、KM_2、KM_3、KM_4、KM_5	熔断器 FU_1	继电器热 FR
电动机 M_2	进给部分的快速移动	KM_6、KM_7	熔断器 FU_2	无

2. 控制电路分析

合上总电源开关 QS，三相电源引入机床控制电路。

1) 主轴电动机 M_1 的启动控制

（1）主轴电动机 M_1 的点动控制。

正向：按下 SB_4，接触器 KM_1 线圈得电，KM_1 主触头闭合，为主轴电动机 M_1 正向启动做好准备；KM_1 的辅助常开触头（4-14）闭合，接触器 KM_4 线圈得电，KM_4 主触头闭合，主轴电动机 M_1 接成△串电阻 R 正向低速转动。

松开 SB_4，接触器 KM_1、KM_4 线圈失电复位，主轴电动机 M_1 停止转动。

KM_1 线圈得电通路是：TC—1—2—3—4—5—15—17—0—TC。

KM_4 线圈得电通路是：TC—1—2—3—4—14—21—22—0—TC。

反向：按下 SB_5，接触器 KM_2 线圈得电，KM_2 主触头闭合，为主轴电动机 M_1 反向启动做好准备；KM_2 辅助常开触头（4-14）闭合，接触器 KM_4 线圈得电，KM_4 主触头闭合，主轴电动机 M_1 接成△串电阻 R 反向低速转动。

松开 SB_5，接触器 KM_2、KM_4 线圈失电复位，主轴电动机 M_1 停止转动。

KM_2 线圈得电通路是：TC—1—2—3—4—5—19—20—0—TC。

KM_4 线圈得电通路是：TC—1—2—3—4—14—21—22—0—TC。

（2）主轴电动机 M_1 正反向低速运转控制。

正向：按下 SB_2，中间继电器 KA_1 线圈得电，KA_1 三对常开触头闭合。第一对常开触头（5-6）闭合，对 KA_1 实现自锁。第二对常开触头（11-12）闭合【低速运转时，主轴变速操纵手柄和进给变速操纵手柄都处在原位，位置开关 SQ_3 和 SQ_4 均被压下，SQ_3 的常开触头（5-10）和 SQ_4 的常开触头（10-11）是闭合接通的】，使接触器 KM_3 线圈得电，KM_3 主触头闭合，短接启动电阻 R；KM_3 辅助常开触头（5-18）闭合，为 KM_1 线圈得电提供通电回路。第三对常开触头（18-15）闭合，使接触器 KM_1 线圈得电动作，KM_1 主触头闭合，为主

轴电动机 M_1 正转启动做好准备；KM_1 辅助常开触头（4-14）闭合，使接触器 KM_4 线圈得电，KM_4 主触头闭合，主轴电动机 M_1 接成△全压正向低速运转。

KA_1 线圈得电通路是：TC—1—2—3—4—5—6—7—0—TC。

KM_3 线圈得电通路是：TC—1—2—3—4—5—10—11—12—TC。

KM_1 线圈得电通路是：TC—1—2—3—4—5—18—15—17—0—TC。

KM_4 线圈得电通路是：TC—1—2—3—4—14—21—22—0—TC。

反向：只要按下 SB_3，由中间继电器 KA_2、接触器 KM_2 配合接触器 KM_3、KM_4 实现反向低速运转。其原理与正转类似，不再赘述。

（3）主轴电动机 M_1 正反向高速运转控制。

为了减小启动电流，电动机 M_1 的高速运转控制，是先低速全压启动，然后自动切换到高速运转。操作过程是先把主轴变速操纵手柄扳到"高速"位置，使位置开关 SQ_7 压合，其常开触头 SQ_7（12-13）闭合。

正向高速运转控制：按下 SB_2，中间继电器 KA_1 线圈得电动作，KA_1 三对常开触头闭合。第一对常开触头（5-6）闭合，对 KA_1 实现自锁。第二对常开触头（11-12）闭合，使接触器 KM_3 线圈、时间继电器 KT 线圈同时得电。接触器 KM_3 主触头闭合，短接启动电阻 R；KM_3 辅助常开触头（5-18）闭合，为 KM_1 得电做好准备。第三对常开触头（18-15）闭合，使接触器 KM_1 线圈得电，KM_1 主触头闭合，为主轴电动机 M_1 正转启动做好准备；KM_1 辅助常开触头（4-14）闭合，接触器 KM_4 线圈得电，KM_4 主触头闭合，主轴电动机 M_1 接成△全压正向低速转动。

时间继电器 KT 通电后，经延时（低速运转时间段），KT 延时断开常闭触头（14-21）先断开，切断接触器 KM_4 线圈回路，KM_4 线圈失电复位，主触头断开，主轴电动机绕组断开电源；KT 延时闭合常开触头（14-23）后闭合，接通接触器 KM_5 线圈回路，KM_5 线圈得电动作，主触头闭合，将主轴电动机 M_1 接成双Y形正向高速运行。（KM_5 为 5 极或两三极接触器并用。）

KA_1 线圈得电通路是：TC—1—2—3—4—5—6—7—0—TC。

KM_3 线圈得电通路是：TC—1—2—3—4—5—10—11—12—0—TC。

KM_1 线圈得电通路是：TC—1—2—3—4—5—18—15—17—0—TC。

KM_4 线圈得电通路是：TC—1—2—3—4—14—21—22—0—TC。

KM_5 线圈得电通路是：TC—1—2—3—4—14—23—24—0—TC。

KT 线圈得电通路是：TC—1—2—3—4—5—10—11—12—13—0—TC。

反向高速运转控制：只要按下 SB_3，由中间继电器 KA_2、接触器 KM_2 配合接触器 KM_3、KM_4 实现低速反向运转。KT 得电延时后自动转换，使接触器 KM_4 线圈失电释放，接触器 KM_5 线圈得电动作，M_1 反向高速运行。其原理与正向运转类似，不再赘述。

2）主轴电动机 M_1 停车制动控制

主轴电动机 M_1 停车采用双向低速反接制动控制，由速度继电器 KS、主电路串入限流电阻 R 实现。也就是把电动机 M_1 由高速转为低速再进行反接制动。

（1）主轴电动机 M_1 高速正转反接制动控制。

主轴电动机 M_1 高速正向运转时，位置开关 SQ_7 的常开触头（12-13）处于闭合状态，速度继电器 KS 的常开触头（14-19）闭合，KA_1、KM_3、KM_1、KT、KM_5 等电器的线圈均得电动作，停车时按一下按钮 SB_1。

停车制动控制过程为：按下 SB_1，SB_1 的常闭触头（4-5）先断开，SB_1 的常开触头（4-14）后闭合。前者，使 KA_1 线圈失电复位；KM_3 线圈失电复位，限流电阻 R 串入主电路；KM_1 线圈失电复位，KM_5 线圈失电复位，主轴电动机 M_1 脱离电源和 Y Y 形接法；KT 线圈失电复位，KT 延时断开常闭触头（14-21）闭合，为 KM_4 线圈得电做好准备。后者，使 KM_2、KM_4 线圈得电，KM_2、KM_4 主触头闭合及 KM_2 辅助常开触头（4-14）闭合，主轴电动机 M_1 接成 △ 低速反接制动。当转速降至 120 r/min 时，KS 的常开触头（14-19）断开，KM_2、KM_4 线圈依次失电复位，主轴电动机 M_1 停止转动。

(2) 主轴电动机 M_1 高速反转反接制动控制。

主轴电动机 M_1 高速反向运转时，位置开关 SQ_7 的常开触头（12-13）处于闭合状态，速度继电器 KS 的常开触头（14-15）闭合，KA_2、KM_3、KM_2、KT、KM_5 等电器的线圈均得电动作。停车时按下按钮 SB_1 后松开。控制过程与上述相似，不再赘述。

3) 主轴变速或进给变速冲动控制

主轴变速和进给变速分别是通过各自的变速操纵盘操作以改变传动链的传动比实现的，变速在 M_1 停车和运行两种情况下都可以进行。在变速时，M_1 可获得低速连续冲动，以使齿轮达到易于啮合的效果。

(1) 主轴变速冲动控制。

电动机 M_1 停车时主轴变速冲动控制：

主轴变速操纵手柄在原位，位置开关 SQ_3、SQ_5 受压，SQ_3 常闭触头（4-14）断开，SQ_5 常闭触头（16-15）断开，M_1 停车时的 KS 常闭触头（14-16）处于闭合状态。拉出手柄反压，并转动变速操纵盘到要调节的速度位置。此时位置开关 SQ_3、SQ_5 复位，常闭触头闭合，接触器 KM_1、KM_4 线圈得电吸合，主轴电动机 M_1 经限流电阻 R（KM_3 线圈未得电）接成 △ 低速正向转动。当 M_1 转速升至一定值（120 r/min）时，KS 常闭触头（14-16）断开，接触器 KM_1 线圈失电释放，M_1 脱离正向电源惯性转动；KS 常开触头（14-19）闭合，使接触器 KM_2 线圈得电吸合，对电动机 M_1 进行反接制动。当 M_1 转速降至一定值（100 r/min 以下）时，KS 常开触头（14-19）又断开，使接触器 KM_2 线圈失电释放；而 KS 常闭触头（14-16）闭合，又使接触器 KM_1 线圈得电吸合，M_1 又启动正向旋转。M_1 重复上述过程，有利于齿轮的啮合。齿轮啮合后，把手柄推回原位，位置开关 SQ_3、SQ_5 受压，SQ_3 的常闭触头（4-14）断开及 SQ_5 的常闭触头（16-15）断开，主轴电动机 M_1 断电而停止。

KM_1 线圈得电通路是：TC—1—2—3—4—14—16—15—177—0—TC。

KM_4 线圈得电通路是：TC—1—2—3—4—14—21—22—0—TC。

KM_2 线圈得电通路是：TC—1—2—3—4—14—19—20—0—TC。

M_1 高速正转时主轴的变速冲动控制：

主轴变速操纵手柄在原位，位置开关 SQ_3、SQ_5 受压，SQ_3 的常闭触头（4-14）断开，SQ_5 的常闭触头（16-15）断开。M_1 高速运转时，位置开关 SQ_7 的常开触头（12-13）处闭合状态，速度继电器 KS 的常开触头（14-19）闭合，KA_1、KM_3、KM_1、KT、KM_5 等电器的线圈得电动作。拉出手柄反压，并转动变速操纵盘变速。此时位置开关 SQ_3、SQ_5 复位，

SQ_3 的常开触头（5-10）断开，SQ_3 的常闭触头（4-14）闭合，SQ_5 的常闭触头（16-15）闭合，使 KM_3、KT 线圈失电复位，进而使 KM_1、KM_5 线圈失电复位，切断主轴电动机 M_1 的正向电源。继而使接触器 KM_2、KM_4 线圈得电吸合，M_1 串电阻低速反接制动。当转速降低到一定值（100 r/min 以下）时，KS 常闭触头（14-16）闭合，接触器 KM_1 线圈得电吸合，M_1 正向低速冲动，有利于齿轮啮合。齿轮啮合后，把手柄推回原位，位置开关 SQ_3、SQ_5 受压，SQ_3 的常闭触头（4-14）断开，常开触头（5-10）闭合，SQ_5 的常闭触头（16-15）断开，接触器 KM_1 线圈先失电，然后 KM_3、KT 线圈得电动作，继而使 KM_1、KM_4 线圈得电动作，主轴电动机 M_1 先正向低速启动，经 KT 延时，自动切换高速运行。

主轴电动机 M_1 在低速正转和高速反转及低速反转时的主轴变速冲动控制，原理与上述类似，不再赘述。

（2）进给变速冲动控制。

进给变速冲动控制的工作原理与主轴变速冲动控制的工作原理相似。若需变速，只要将进给变速操纵手柄拉出，使 SQ_4、SQ_6 复位，推入进给变速操纵手柄则让它们受压动作。这里不再赘述。

4）快速进给电动机 M_2 的控制

先操作有关手柄，接通相应离合器，挂上有关方向丝杠，然后操作快速进给操纵手柄。快速进给操纵手柄有"正向""反向""停止"三个位置。

（1）正转。把快速进给操纵手柄扳在"正向"位置，使位置开关 SQ_9 受压动作，SQ_9 的常闭触头（28-29）先断开，对接触器 KM_7 实现机械联锁；SQ_9 的常开触头（25-26）后闭合，接触器 KM_6 线圈得电吸合，辅助常闭触头（29-30）断开，对接触器 KM_7 实现电气联锁，KM_6 主触头闭合，快速移动电动机 M_2 得电正向运转。

KM_6 线圈得电通路是：TC—1—2—3—25—26—27—0—TC。

（2）停止。把快速进给操纵手柄扳在"停止"位置，SQ_9 复位，接触器 KM_6 失电释放，KM_6 主触头断开，快速移动电动机 M_2 失电停转。

（3）反转。把快速进给操纵手柄扳在"反向"位置，使位置开关 SQ_8 受压动作，SQ_8 常闭触头（3-25）先断开，对接触器 KM_6 实现机械联锁；SQ_8 的常开触头（3-28）后闭合，接触器 KM_7 线圈得电吸合，辅助常闭触头（26-27）断开，对接触器 KM_7 实现电气联锁；KM_7 主触头闭合，快速移动电动机 M_2 得电反向运转。

5）机床电路的联锁与保护

为防止机床或刀具遭到损坏，保证主轴进给和工作台进给不能同时进行，设置了两个联锁保护开关 SQ_1 和 SQ_2，其中 SQ_1 是工作台和主轴箱自动进给手柄联动行程开关，SQ_2 是主轴和平旋盘刀架自动进给手柄联动的行程开关。将这两个行程开关的常闭触头并联后串接在控制电路中，当两种进给运动同时选择时，SQ_1 和 SQ_2 都被压下，其常闭触头断开，将控制电源回路切断，两种运动都不能进行，实现了联锁保护。

熔断器 FU_1 作为主轴电动机 M_1 的短路保护；

热继电器 FR 作为主轴电动机 M_1 的过载保护；

熔断器 FU_2 作为进给电动机 M_2 和变压器 TC 一次侧的短路保护；

熔断器 FU_3 作为机床控制电路的短路保护；

熔断器 FU_4 作为机床照明电路的短路保护；

熔断器 FU_5 作为机床电源指示电路的短路保护。

6）照明和指示电路

由变压器 TC 二次侧提供 24 V 和 6 V 交流电压，作为照明和指示灯的电源。照明灯 EL 由照明灯开关 SA 控制；电源指示灯 HL 由机床电源开关控制，接通电源时，HL 亮。

T68 型卧式镗床元件清单见表 5 – 23。

表 5 – 23　T68 型卧式镗床元件清单

序号	代号	名称	型号	数量	技术参数	用途
1	M_1	主轴电动机	JD02 – 51 – 4/2	1	5.5/7.5 kW，1 460/2 880 r/min	主轴传动
2	M_2	快速进给电动机	J02 – 32 – 4	1	3 kW、1 430 r/min	快速移动
3	QS	组合开关	HZ2 – 60/3	1	60 A、三极	电源总开关
4	SA	钮子开关	KN3	1	5 A、380 V	照明开关
5	FU_1	熔断器	RL1 – 60/40	3	熔体 40 A	总短路保护
6	FU_2	熔断器	RL1 – 15/15	3	熔体 15 A	M_2 短路保护
7	FU_3	熔断器	RL1 – 15/2	1	熔体 2 A	控制电路短路保护
8	FU_4	熔断器	RL1 – 15/2	1	熔体 2 A	照明电路短路保护
9	FU_5	熔断器	RL1 – 15/2	1	熔体 2 A	指示电路短路保护
10	KM_1	交流接触器	CJ0 – 40	1	线圈电压 110、50 Hz	控制 M_1 正转
11	KM_2	交流接触器	CJ0 – 40	1	线圈电压 110、50 Hz	控制 M_1 反转
12	KM_3	交流接触器	CJ0 – 20	1	线圈电压 110、50 Hz	短接 M_1 制动电阻 R
13	KM_4	交流接触器	CJ0 – 40	1	线圈电压 110、50 Hz	控制 M_1 低速
14	KM_5	交流接触器	CJ0 – 40	2	线圈电压 110、50 Hz	控制 M_1 高速
15	KM_6	交流接触器	CJ0 – 10	1	线圈电压 110、50 Hz	控制 M_2 正转
16	KM_7	交流接触器	CJ0 – 10	1	线圈电压 110、50 Hz	控制 M_2 反转
17	KT	时间继电器	JS7 – 2A	1	线圈电压 110、50 Hz 整定时间 3 s	控制 M_1 高低速
18	KA_1	中间继电器	JZ7 – 44	1	线圈电压 110、50 Hz	控制 M_1 正转
19	KA_2	中间继电器	JZ7 – 44	1	线圈电压 110、50 Hz	控制 M_1 反转
20	TC	控制变压器	BK – 300	1	380/110 V、24 V、6 V	控制电源
21	FR	热继电器	JR0 – 10/3D	1	整流电流 16 A	M_1 过载保护
22	KS	速度继电器	JY – 1	1	500 V、2 A	主轴制动用
23	R	电阻器	ZB2 – 0.9	2	0.9 Ω	限流电阻
24	SB_1	控制按钮	LA2	1	380 V、5 A	主轴停止
25	SB_2	控制按钮	LA2	1	380 V、5 A	主轴正向启动

续表

序号	代号	名称	型号	数量	技术参数	用途
26	SB_3	控制按钮	LA2	1	380 V、5 A	主轴反向启动
27	SB_4	控制按钮	LA2	1	380 V、5 A	主轴正向点动
28	SB_5	控制按钮	LA2	1	380 V、5 A	主轴反向点动
29	SQ_1	限位行程开关	LX3-11H	1		主轴连锁保护
30	SQ_2	限位行程开关	LX3-11K	1		主轴连锁保护
31	SQ_3	限位行程开关	LX1-11K	1		主轴变速控制
32	SQ_4	限位行程开关	LX1-11K	1		进给变速控制
33	SQ_5	限位行程开关	LX1-11K	1		变速控制
34	SQ_6	限位行程开关	LX1-11K	1		变速控制
35	SQ_7	限位行程开关	LX5-11	1		高速控制
36	SQ_8	限位行程开关	LX3-11K	1		反向快速进给
37	SQ_9	限位行程开关	LX3-11K	1		正向快速进给
38	XS	插座	T型	1		补充照明用
39	EL	机床工作灯	JC25	1	40 W、24 V	工作照明
40	HL	信号灯	DX1	1	6 V、0.15 A	电源指示

三、T68型卧式镗床常见电气控制线路的故障分析与检修

T68型卧式镗床与X62型铣床一样都采用继电器——接触器控制,因此,常见故障的判断和处理方法和车床、铣床大致相同。但由于镗床的电气与机械联锁较多,又采用了双速电动机,在机床工作时会产生一些特有的故障,现举例如下:

1. 主轴的转速与转速指示牌不符

这种故障一般有两种现象:一种是主轴的实际转速比标牌指示数增加一倍或减少1/2;另一种是电动机的转速没有高速挡或者没有低速挡。这两种故障现象,前者大多由于安装调整不当引起,因为T68型卧式镗床有18种转速,是采用双速电动机和机械滑移齿轮来实现的。主轴电动机的高低速转换是靠微动开关SQ_7的通断来实现,微动开关SQ_7安装在主轴调速手柄的旁边,主轴调速机构转动时推动一个撞钉,撞钉推动簧片使微动开关SQ_7通或断,如果安装调整不当,使SQ_7动作恰恰相反,则会发生主轴的实际转速比标牌指示数增加一倍或减少1/2。

后者的故障原因较多,常见的是时间继电器KT不动作,或微动开关SQ_7安装的位置移动,造成SQ_7始终处于接通或断开的状态等。如KT不动作或SQ_7始终处于断开状态,则主轴电动机M_1只有低速;若SQ_7始终处于接通状态,则主轴电动机M_1只有高速。但要注意,如果KT虽然吸合,但由于机械卡住或触点损坏,使常开触点不能闭合,则M_1也不能转换到高速挡运转,而只能在低速挡运转。

2. 主轴电动机M_1不能冲动

故障诊断:

(1) 主轴电动机M_1停车时,拉出主轴变速操纵手柄并反压,主轴电动机不能冲动。

(2) 主轴电动机 M_1 高速正转时，拉出主轴变速操纵手柄并反压，主轴电动机不能冲动。

维修方法：拉出主轴变速操纵手柄，位置开关 SQ_3 或 SQ_5 都应该复位。若 SQ_3 或 SQ_5 位置偏移、触头接触不良及接线断开，都会导致不能冲动的情况发生。所以主要检查位置开关 SQ_3 和 SQ_5 的位置是否正确，触头接触是否良好，外部接线是否断开。确定故障点，修复触头或重新接好外部连接线。

3. 主轴电动机 M_1 不能进行正反转点动、制动及主轴和进给变速冲动控制

产生这种故障的原因，往往在上述各种控制电路的公共回路上出现故障。如果伴随着不能进行低速运行，则故障可能在控制线路 14-21-22-0 中有断开点，否则，故障可能在主电路的制动电阻器 R 及引线上有断开点，若主电路仅断开一相电源时，电动机还会伴有缺相运行时发出的嗡嗡声。

4. 双速电动机电源进线接错

这种故障常在机床安装接线后进行调试时产生。其故障的现象常见的两种：一是电动机不能启动，发生类似缺相运行时的嗡嗡声并且熔体熔断；二是电动机高速运行时的转向与低速时相反。产生上述故障的原因常见的是，前者误将电动机接线端子 $1U_1$、$1V_1$、$1W_1$ 与线断 $1U_2$、$1V_2$、$1W_2$ 互换，使 M_1 在 △ 接法时，把三相电源从 $1U_2$、$1V_2$、$1W_2$ 引入，而在 YY 接法时，把三相电源从 $1U_1$、$1V_1$、$1W_1$ 引入，将 $1U_2$、$1V_2$、$1W_2$ 短接所致。而后者是误将三相电源在高速和低速运行时，都接成同相序所致。

5. 主轴电动机 M_1 不能高速正转

故障诊断：

(1) 合上电源，按下按钮 SB_2，主轴电动机 M_1 发出嗡嗡声但不能启动。

(2) 合上电源，按下按钮 SB_2，主轴电动机 M_1 没有声音也不运转。

(3) 合上电源，按下按钮 SB_2，即使主轴变速操纵手柄扳到"高速"位置，主轴电动机也只能低速运行。

维修方法：

(1) 电动机发出嗡嗡声但不能启动，说明控制电路是好的，接触器已动作，接通电动机电源，但缺一相。检查电动机 M_1 的主电路，找出缺一相的原因，线路接触不良重新接好；接触器主触头不好修复或更换。

(2) 先检查继电器 KA_1 是否吸合。若 KA_1 点动，检查自锁触头及其连线进行修复。若 KA_1 不吸合，检查控制变压器 TC 到 KA_1 线圈的得电通路是否正常，熔断器 FU_3 熔体是否完好，连接线是否接触不良，或是 FR 动作未复位等。查出原因，排除故障，进行更换或修复。若 KA_1 吸合，检查 KM_3 是否吸合。若 KM_3 不吸合，检查其线圈得电通路 (5-10-11-12-0) 的连接线接触是否良好。若 KM_3 吸合，则检查 KM_1 是否吸合。若 KM_1 不吸合，检查其线圈得电通路 (5-18-15-17-0) 的连接线是否接触良好。若 KM_1 吸合，则检查 KM_4 是否吸合。若 KM_4 不吸合，检查其线圈得电通路 (4-14-21-22-0) 的连接线是否接触良好。若 KM_4 吸合，则检查 KT 线圈得电通路 (5-10-11-12-13-0) 的连接导线接触是否良好。若 KT 得电正常，检查 KM_5 是否吸合。若 KM_5 不吸合，检查其线圈得电通路 (4-14-23-24-0) 的连接导线接触是否良好。若 KM_5 吸合，则检查主电路电动机与接触器

KM_5 的连线是否接好。

(3) 电动机 M_1 只能低速运行，说明接触器 KM_5 不能得电吸合，则检查 KT 线圈得电通路是否良好。若 KT 得电正常，则检查 KM_5 线圈得电通路是否良好。

6. 快速移动电动机 M_2 不能正常旋转

故障诊断：

(1) 快速进给操纵手柄扳在"正向"位置，电动机 M_2 不能正向旋转。

(2) 快速进给操纵手柄扳在"反向"位置，电动机 M_2 不能反向旋转。

维修方法：

(1) M_2 不能正向旋转，控制电路中检查位置开关 SQ_8 常闭触头接触是否良好，SQ_9 是否动作到位，接触器 KM_7 常闭触头接触是否良好，KM_6 是否吸合，线圈回路接线是否完好。若 KM_6 吸合，则应检查主电路电动机接线是否断开，找出故障点，将连线接好。

(2) M_2 不能反向旋转，控制电路中检查位置开关 SQ_9 常闭触头接触是否良好，SQ_8 是否动作到位，接触器 KM_6 常闭触头接触是否良好，KM_7 是否吸合，线圈回路接线是否完好。若 KM_7 吸合，则应检查主电路电动机接线是否接触良好，确定故障点，修复元件触头，重新接好连线。

实训 5-4　T68 型卧式镗床电气线路的检修

1. 工具与仪器

(1) 工具：测电笔、电工刀、剥线钳、尖嘴钳、斜口钳、螺钉旋具等。

(2) 仪表：万用表、兆欧表、钳形电流表。

2. 检修步骤及工艺要求

(1) T68 型卧式镗床线路复杂，实际检修前，可先在电路图上进行故障分析练习。教师列举某些典型故障，由学生在电路图上根据故障现象分析故障原因或根据故障点分析故障现象。

(2) 对镗床进行操作，充分了解镗床的各种工作状态、各运动部件的运动形式及各操作手柄的作用。

(3) 熟悉镗床各电器元件的安装位置、走线情况及操作手柄处于不同位置时，各位置开关的工作状态。

(4) 在有故障的镗床上或人为设置故障的镗床上，由教师示范检修，边分析边检修，把检修步骤及要求贯穿其中，直至故障排除。

(5) 由教师设置让学生知道的故障点，指导学生如何从故障现象着手进行分析，逐步引导学生采用正确的检修步骤和检修方法排除故障。

(6) 教师设置人为的故障，由学生按照检修步骤和检修方法进行检修。具体要求如下：

① 用通电试验法观察故障现象，先在电路图上用虚线正确标出最小范围的故障部位，然后采用正确的检修方法，在规定的时间内查出并排除故障。

② 检修过程中，故障分析、排除故障的思路要正确，不得采用更换电器元件、借用触头或改动线路的方法修复故障。

③ 检修时，严禁扩大故障范围或产生新的故障，不得损坏电器元件或设备。

3. 注意事项

(1) 检修前，要认真阅读电路图，弄清有关电器元件的位置、作用及其相互连接导线的走向。并认真仔细地观察教师示范检修。

(2) 要掌握双速电动机的接线方法并了解其变速原理。

(3) 停电要验电，带电检查时，必须有指导教师监护，以确保用电安全。同时要做好训练记录。

(4) 工具、仪表的使用要正确，检修时要认真核对导线的线号，以免出错。

4．评分标准

T68型卧式镗床电气控制线路故障检修评分标准见表5－24。

表5－24　T68型卧式镗床电气控制线路故障检修评分标准

项目内容	配分	评　分　标　准	扣分
故障分析	30	(1) 检修思路不正确扣5～10分 (2) 标不出故障线段或错标在故障回路以外，每个故障点扣15分 (2) 不能标出最小故障范围，每个故障点扣5～10分	
排除故障	70	(1) 停电不验电扣5分 (2) 测量仪器和工具使用不正确，每次扣5分 (3) 不能查出故障点，每个扣35分 (4) 查出故障点但不能排除，每个扣25分 (5) 扩大故障范围或产生新故障， 　　不能排除，每个扣35分 　　已经排除，每个扣15分 (6) 损坏电器元件，每个扣20分	
安全文明生产		违反安全文明生产规程扣10～70分	
定额时间 1 h		不允许超时检查，修复故障过程中允许超时，但以每超时5 min以内扣5分计算	
备注		除定额时间外，各项内容的最高扣分不得超过配分数	成绩
开始时间		结束时间	实际时间

思考与练习

5.1　如何用查线读图法阅读机床电路图？

5.2　在CA6140型普通车床中，为什么快速电动机M_3不采用连续运转方式？

5.3　CA6140型普通车床控制电路中M_1、M_2、M_3三台电动机各起什么作用？它们由哪些控制环节组成？

5.4　简述CA6140型普通车床的主轴电动机停机时电路的工作过程。

5.5　分析CA6140型普通车床电路中中间继电器KA_1、KA_2的作用是什么。

5.6　分析CA6140型普通车床电路中主轴电动机反向工作，停机时呈自然停机是何原因。

5.7 在 M7130 型卧轴矩台平面磨床中，电力拖动及控制要求是什么？

5.8 分析 M7130 型卧轴矩台平面磨床主轴电动机 M_1 的工作原理。

5.9 M7130 型卧轴矩台平面磨床的电磁吸盘为什么要用直流电而不用交流电？

5.10 X62W 型万能铣床电气控制线路由哪些基本环节组成？

5.11 X62W 型万能铣床电气控制线路中为什么要设置变速冲动？简述主轴变速冲动时控制电路的工作过程。

5.12 分析 X62W 型万能铣床电气控制线路中，出现下列故障现象的原因。

（1）主轴电动机停机为自然停机。

（2）工作台无法实现向前、向下进给运动。

（3）工作台无法实现向左进给运动。

（4）工作台无法实现快速移动。

5.13 X62W 型万能铣床作圆工作台加工时，电路中有关电器应处于什么状态？

5.14 在 X62W 型万能铣床中，圆工作台进给运动工作原理是什么？

5.15 在 X62W 型万能铣床电气控制线路中，通过哪些电器实现什么联锁？

5.16 简述 X62W 型万能铣床工作台做向左进给运动时进给电动机的工作状态，及其控制电路的工作过程。

5.17 X62W 型万能铣床工作台要快速移动时，应如何操作有关电器？

5.18 T68 型卧式镗床是如何实现主轴变速的？简述主轴变速冲动的工作原理。

5.19 T68 型卧式镗床各进给部件具有哪些进给方式？

5.20 T68 型卧式镗床的电气控制线路中，进给部件不能快速移动的故障原因是什么？

5.21 在 T68 型卧式镗床中，主轴电动机 M_1 正反向低速转动控制的原理是什么？

5.22 在 T68 型卧式镗床中，主轴电动机 M_1 不能高速正转的电气故障是什么？如何检修？

5.23 T68 型卧式镗床中电气控制线路具有哪些联锁措施？

5.24 T68 型卧式镗床的电气控制线路中 KT 的作用是什么？

5.25 T68 型卧式镗床的电气控制线路中接触器 KM_4、KM_5 的辅助常闭触头可以不用吗？为什么？

5.26 简述电气控制线路故障检修的一般步骤。

5.27 简述查找故障点的测量方法。

参 考 文 献

[1] 强高培. 机电设备电气控制技术 [M]. 北京：北京理工大学出版社，2012.
[2] 程周. 电机与电气控制 [M]. 北京：中国轻工业出版社，1997.
[3] 吴程. 常用电机控制与调速技术 [M]. 北京：高等教育出版社，2008.
[4] 李敬梅. 电力拖动控制线路与技能训练 [M]. 4版. 北京：中国劳动社会保障出版社，2007.
[5] 陆运华，胡翠华. 电动机控制电路图解 [M]. 北京：中国电力出版社，2008.
[6] 强高培. 工厂常用电气设备控制线路识图 [M]. 北京：中国电力出版社，2011.
[7] 许翏. 工厂电气控制设备 [M]. 2版. 北京：机械工业出版社，2000.
[8] 张云波，刘淑荣. 工厂电气控制技术 [M]. 2版. 北京：高等教育出版社，2004.
[9] 郑立冬. 电机与变压器 [M]. 北京：人民邮电出版社，2008.
[10] 张延会. 变电所值班员 [M]. 北京：化学工业出版社，2007.
[11] 许晓峰. 电机及拖动 [M]. 2版. 北京：高等教育出版社，2004.
[12] 刘启新. 电机与拖动基础 [M]. 2版. 北京：中国电力出版社，2007.
[13] 王浔. 维修电工技能训练 [M]. 北京：机械工业出版社，2009.
[14] 姜玉柱. 电机与电力拖动 [M]. 北京：北京理工大学出版社，2006.